すぐに使える!
業務で実践できる!

Pythonによる AI・機械学習・深層学習アプリのつくり方

クジラ飛行机
杉山陽一　遠藤俊輔（ジェイテックジャパン）

TensorFlow 2
［対応］

ソシム

本書のサンプルプログラムは、GitHub からダウンロードできます。
ZIP ファイルでダウンロードするには、画面右上にある、[Code] ボタン→ [Download ZIP] のボタンをクリックしてください。

[URL] https://github.com/kujirahand/book-mlearn-gyomu

本書は 2018 年 6 月に発刊された「Python による AI・機械学習・深層学習アプリのつくり方」を TensorFlow2 への対応をするためにソースコードを見直し、新しい項目との入れ替えなどを行ったものです。

はじめに

本書は、機械学習を業務で実践するための解説書です。

昨今の第三次AI（人工知能）ブームにより、「機械学習」「AI（人工知能）」「ディープラーニング（深層学習）」というキーワードが盛んに飛び交い、ともすれば言葉だけが一人歩きしているような印象もあります。そして、それらの手法を使えば、「すごいことができるらしい」という認識だけが広まっているようです。

確かに、ディープラーニングの技術を適切に利用すれば、業務の効率化に役立てることが可能です。たとえば、Webカメラでパンの種類を判別してお会計したり、果物や野菜の形から等級を判定したり、撮影した写真から料理を推定してカロリー計算をしたり……。「アイデア次第で」いろいろな分野に活用できます。

しかし、AIを業務に活用したいと思って、実際に始めてみたところ、「難しすぎて手が出せなかった」という声も多く聞きます。ニューラルネットワークやディープラーニングの仕組みを基礎から学ぶなら、数学的な知識が必要ですし、誰でもすぐにできるというものではありません。

そこで、本書では、皆さんが機械学習やディープラーニングに親しみ、実際に業務で活用できる実力を身につけられるよう配慮しました。「業務の効率化」という目標を掲げる手軽に機械学習が使えるようになることを目指します。

難しい理論や数学の知識は要りません。世の中には、便利な機械学習であるディープラーニングのライブラリーが整っています。詳しい仕組みを理解しなくても、ある程度は機械学習を試すことができるのです。

「習うより慣れろ」ということわざがあるように、さまざまな例題を機械学習のライブラリーを利用して解いていきます。気象データの解析から、文字認識、日本語文章の分析、画像・動画判定などなど、実際に役立つ豊富な例題に加えて、その応用方法を紹介します。

さあ、これから一緒に機械学習の扉を開きましょう！

本書の読み方

さまざまな例題を扱います。そのため、基本的にはどこから読んでもかまいません。

2章から4章の部分は「機械学習の基本」となる部分です。5章以降は、それ以前に学んだ手法を活用したり、ディープラーニングを導入してさらに精度を向上させたりする方法を紹介します。

もし、初めて機械学習に触れるという方は、2章をしっかり読み込むと、それ以降の部分もすんなり入ってくると思います。2章の内容は、Webブラウザーさえあればインストール不要で使える機械学習の開発環境の『Colaboratory』でも実行できます。いろいろインストールする前に、機械学習の「いろは」だけ試してみたいという人は、2章の内容をColaboratoryで実行して雰囲気を掴むと良いでしょう。

これらを踏まえ、内容をざっと見てみましょう。まず1章では、機械学習やディープラーニングについて簡単に学びます。また、Colaboratoryに加えて『Jupyter Notebook』といった機械学習を学ぶのに欠かせないツールの使い方も確認します。2章から実際に機械学習を実践します。3章では、画像や動画を処理する方法を学びます。4章では、自然言語処理の基礎を学びます。とくに、日本語をどのように処理するのか紹介します。5章では、ディープラーニングを、高度なライブラリー『TensorFlow』を使って学びます。6章は応用編です。応用編というと難しそうですが、5章以降は2章と3章の内容をTensorFlowでどのように書いたらよいか、どのように実践で活用できるかを指南するものなので、理解しやすいと思います。

対象読者

- 機械学習、AI、ディープラーニングについて知りたい人
- 機械学習を業務でどう取り入れるかを考えている人
- プログラミング言語「Python」の基礎的な文法を知っている人

本書の使い方

本書の紙面では、ソースコードを紹介していますが、紙面の都合上、一部を省略していることがあります。ソースコードは弊社のサイトからダウンロードすることができます。ダウンロードのURLは次ページを参考にしてください。

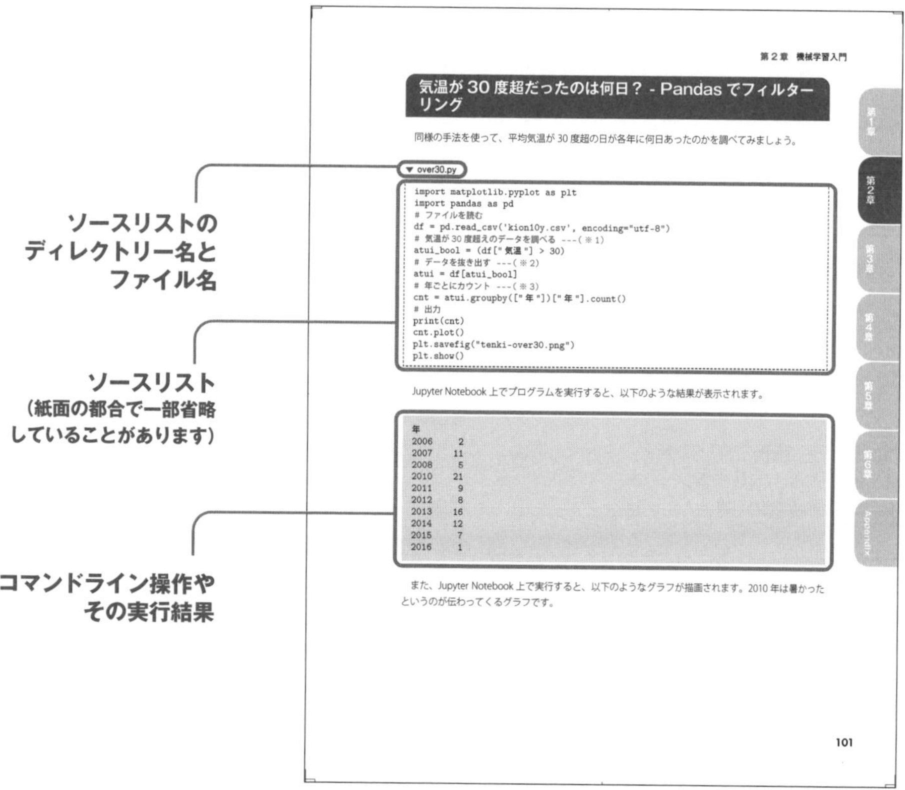

第2章　機械学習入門

気温が30度超だったのは何日？ - Pandasでフィルタリング

同様の手法を使って、平均気温が30度超の日が各年に何日あったのかを調べてみましょう。

▼ over30.py

```
import matplotlib.pyplot as plt
import pandas as pd
# ファイルを読む
df = pd.read_csv('kion10y.csv', encoding="utf-8")
# 気温が30度超えのデータを調べる ---(※1)
atui_bool = (df["気温"] > 30)
# データを抜き出す ---(※2)
atui = df[atui_bool]
# 年ごとにカウント ---(※3)
cnt = atui.groupby(["年"])["年"].count()
# 出力
print(cnt)
cnt.plot()
plt.savefig("tenki-over30.png")
plt.show()
```

Jupyter Notebook上でプログラムを実行すると、以下のような結果が表示されます。

```
年
2006     2
2007    11
2008     5
2010    21
2011     9
2012     8
2013    16
2014    12
2015     7
2016     1
```

また、Jupyter Notebook上で実行すると、以下のようなグラフが描画されます。2010年は暑かったというのが伝わってくるグラフです。

101

第1章 第2章 第3章 第4章 第5章 第6章 Appendix

プログラムのダウンロード方法

本書のサンプルプログラムは、GitHub からダウンロードできます。以下の URL にアクセスし、画面の右上の緑色のボタン [Code] をクリックし、[DownloadZIP] からソースコードをダウンロードしてください。

[URL] https://github.com/kujirahand/book-mlearn-gyomu

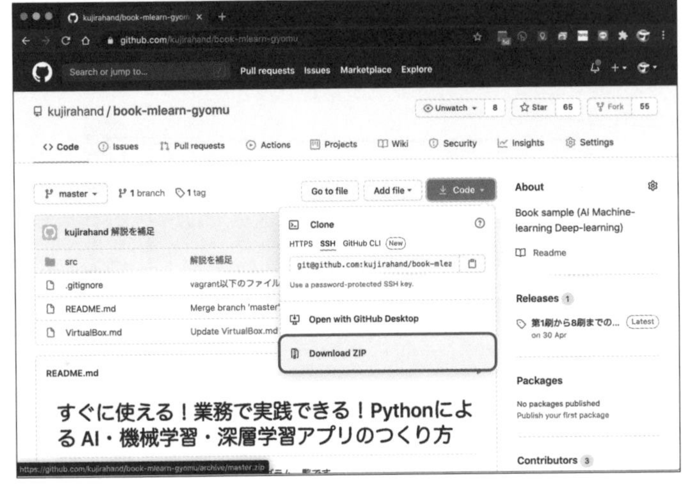

CONTENTS

第 1 章　機械学習 / ディープラーニングについて

第２章　機械学習入門

第 5 章　ディープラーニング (深層学習) について

Appendix　本書のための環境を整える

第 1 章

機械学習 / ディープラーニングについて

まずは、機械学習について紹介します。機械学習とは何か、どのような仕組みで、どのように実現しているのかを紹介します。また、本書で利用する Colaboratory や Jupyter Notebook、コマンドラインの基本的な使い方を確認します。

1-1 機械学習とは何か？

機械学習とは何か、どのように実現されているのか、どのように行うのか、基本的な部分を紹介していきます。

利用する技術（キーワード）

- 機械学習
- AI(人工知能)
- ニューラルネットワーク
- ディープラーニング（深層学習）

この技術をどんな場面で利用するのか

- 機械学習について知る

機械学習とは？

『機械学習 (machine learning)』とは何でしょうか。一言で言うなら、人間の学習能力と同様の機能をコンピューター上で実現しようとする技術と言えます。そもそも、機械学習とは、人工知能における研究課題の 1 つです。そして『AI(人工知能)』とは、人間が本来持っている知的能力をコンピューター上で実現する技術です。

人間は、多様な事柄を学習できます。見るもの、聞くもの、触るものなど、五感を用いてさまざまな事象を感じ、それを識別できます。たとえば、目の前にリンゴとミカンがあれば、それを見たり、触ったり、時には食べて味わったりすることで識別しています。それは、経験から自然にリンゴとミカンを学習しているので識別できるのです。

しかし、元来コンピューターにその識別能力は備わっていません。それでは、どのようにしたら、リンゴとミカンを識別できるでしょうか。ここでは、コンピューターでリンゴやミカンを判定するために、デジタルカメラで撮影した画像を用いることを考えてみましょう。

一般的な識別プログラムを作る場合には、画像データの画素を調べて、赤色の要素が多ければ「リンゴ」、橙色の要素が多ければ「ミカン」と判定できるでしょう。このようなプログラムを作る際には、画素の統計を調べ、赤色の要素が 4 割を超えていればリンゴと判定し、橙色の要素が 4 割を超えていればミカンと判定するなど、人間がルールを決めることになります。

これに対して、機械学習を用いて判定する場合には、人間が明確なルールを決めることはありません。つまり、リンゴは赤色、ミカンは橙色という情報を与える必要はありません。機械学習の手法では、とにかくたくさんのリンゴとミカンの画像データを用意しておいて、それを識別器と呼ばれるプログラムにたくさん与えます。そうすることで、識別器が自動的にリンゴは赤色の要素が多く、ミカンは橙色の要素が多いということを学習するのです。

つまり、機械学習では事前に与えた大量のデータにより、その特徴を学習します。そして、その特徴を利用して、識別器が自動的に新たなデータを判定します。

▲ 機械学習の流れ

機械学習で何ができるのか？

機械学習でできることには、次の種類があります。

- 分類 (classification)……与えられたデータを分類
- 回帰 (regression)……過去の実績から未来の値を予測
- クラスタリング (clustering)……データを似たものの集合に分類
- 推薦 (recommendation)……データの関連情報を導き出す
- 次元数を削減 (dimensionality reduction)……データの特徴を残して削減
- 異常検知 (anomaly detection)……データの中の異常を検知

1つずつ見ていきましょう。

「分類」とは、その名の通りで、先ほどの例にも出したように、リンゴとミカンがどちらなのかを判定することです。そのデータの特徴を調べ、リンゴとミカンのどちらに分類できるのかを判定します。

「回帰」とは、過去のデータを学習して、将来の数値の予測を行うことです。たとえば、過去の株価を学習して将来の株価を予想したり、過去の気象情報を学習して天気や気温を予測します。市場予測や、需要予測などいろいろな分野に応用できます。

「クラスタリング」は、たくさんのデータのなかで集まり（似たもの）を見つけて、グループ分けすることです。「分類」と似ていますが、区別されます。分類ではデータをあらかじめ決まった分類項目（クラス）に分けますが、クラスタリングではあらかじめ決まった項目に分けるのではなく、データを似たものに区分けする点が異なります。

「推薦」とは、与えられたデータから異なる情報を推薦するものです。ネットショッピングで、ユーザーの嗜好から別の商品の推薦を行う機能などに利用します。

「次元数を削減」とは、文字通りデータの次元数を減らすことです。さまざまな要素を含むデータを分析しないといけない状況はよくあります。そうしたデータを扱う場合、かなり大きな次元のデータを処理することになります。しかし、それらに備わっている特徴的なデータを特定して次元を削減すると、効率的に分析できます。たとえば、食品に含まれる、さまざまな成分を分析したデータを、二次元のグラフ上に表現するのは物理的に不可能ですが、次元削減することでデータの特徴を抽出し、グラフに描画できます。

「異常検知」とは期待されたパターンやデータ集合から外れたデータを検出する技術です。通常のパターンとは異なる挙動を検出することで、健康異常や機器の誤動作、またクレジットカードの不正利用などを検出することができます。

具体的に機械学習を何に適用できるか？

これらを具体的に、何に利用できるかと言うと、以下の処理に適用できます。

- **画像解析……画像に映っている物体を判定**
- **音声解析……音声からテキストに変換、どんな音なのか判定**
- **テキスト解析……文章のカテゴリー分け、特定表現の抽出・構文解析**

画像解析は、画像や動画などのデータを対象にします。画像に映っている物体を判定したり、人の顔を検出したり、そこに書かれている文字を認識することもできます。

音声解析は、犬と猫の鳴き声を判別したり、男性か女性のどちらの声なのかを判定したりできます。最近の機械学習のトレンドは、音声をテキストに変換することでしょう。スマートフォンに備わっている音声認識も十分実用化されていますし、Google Home や Amazon Echo などスマートスピーカーも話題になっています。

テキスト解析は、文章の内容に基づいてカテゴリー分けしたり、構文を解析したりします。迷惑メールの判定を行ったり、ブログ記事を自動でカテゴリー分けすることも可能です。また、構文解析や自動翻訳などにも活用されています。

ディープラーニング（深層学習）とは？

現在「第三次 AI ブーム」が到来しており、さまざまな分野で人工知能が利用されています。こうした AI ブームの火付け役ともなったのが、ディープラーニング（深層学習）です。そもそも、画像認識において、ディープラーニングの手法が大きな成果を収めたため、音声認識や、その他のいろいろな分野で実用化されるようになりました。

しかし、ディープラーニングは突然登場したわけではありません。これは『ニューラルネットワーク』を改良したものと言えます。詳しくは 5 章で紹介しますが、人間の脳の神経回路の構造を模倣した「ニューラルネットワーク」を多層に組み合わせることで実現したものです。

機械学習が実用化された理由

昨今、機械学習が実用化されたのには理由があります。

1 つ目の理由は、インターネットの普及により、大量のデータが手軽に入手できるようになったことです。インターネット上には、さまざまなデータが公開されています。それらを利用することで驚くほど簡単に、それまで考えられなかったような大量のデータをダウンロードし、活用することができるようになりました。

2 つ目の理由は、コンピューターの高性能化です。大量のデータが目の前にあったとしても、それらを処理するためのマシンがなければ話になりません。コンピューターの性能は、以前より大量のデータを処理できるようになりました。とくに、ディープラーニングを実践するには高機能なマシンが必要であり、少し前のマシンではとても動かすことができませんでした。コンピューターが高性能になって、はじめて第三次 AI ブームが到来する土壌が整ってきたのです。

機械学習の仕組みは？

当然のことですが、機械学習は何でもやってくれる魔法の箱ではありません。入力されたデータを元にして、計算処理が行われ、その結果として学習成果が出力されます。そのため、入力するデータをしっかりと整形しておく必要がありますし、機械学習を使えば、何でも実現可能という訳ではありません。

ここで、簡単に機械学習の仕組みを紹介しましょう。機械学習の仕組みは、まったくのブラックボックスではありません。簡単な分類問題からその仕組みを考えてみましょう。

ある食品●と▲の 2 種類の成分データがあるとしましょう。これらのデータをグラフ上にプロットしてみました。すると成分の違いから次のようにハッキリと分かれたグラフになりました。ここで問題です。ある日、助手の S さんが適当な箱から食品を取り出したのですが、何を取り出したのかわからなくなってしまいました。そこで、S さんが取り出した食品が●なのか▲なのか判定したいと思います。その成分を調べてグラフにプロットすると、★の位置になりました。この食品は、●と▲のどちらでしょうか。

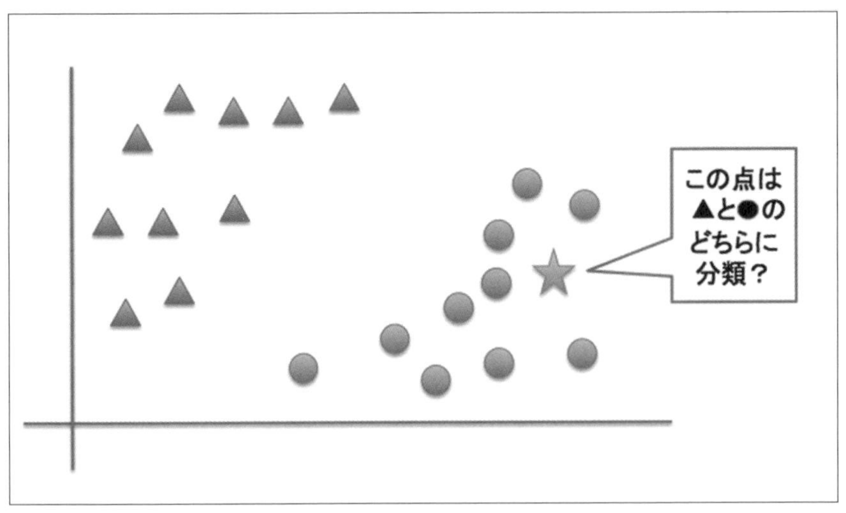

▲ ●と▲のデータについて

そうですね。ぱっと見ただけで、★が食品●であることがわかります。それは、★が他の●の近くにプロットされているため、人間の目には明らかです。

しかし、これをプログラムで処理するにはどうしたら良いでしょうか。プログラムを作って機械的に判定したい場合には、●と▲の境界線を引いて、その上か下にあるかを調べれば、簡単に答えを出すことができます。

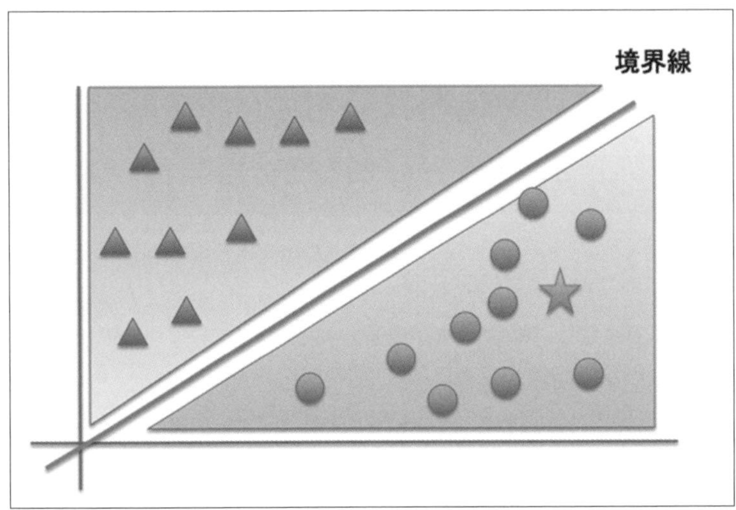

▲ 境界線を引くと機械的に判定可能

それでは、この食品の判定を行うPythonの疑似プログラムを作ってみましょう。ここで引いた境界線が「y = 1.3x」の式に当てはまるものとするなら、次のようなプログラムで判定できます。

```
def check_food(x, y):
    threshold = 1.3 * x # xにおける境界線の位置
    if y >= threshold: # 境界線上かそれより上
        print("それは▲です")
    else: # 境界線より下
        print("それは●です")
```

そこで、この境界線をどのように引くのかという点が問題になります。機械学習では、さまざまな手法を利用して、この境界線を決定していきます。もちろん、上記のような単純な境界線ではなく複雑なものとなります。しかも、大量のデータを学習することで、境界線の角度や位置を調整していくことになります。

機械学習の種類

さて、一口に『機械学習』と言っても、いくつかの種類に分類できます。大まかに「教師あり学習」と「教師なし学習」と「強化学習」に分けることができます。

●教師あり学習

- **データと共に正解が与えられる**
- **未知のデータに対して予測を行う**

●教師なし学習

- **正解データは与えられない**
- **未知のデータから規則性を発見する**

●強化学習

- **行動により部分的に正解が与えられる**
- **データから最適な解を見つける**

ここで出てきた『教師あり学習（supervised learning）』とは、事前に与えられたデータを、言わば先生からの例題と見なして、それを元に学習を行う手法です。教師あり学習では、一般的に、データを入力する際、そのデータが何に分類されるのか、答えとなるラベルとデータをセットで与えます。

先ほど考えたリンゴとミカンの分類も、この教師あり学習の良い例です。実際のリンゴとミカンの画像を教師データとして、何の画像を表しているのかをセットで分類器に与えます。そして、機械は学習し、モデルを構築します。モデルを構築したら、未知のデータに対しても予測結果を返すことができます。

次に、教師あり学習に対して『教師なし学習（unsupervised learning）』があります。これは「出力すべきもの」があらかじめ決まっていないという点で大きく異なっています。データの背後に存在する本質的な構造を抽出するために用いられます。つまり、与えられたデータを外的基準なしに、自動的に分類します。先ほど紹介したクラスタリングも、教師なし学習の1つです。クラスタ分析、主成分分析、ベクトル量子化、自己組織化マップなど、さまざまな手法があります。

また、そのほかに『強化学習(reinforcement learning)』があります。これは、現在の状態を観測し、取るべき行動を決定する問題を扱います。強化学習は教師あり学習と似ていますが、教師から完全な答えが提示されないという点が異なります。強化学習では、エージェント（行動の主体）と環境（状況や状態）が登場します。エージェントは環境を観察し、それに基づいて意志決定を行い行動します。すると環境が変化し、何らかの報酬がエージェントに与えられます。エージェントは、よりたくさんの報酬が得られる、より良い行動を学習していきます。

強化学習を、ネコがエサを食べる過程で例えてみましょう。ここで、エージェントがネコ、環境が自動エサやり機と考えます。ネコは、自動エサやり機のなかに美味しいエサを発見します。しかし、ただ近づいただけでは、その香ばしいニオイをかぐことしかできません。そこで、ネコはエサやり機の周りをクルクル回ったり、身体を擦り付けたりします。すると、自動エサやり機のスイッチが押され、エサがちょっとだけ出てきました。こうしてネコは、行動によりエサという報酬を得たのです。引き続き何度も身体を機械に擦り付けていると、赤いボタンに触れたときにエサが出ることに気づきます。最終的には、赤いボタンをただ鼻で突くとエサが出ることを覚え、いつでもお腹の空いたときにエサを食べられるようになります。このようにして、ネコは最良の行動を学習しました。このような学習をコンピューターで実現するのが強化学習です。

 column

教師なし学習 敵対的生成ネットワークについて

さらに「教師なし学習」に分類されるものの中で、注目されているのが『敵対的生成ネットワーク（Generative Adversarial Network、略称：GAN)』です。これはデータから特徴を学習することで、実在しないデータを生成したり、存在するデータの特徴を元に変換を行うことができるというものです。

たくさんの画像からその特徴を学習し、実際には実在しない写真画像を生成することができます。多くの人物の顔を学習させた場合、そこから実際には存在しない人間の顔を生成することができます。これを利用して、多くのアイドルの顔写真を学習し架空のアイドル写真を自動生成することも可能です。また、応用として手書きの線画を本物のように着色したり、人間の顔を元にアニメキャラクターを生成したりと、アイデア次第でいろいろな生成が可能です。

敵対的生成ネットワークは、『生成ネットワーク(generator)』と『識別ネットワーク(discriminator)』の2つのネットワークで構成されます。生成ネットワークは入力データの特徴を元に新たなデータを生成し、識別ネットワークがそのデータの正誤を識別します。生成側は識別側を欺こうと学習し、識別側はより正確に識別しようと学習します。このような敵対する2つのネットワークが相反する目的のために競って学習することで、より本物らしい精度の高いデータを生成できます。

▲ StyleGAN によって生成された人物画像の例

この節のまとめ

- 機械学習を行うことで、さまざまなデータが活用できる
- 機械学習では、分類・回帰・クラスタリング・推薦・次元削減・異常検知を行うことができる
- 画像や音声、テキストなどあらゆるデータに対して機械学習を行うことができる
- 機械学習は魔法の箱ではなく、計算によって答えを導き出している

1-2 どのようなシナリオで機械学習を行うのか？

機械学習を実践する上で、どのような手順を踏む必要があるでしょうか。ここでは、機械学習の実践に必要となる基本的な手順について紹介します。

利用する技術（キーワード）	この技術をどんな場面で利用するのか
●機械学習	●機械学習の準備段階

機械学習のシナリオ

機械学習を業務に取り入れようという場合、どのような手順で行ったら良いのでしょうか。通常のプログラムを作るときも、目的の決定（仕様書の作成）、実装、テスト、リリースといった具合に基本的な手順があります。それと同じように、機械学習のプログラムを作成する上でも基本的な手順があります。ここでは、その手順を紹介します。

機械学習の基本的な手順

では、機械学習の基本的な手順を確認してみましょう。

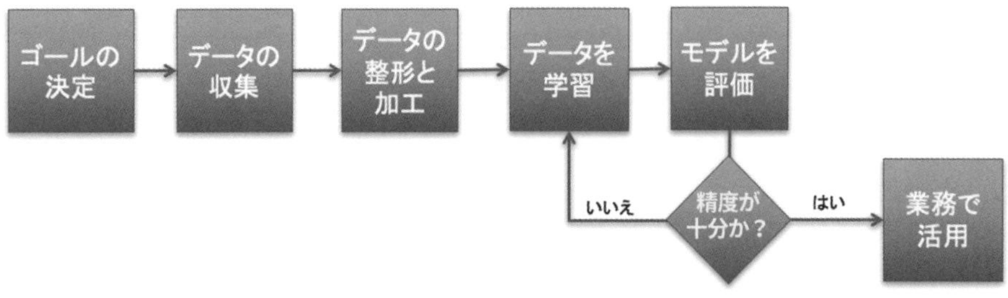

▲ 機械学習の流れ

箇条書きすると、次のような手順となります。

(1) ゴールの決定

(2) データの収集

(3) データの整形・加工

(4) データを学習

（4-1） 機械学習の手法を選択
（4-2） パラメーターの調整
（4-3） データを学習してモデルを構築

(5) モデルを評価

(6) 十分な精度がでなければ（4）に戻る

(7) 業務で活用

詳しく見てみましょう。手順（1）では、機械学習のゴールを決めます。この作業が一番大切な作業になります。機械学習を利用して何がしたいのか（ゴール）が曖昧なままでは、どんなデータを集め、どのようにデータを整形し、学習してモデルを生成するのかといった、この後の手順で行うことを決めることができません。目的や仕様書のないプロジェクトが容易に暗礁に乗り上げるのと同じで、ゴールのない機械学習プロジェクトが成功することは難しいと言えるでしょう。

手順（2）では、機械学習に与えるデータを収集します。このデータを集めるのがたいへんな作業です。ある一定量の学習データを準備しなくてはなりません。なぜなら、学習データが不足していると、未知のデータに対して正しく判定できないからです。では具体的にどのようにデータを収集するのでしょうか。まず、(1) で考えたゴールを達成するためにどんなデータが必要かを検討します。次に、そのデータを収集するための方法を検討します。既存の業務データ（DB に蓄積されているものなど）から流用できるか、新たに収集しなければならないかといった具合にです。そして最後に、検討した方法に従って実際にデータを収集します。

手順（3）では、収集したデータを整形します。どのように整形するかはモデルの評価に直結するところなので、慎重に検討する必要があります。もちろん、収集したデータがそのままデータとして利用できる場合もありますが、多くの場合は、データに含まれる特徴を抽出する作業が必要になります。この作業を「特徴抽出」と呼びます。また、どのように入力したら良いのか、つまり、どのように特徴抽出を行うのかを考えなくてはなりません。そして、データを学習器が求める形式（特定の実数の配列）に合わせる必要があります。

手順（4）では、実際にデータを学習させます。このとき、(4-1) にあるように、どのような手法（アルゴリズム）を利用して学習するのかを指定します。機械学習と一言で言っても、この手法で行うという決定打はなく、実際には複数の学習アルゴリズムから適切なものを選択するのが一般的です。(4-2) で、データに応じたパラメーターを指定します。そして (4-3) にあるように、データを学習器に与えてモデルを構築します。

手順（5）では、テストデータを用いてどれくらいの精度が出るのかを確認します。そして、手順（6）にあるように、満足のいく結果が出なければ（4）に戻って、手法やパラメーターを見直すなど、チューニングを行います。

この節のまとめ

- 機械学習を行う前に、どのように機械学習を業務に導入するのかシナリオを考えておく必要がある
- データの収集→整形・加工→学習→評価のように、機械学習で行う基本的な手順がある

1-3 機械学習で利用するデータの作り方

機械学習ではどのようなデータが利用できるでしょうか。結論から言えば、コンピューターで扱えるデータであればどんなデータでも利用可能です。ここでは、そうしたデータをどこからどのように収集し、どんな形式で保存すれば良いのかを紹介します。

利用する技術（キーワード）

- データソース
- ファイルフォーマット
- 正規化について

この技術をどんな場面で利用するのか

- 機械学習で使うデータの収集
- 集めたデータの整形

何のために機械学習を利用するのか？

機械学習のシステムに限らず、何かしらのシステムを作る際には、改めて「何のためのシステムを作るのか」という完成目標を具体的に思い浮かべておく必要があります。その上で、機械学習のシステムを、どのようにしてシステムに組み込むのかを考えていきます。「機械学習を利用すること」がシステムの目的になって、本末転倒にならないように注意しましょう。1章の冒頭でも紹介した通り、機械学習は非常に強力な問題解決手法ですが、万能ではないのです。

どのようにデータを収集するのか？

状況にもよりますが、あらかじめ定量のデータを用意できることが前提です。それでは、機械学習のためにどのようにデータを収集できるでしょうか。長年にわたる社内データがあれば、それを利用できますし、Web上にあるデータをダウンロードして利用することもできるでしょう。

たとえば、検索エンジンを頼りにデータを集めることもできますし、いくつかのWebサイトをクローリング（巡回収集）して、データを収集することもできます（もちろん、クローリングを禁止しているWebサイトもありますので、Webサイトごとの規約に従うことも必要ですが……）。

また、最近では行政やボランティアを中心として、貴重な統計資料がオープンデータとして公開されていることも多いので、そうしたデータを活用することもできるでしょう。ちなみに「オープンデータ」とは、著作権や特許などの制限を課すことなく、自由に利用したり再掲したりできるデータです。なお、本書では気象庁の気象データなどを活用する方法も紹介するので、参考にしてください。

以下に、インターネットからどのようなデータが収集できるのか、具体的なアイデアをまとめてみましたので、何か使えるものがないか調べてみると良いでしょう。HTML ファイルをクローリングしてデータを抽出しなければならない場面は少ないかもしれません。と言うのも、このなかで紹介した多くの Web サービスでは、Web API を利用することで、データベースを開発者に解放しているのです。HTML のクローリングは、面倒なことが多いので、Web API が公開されていないかを確かめてみると良いでしょう。

データの収集元のアイデア

- **SNS やブログ - トレンド情報の収集**
- **ネットショップの商品データ - Amazon/ 楽天など**
- **金融情報 - 為替 / 株 / 金の相場**
- **オープンデータ - 人口や消費などの各種統計 / 気象情報など**
- **パブリックドメインのデータ - 青空文庫など著作権が切れた本や漫画など**
- **画像・動画・音声データ - メディア共有サイト**
- **辞書データ - Wikipedia など**
- **機械学習用のデータセット**

収集したデータの保存形式は？

Web から取得したデータをどのように保存するのが良いでしょうか。どのようなデータを収集するのかにもよりますが、より汎用的なデータフォーマットで保存しておくと、後から使いやすいでしょう。

本書では、Python と共にさまざまなデータセットを用いて機械学習を学んでいきますので、Python で読み書きしやすいデータフォーマットが良いでしょう。次のような汎用的なデータフォーマットであれば、どんな形式でも、手軽に Python で読み込んで利用できます。

たとえば、カンマ区切りデータの SV 形式、構造化されたデータの JSON、XML、YAML、INI など多岐にわたるデータフォーマッ f トを利用することになります。そのため、そうしたデータのフォーマットについて一通り知っておくと、データを準備する助けとなるでしょう。

機械学習で役立つ汎用的なデータフォーマット

- ●カンマ区切りデータ CSV 形式
- ● INI ファイル形式
- ● JSON (JavaScript のオブジェクト形式を元に考案された構造化データ)
- ● XML
- ● YAML

実用的なその他の保存形式

上記で紹介したテキストをベースとした汎用的なデータ形式は、1 つのファイルに保存できる量に限りがあります。もし、より大規模なデータセットを利用するのであれば、専用のデータベースにデータを保存していくことになるでしょう。Python では一般的なデータベース (MySQL/PostgreSQL/SQLite/SQLServer/Oracle/ODBC 経由で操作できる DB など) に接続して操作可能です。

また、多少汎用性は低くなりますが、Python でのみ操作できれば良いという場面であれば、Python オブジェクトをそのままファイルへ書き込むことができる pickle モジュールや、科学演算モジュール NumPy の保存形式 (拡張子 ".npy") で保存することもできます。

こうした保存方法ですが、固有形式とは言うものの、マルチプラットフォームに対応しており、手軽にデータを読み書きできる点を考えると、各種データベースや Python が十分実用的な方法であると言えます。

機械学習に入力するデータに関して

さて、保存したデータをどのようにして、機械学習で活用できるでしょうか。もちろん、どのようなツールを使うのか、どのような手法で機械学習を行うのかにもよります。しかし今回は、一般的な教師あり学習で分類問題を解く場合を考えてみましょう（具体的な手法は、2 章以降で詳しく解説していきます）。

今回、データそのものを表す配列データ（実数の配列）と、それが何のデータを表すのかを示すラベルデータ（数値）を 1 セットとします。それを、何百・何千セットも用意します。

つまり、構造化されたデータがあるなら、それを解析して、そこから機械学習に利用するデータを集めて、上記のような形式になるように整形する必要があるのです。

ですから、生のテキストデータや画像ファイルを、何の工夫もなくダウンロードするだけでは、機械学習で使えるわけではありません。データ構造を解析し、必要な部分を抽出する必要があるかもしれません。

このとき、すべてのデータを機械学習に与えることもできますが、どのデータが意味を持っているのか、人間が判断しなければならない場合もあります。

memo

「次元の呪い」について

そもそも、使えそうなデータを何でも学習の対象に加えてしまうと、十分な性能を発揮できなくなります。扱う特徴量 (次元) が多くなりすぎると、機械学習モデルが効率よく分類（または回帰）できなくなるのです。これを「次元の呪い (curse of dimensionality) 」と呼びます。

これを簡単な例えで考えてみましょう。ラーメン屋で好みのラーメンを注文するとします。そのときに、スープの味という特徴量だけがあるなら、「味噌ラーメン」「醤油ラーメン」「豚骨ラーメン」の 3 種類から選ぶだけですみます。しかしこれに、麺の堅さ（柔らかい・普通・堅めの 3 種類）という特徴量が加わると、3 × 3 で 9 通りから選ぶことになります。さらに、油の量（控えめ・普通・多めの 3 種類）という特徴量を加えると、3 × 3 × 3 で 27 通り、そしてニンニクの量（なし・少なめ・普通・多め）という特徴量を加えると、3 × 3 × 3 × 4 で 108 通りとなります。さらに、卵やメンマという特徴量を加えていくなら、指数関数的に組み合わせが増えていきます。これらのオプションをすべて指定するなら、おおごとになってしまいます。機械学習においても同じ事が言えます。そのため、不要な特徴量を削ることで、より良い性能を引き出すことができます。

データの正規化について

データを機械学習のシステムに与える前に、データの正規化をする必要もあります。『正規化 (normalization)』とは、データを一定のルールに基づいて変形し、利用しやすくすることです。

たとえば、データの最小値と最大値を調べて、0 を中心として -1.0 から 1.0 の範囲にデータを変形するのです。これには、以下のような計算式を利用します。

$$x_{norm}^{(i)} = \frac{x^{(i)} - x_{min}}{x_{max} - x_{min}}$$

こうして見ると難しいですが、2 章以降で利用する scikit-learn では、自動的にこの正規化作業を行ってくれるので、いつでも正規化作業を行う必要があるわけではありません。それほど意識する必要はないのですが、機械学習にデータを与える前に、このような処理が行われていることは覚えておくと良いでしょう。

過学習について

機械学習において『過学習 (overfitting)』とは、学習のしすぎが原因で、未学習の問題に対して正しい答えを出せなくなってしまう現象を言います。学習しすぎると、正しい答えが出せないとはどういうことでしょうか。

機械学習のシステムにデータを学習させてみたところ、非常に良い精度が出たとします。しかし、学習に利用していない新規のデータ（未学習のデータ）で試したところ、まったく役に立たず、がっかりしてしまうことがあります。それが『過学習』です。

そもそも過学習が起きる原因は、学習用のデータに特化しすぎて、それ以外のデータに対して正しい判断ができなくなることです。学習をしすぎてしまうことによって判断の基準が厳しくなるため、少しでもパターンが異なると誤った答えを出力してしまうのです。こうした過学習のことを「過剰適合」とも言います。

これは機械学習の落とし穴とも言える状態です。テスト勉強に例えるなら、ヤマを張って特定の分野の問題ばかり解いた場合がこれに相当します。その分野の問題が出れば、良い点が取れるもののヤマが外れると、散々な結果になってしまうのです。

過学習を防ぐには、偏った学習をやめることです。すなわち、ヤマをはらず、バランス良く学習すれば良いということです。ですから、精度が出ない場合には、学習に用いるデータが少なすぎたり、偏っていないかを確認する必要があります。また、データの量に対して問題が複雑過ぎるのかもしれません。その場合、学習データの件数を増やしたり、アルゴリズムを変更したり、機械学習の手法を考え直すなどの対策を講じる必要があります。

この節のまとめ

- 機械学習に利用できるさまざまなデータが Web サイトで公開されている
- ダウンロードしたデータを汎用的なフォーマットで保存しよう
- 機械学習にデータを与える前に必要なデータを抽出する必要がある

1-4 インストール不要で使える Colaboratoryについて

Google が機械学習の研究目的、または、学習用に公開している『Colaboratory』は、PC へのインストール不要で、Web ブラウザーからすぐに機械学習を実践できます。手軽に Python を試すことができる開発環境、Colaboratory の使い方を紹介します。

利用する技術（キーワード）

- Colaboratory

この技術をどんな場面で利用するのか

- インストール不要で機械学習を利用したいとき
- タブレット端末などで機械学習を利用したいとき

Google Colaboratory とは？

本書では、Anaconda という Python を中心とした機械学習の開発環境を整える方法を紹介します（本書の巻末 Appendix で紹介しています）。オールインワンのパッケージなので、大規模アプリになってしまい、環境を構築するためには、なかなか労力が必要です。しかし、Google が提供している Colaboratory を使うと、インストール不要で機械学習の開発を始めることができます。必要なのは、HTML5 に対応した Web ブラウザーだけです。しかも、PC である必要はなく、iPhone/iPad や Android でも機械学習を実践できます。

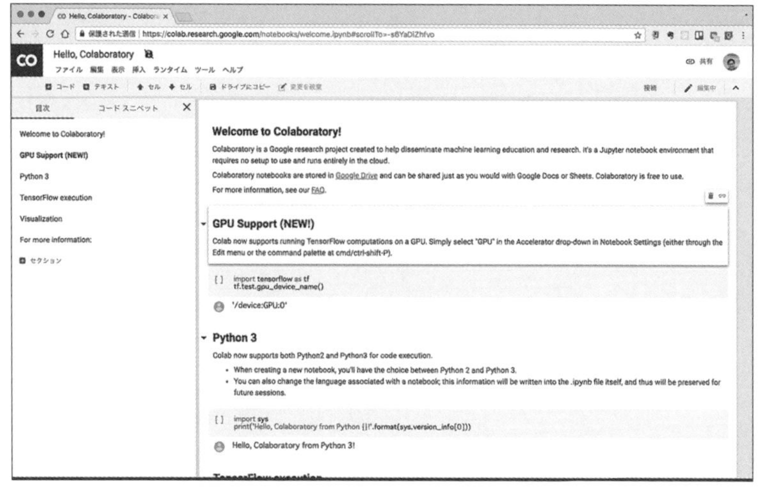

▲ Google Colaboratory にアクセスしたところ

Colaboratory を使うメリット

Colaboratory を使えば、Python 環境をインストールする必要がありません。Colaboratory には、最初から機械学習でよく使うライブラリーの一式がインストールされています。しかも、必要であれば任意の Python ライブラリーや Linux コマンドをインストールできます。と言うのも、Colaboratory が提供する Python や機械学習エンジンは、Google が用意したサーバー上で動きます。さらに言うなら、このサーバーの OS は、Ubuntu(Linux) なので、Ubuntu で動作するツールやライブラリーであれば、自由にインストールして動かすことができます。

Colaboratory の仕組みですが、サーバー上で計算が行われ、その結果だけが Web ブラウザーに返されて表示されるというものになっています。Web ブラウザー上ですべてが動くわけではないので、ディープラーニング (深層学習) のような重たい処理も実行できるという訳です。そのため、自分のマシンスペックが低くても、Colaboratory を使えば快適に機械学習を進めることができます。Colaboratory は無料でありながら、機械学習に特化したマシン構成、どんなスペックのマシン上でも機械学習を実践できるのです。

Colaboratory が実行されるマシンですが、Linux コマンドを実行することで、スペックを調べることができます。

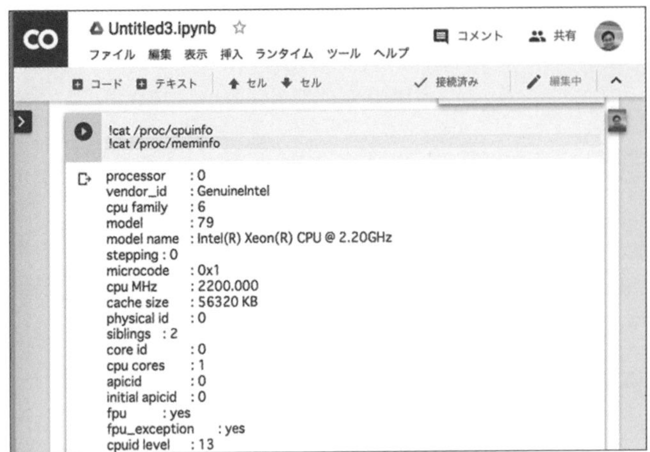

▲ CPU とメモリー情報を出力したところ

Colaboratory の制約

ただし、無料であるがゆえの制約もあります。Colaboratory の実行結果（プログラムの出力した結果）は、Google Drive に保存される仕組みになっています。しかし、一定期間 Colaboratory を操作しない状態が続くと、仮想マシンは停止してしまいます。仮想マシンは停止すると、初期化される仕組みになっています。せっかくダウンロードしたデータや、インストールしたライブラリーやツールも、全部初期化されてしまいます。そのため、長時間プログラムを実行したい場合には、PC をスリープ状態にしないようにして、常時タブを開いておくといった工夫が必要です。また、最大利用時間の制約があるので、それを超えて実行すると初期化されてしまいます。

こうした制約があるとしても、無料で使える Colaboratory を使わない手はありません。しかも、原稿執筆時点では、最大利用時間は 12 時間となっており、よほど本格的なプログラムでない限り 12 時間実行しっぱなしということはないでしょう。

本書のプログラムの多くは、Colaboratory 上で動かすことができますが、インストールされているライブラリのバージョンの差異によって正しく動かない場合もあります。その場合は、本書の末尾の Appendix を参考にして該当するバージョンのライブラリで試してみてください。

Colaboratory の基本的な使い方

それでは、Colaboratory の基本的な使い方を確認していきましょう。と言っても、はじめるのは簡単です。Web ブラウザーで、以下の URL にアクセスするだけです。なお、Colaboratory を使うには、Google アカウントが必要です。Google アカウントでログインした状態で URL にアクセスしましょう。

Google Colaboratory
[URL] `https://colab.research.google.com/`

すると、以下のように「最近のノートブック」の画面が表示されます。そこで、画面右下にある「ノートブックを新規作成」のボタンをクリックしましょう。

▲ 最近のノートブックの画面

そして、「PYTHON3 の新しいノートブック」を選ぶと、新規ノートブックが作成されます。

▲ PYTHON3 を選ぼう

簡単なプログラムを実行してみよう

新しいノートブックに簡単なプログラムを書いて実行してみましょう。ここでは、以下のようにPython のプログラムを記述して、エディターの左側にある実行ボタンを押しましょう。すると、プログラムのすぐ下に実行結果が表示されます。

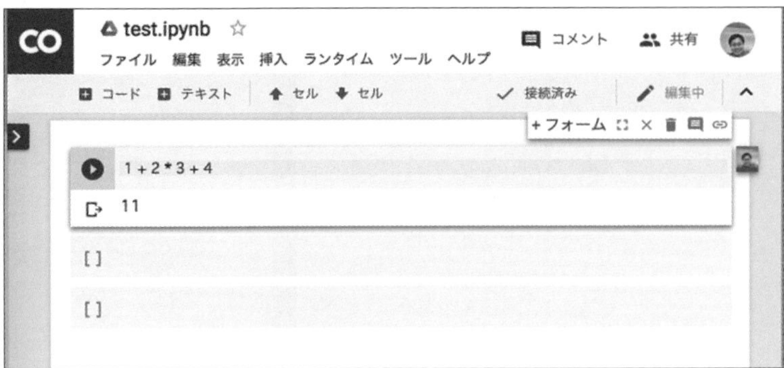

▲ Python のプログラムを実行したところ

さらにプログラムを記述するには、Colaboratory のメニューから [挿入 > コードセル] をクリックします。すると、新たなプログラムを入力して実行させることができます。

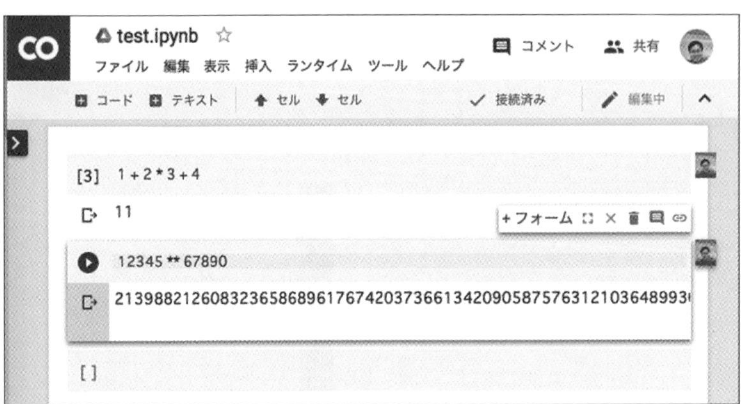

▲ コードセルを挿入して実行したところ

同様に数式を指定して、グラフを描画することもできます。

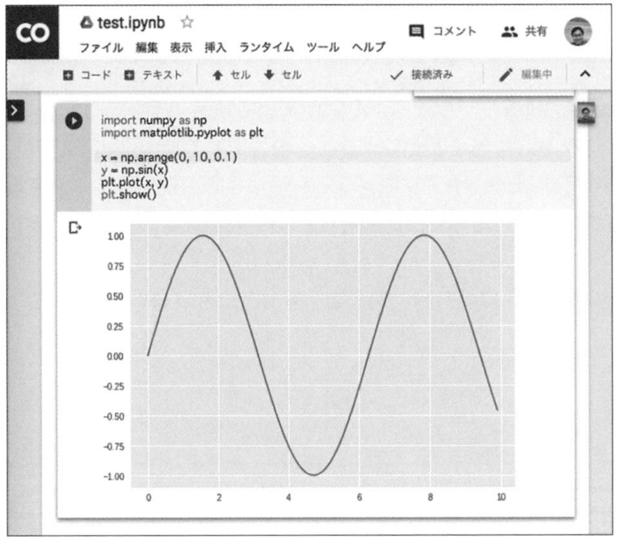

▲ グラフの描画も可能

素材ファイルをアップロードしよう

Colaboratory は Google のサーバー上で実行されるため、ローカル (PC 上) にあるファイルをプログラムから使う際には、ファイルをサーバーにアップロードする必要があります。

そのために用意されているのが、google.colab モジュールです。このモジュールは最初からインストールされており、以下の 2 行のプログラムを記述して実行すると、素材ファイルをアップロードするフォームが表示されます。

```
from google.colab import files
uploaded = files.upload()
```

ここで「ファイルを選択」ボタンを押すと、ローカルファイルをアップロードできます。

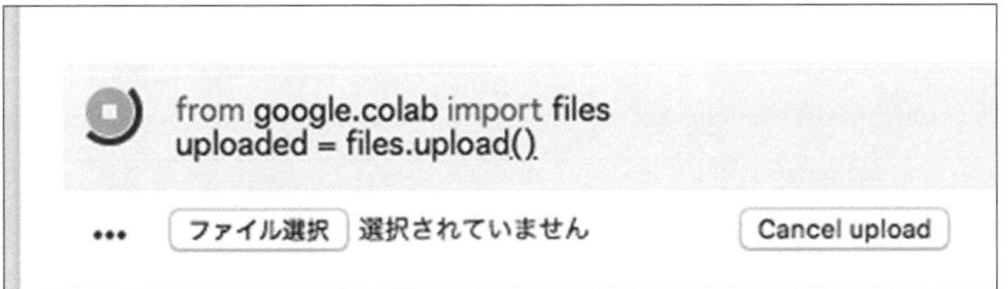

▲ ファイルのアップロードフォームを表示するために 2 行のコードを記述する

応用のヒント

ここまで紹介したように、Colaboratoryは、Webブラウザーさえあれば、PCさえ用意することなく、タブレットやスマートフォンでも機械学習を実践することができます。機械学習の初歩の初歩で、とりあえず試してみたいという場合に、まずColaboratoryでプログラムを動かしてみましょう。できると思ったら、本書の巻末Appendixを参照して、自分のPCに機械学習の環境を構築するのも良いでしょう。

また、Colaboratoryを実行するマシンのスペックはそれほど悪くないので、自分のPCのスペックが足りない場合に使うこともできます。

この節のまとめ

- Colaboratoryはインストール不要の機械学習の実行環境
- Ubuntu(Linux)上に構築されており、自由にライブラリーやモジュールをインストールできる
- 実行結果は、Google Driveに保存される
- 利用制限があり、一定時間経つと初期化されてしまうので注意が必要

1-5 Jupyter Notebookの使い方

Python でプログラムを試すのに便利なのが、Jupyter Notebook です。このツールを使うと、プログラムとその実行結果、ドキュメントを 1 つのノートにまとめることができます。本書でも頻繁に利用するので、簡単に使い方をマスターしましょう。

利用する技術（キーワード）

- Jupyter Notebook

この技術をどんな場面で利用するのか

- プログラムの開発用途
- 機械学習の試行錯誤

Jupyter Notebook とは？

Jupyter Notebook は、Python のエディターと実行環境を 1 つにまとめた便利なツールです。前節で紹介した Google Colaboratory は、この Jupyter Notebook を改良して、Web サービスとして提供しているものです。

Jupyter Notebook を使うには、自分の PC にインストールする必要があります。しかし、Colaboratory と同じで、Web ブラウザー上で Python のプログラムを書いて、実行ボタンを押すと、すぐに結果が表示されます。そのため、気軽にプログラムを実行できます。

ノートブック (Notebook) というだけあって、1 つのノートブックのなかに複数の Python プログラムを記述できます。そして、実行結果もノートの中に残ります。過去に作成したノートブックを開くと、プログラムとその結果を確認できます。加えて、メモや表、画像を書き込むこともできます。しかも、Python の対話実行環境の「IDLE Shell」のように、それ以前のプログラムで設定した変数を、プログラムを実行した後も参照できます。

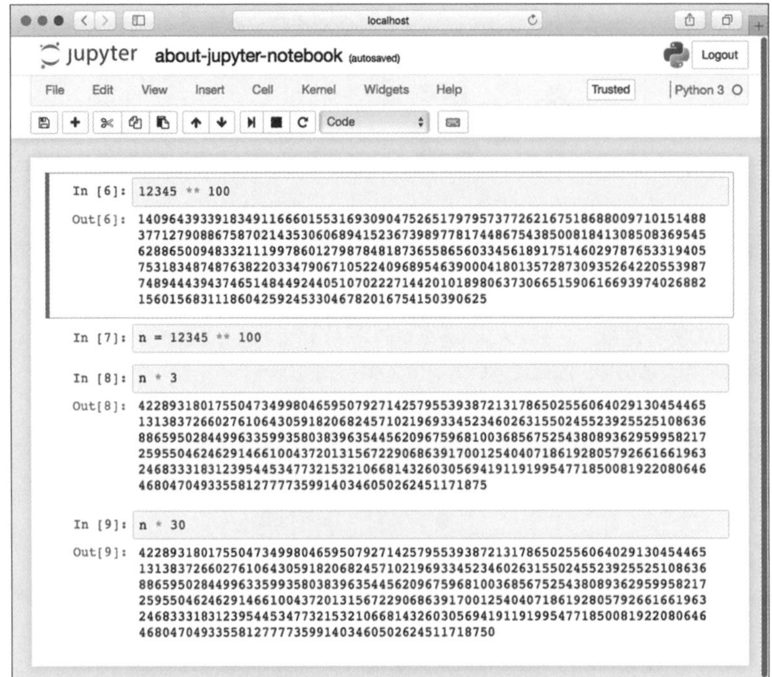

▲ Jupyter Notebook ー 複数のプログラムと結果を記録できる

機械学習のプログラム開発に役立つ

Jupyter Notebook の主な機能をまとめてみましょう。

- **Web ブラウザー上でプログラムを開発できる**
- **Python のプログラムをすぐに実行できる**
- **1 つのノートに複数のプログラムとその結果を記録できる**
- **プログラムと一緒にドキュメントも記録できる**

上記のような特徴があるため、Python の文法を確認したいケースなど、初心者の人にもお勧めです。しかし、Jupyter Notebook が本当に役立つのは、データ解析や機械学習など、試行錯誤しながらプログラムを完成させるような場面です。先ほど、機械学習のシナリオで確認したように、機械学習のプログラムを作る場合には、一度プログラムを作って動いたら終わりということは少ないでしょう。

機械学習では、プログラムを実行したら実行結果を確認し、結果に応じてアルゴリズムを変更したり、パラメーターを調整しながらプログラムを編集したりする場面が多くあります。そのため、Jupyter Notebook が大いに役立つことでしょう。

Jupyter Notebook を実行しよう

本書の巻末にある Appendix（P.384）で、実行環境の構築について解説しています。Anaconda および Jupyter Notebook のインストールは、そちらを参照してください。

インストールが完了したら、Jupyter Notebook を起動してみましょう。Windows であれば、スタートメニューから [Anaconda > Jupyter Notebook] で実行できます。macOS では、Spotlight から [Anaconda-Navigator] を起動し、一覧にある Jupyter Notebook のアイコンから起動します。

▲ Windows ならスタートメニューから起動

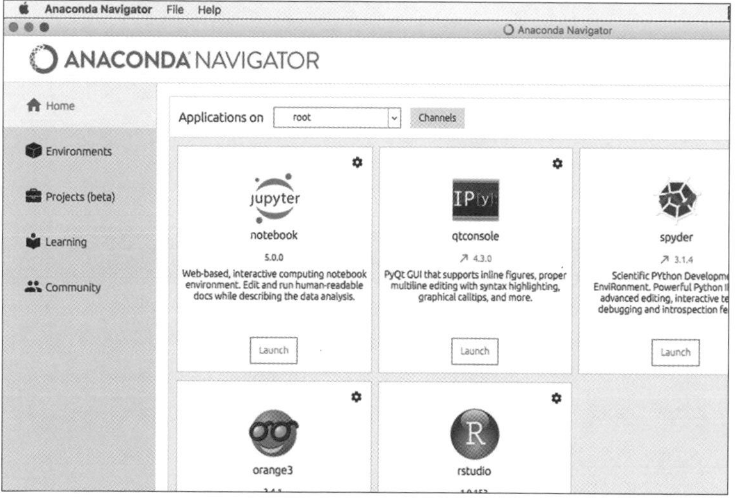

▲ macOS なら Anaconda-Navigator から起動

コマンドラインからの起動

Jupyter Notebookはコマンドラインのツールとしても提供されています。そのため、Anacondaがインストールされており、インストールディレクトリーにパスが通っている状況であれば、コマンドラインから、以下のようにタイプすることで起動できます。

```
$ jupyter notebook
```

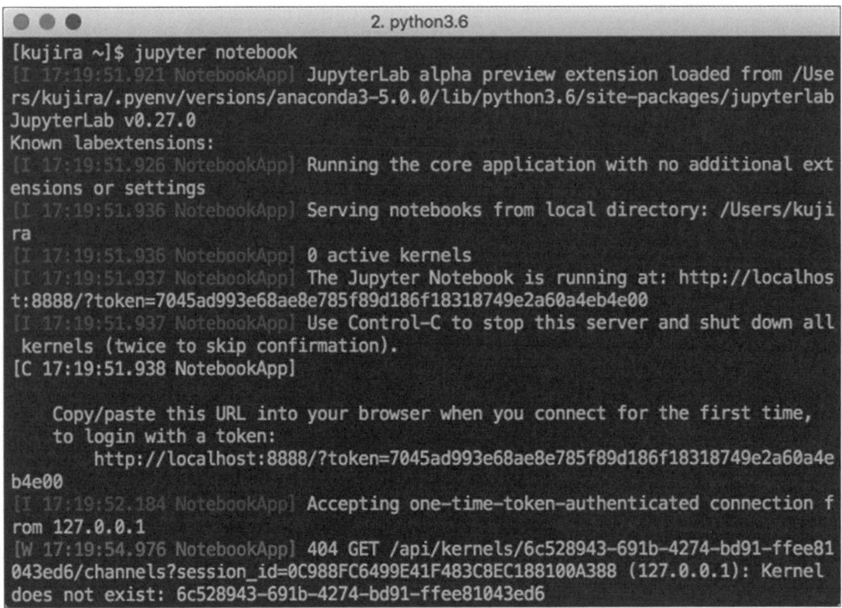

▲ コマンドラインから起動

「Jupyter Notebook」コマンドを実行すると、コマンドを実行したディレクトリーをカレントディレクトリーとして、Jupyter Notebookが起動します。その際、デフォルトのWebブラウザーを起動してくれます。

新規ノートブックを作成して実行してみよう

Jupyter Notebookを起動すると、次のようなファイルとディレクトリー一覧の画面が表示されます。そこで、画面右上にある[New]のボタンをクリックしましょう。すると、ポップアップでメニューが出るので[Python3]をクリックしましょう。

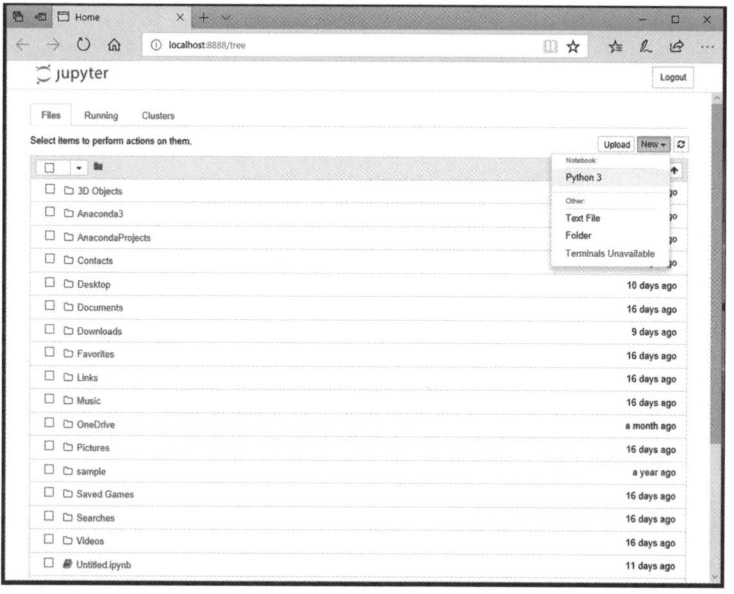

▲ 起動するとファイル一覧画面が出るので、【New > Python3】をクリックしよう

すると、以下のようなノートブックの画面が表示されます。

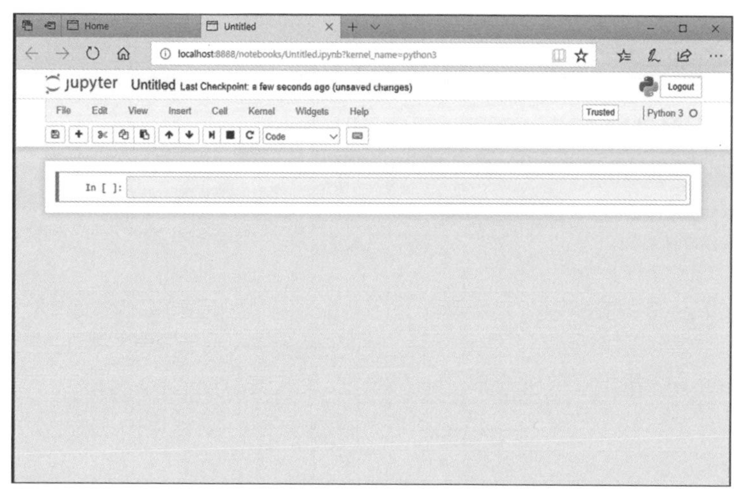

▲ 新規ノートブックを作成したところ

メニューの下に表示されている In [ ] というテキストボックスに Pyton のプログラムを記述して、メニューにある実行ボタン をクリックします。するとプログラムの実行結果が、テキストボックスの直下（Out [1] の部分）に表示されます。「3 + 5」などと入力して実行してみましょう。

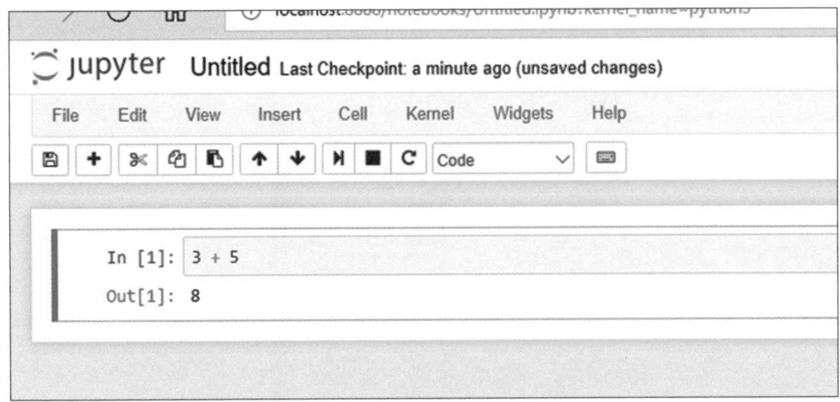

▲ プログラムを記述して実行ボタンを押すと結果が表示される

ノートブックには複数のセルを挿入できる

Jupyter Notebookの特徴は、1つのノートブックのなかに複数のプログラムを記述できる点にあります。先ほど、簡単な計算を行ったノートに、別のプログラムを追加してみましょう。

Jupyter Notebookのメニューから[Insert > Insert Cell Below](セルを下側に追加)を選んでクリックします。すると、空白のセルが下に追加されます。

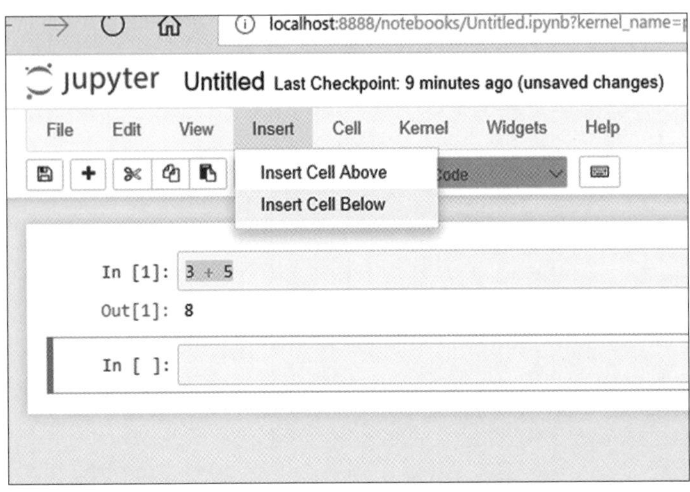

▲ セルを追加

ちなみに、セル (Cell) には、小区画（小部屋）という意味があります。Jupyter Notebook ではプログラムを記述するためのテキストボックスとその結果をセットにしたものがセルとなります。これで、1 つのノートブックに複数のセルを追加できます。

一度に複数のセルを実行できる

さらに、複数のセルをノートブックに追加していたとき、上から順にすべてのセルを実行することも可能です。メニューから [Cell > Run All] を選んでクリックすると、一番上のセルから順に下へと実行していきます。プログラムの内容を再計算したいときなどに便利です。

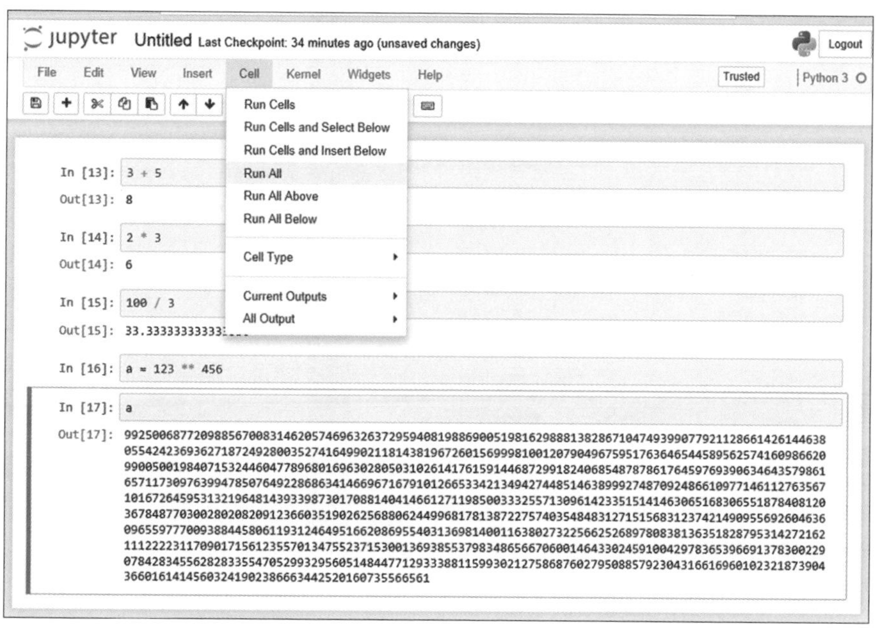

▲ 複数のセルを一度に実行できる

Python をリセットしたい場合

もしも、Jupyter Notebook で、うまくプログラムが実行できなくなってしまった場合は、Python をリセットしてみましょう。その場合、メニューから [Kernel > Restart] をクリックします。

そもそも Jupyter Notebook では、ノートブックを開くと、そのタイミングで Python の対話実行環境が起動します。そこでセルを実行すると、その実行環境上でプログラムが実行される仕組みになっています。そのため、プログラムがうまく作動しない場合に、Python をリセットすると問題が解決することがあります。また、変数を初期化したい場合にもリセットが役立ちます。

便利なショートカットキーも利用可能

Jupyter Notebookで素早くセルを挿入するには、[ESC]+[B]キーを押します。Jupyter Notebookでは、[ESC]キーを押すとキーボード操作可能な「コマンドモード(Command Mode)」になり、[B]キーを押すことで、セルを追加できます。そして、プログラムの入力中は「エディットモード(Edit Mode)」と呼ばれる状態になり、[Ctrl]+[Enter]キーを押すことで、プログラムを実行できます。

なお、ショートカットキーの一覧を確認するには、[Help > Keyboard Shortcuts]をクリックします。キーをカスタマイズすることも可能です。

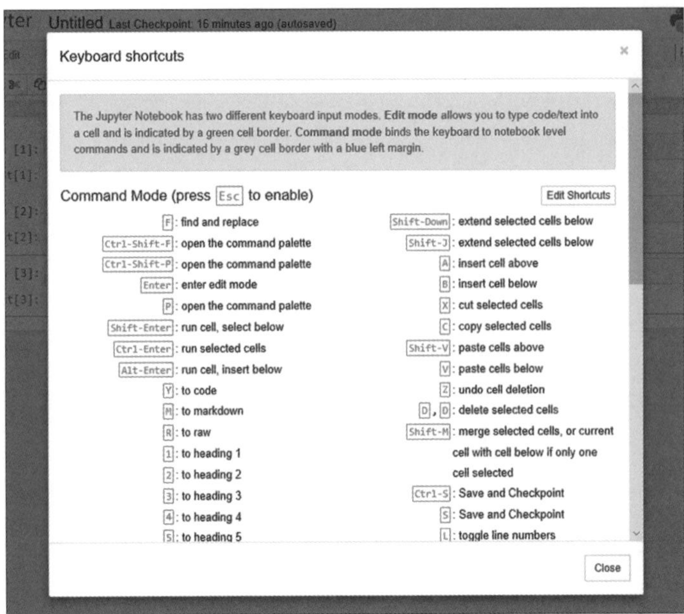

▲ キーボードでもJupyterを操作できる

値を確認できるだけでなくグラフも表示できる

Jupyter Notebookには、プログラムの実行結果が表示されますが、実行結果にグラフの出力が可能です。たとえば、簡単なサイン波のグラフを描画してみましょう。新規セルを挿入し、以下のプログラムを記述します。

```
import numpy as np
import matplotlib.pyplot as plt

x = np.arange(0, 10, 0.1)
y = np.sin(x)
plt.plot(x, y)
plt.show()
```

実行ボタンを押すと、以下のグラフが表示されます。ここでは、NumPy や matplotlib.pyplot などのモジュールを利用してグラフを描画しています。

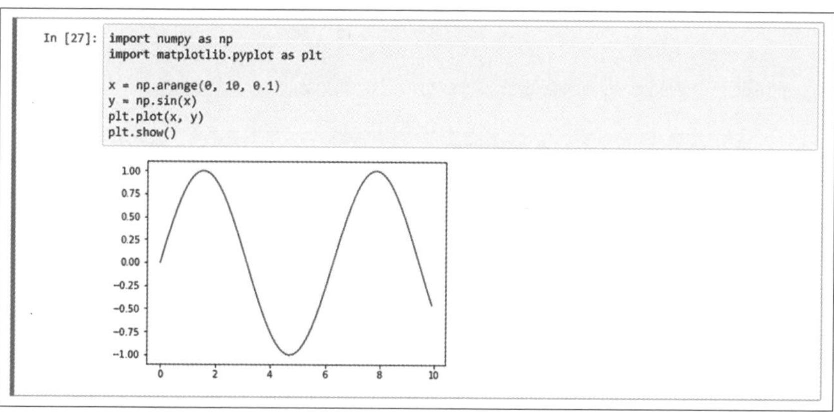

▲ サイン波のグラフを出力したところ

Markdown 記法でドキュメント生成も可能

Jupyter Notebook がおもしろいのは、プログラムだけでなく、Markdown 記法を使って本格的なドキュメントの作成が可能というところです。新規セルを作成したら、メニューより [Cell > Cell Type > Markdown] をクリックしましょう。

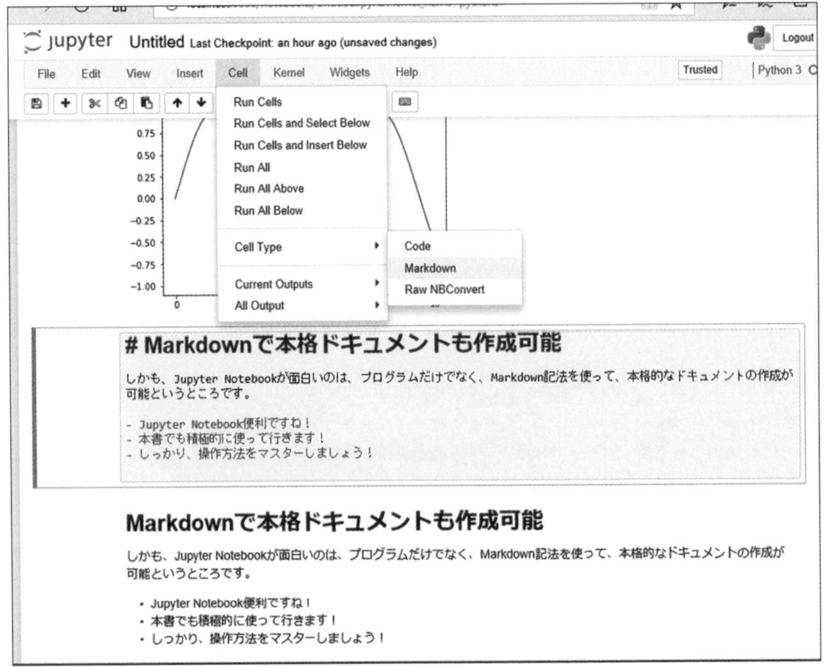

▲ Markdown 記法でドキュメントの作成も可能

なお Markdown 記法というのは、「# 見出し」や「- リスト」などの記号を使って、テキストをマークアップする記法です。Markdown 記法でドキュメントを記述し、実行ボタンを押すと、Markdown が HTML にレンダリングされて表示されます。

このように、Jupyter Notebook はとても便利なので、基本的な操作方法をマスターしておくと良いでしょう。

この節のまとめ

- Jupyter Notebook を使うと機械学習のプログラム開発がはかどる
- 1 つのノートブックのなかに複数のセルを作成できる
- グラフを出力したり、コメントを書き込むことができる

1-6 個別にプログラムを実行する方法

本書の大半のプログラムは Jupyter Notebook 上で実行できますが、いくつかのプログラムはコマンドラインから実行する必要があります。ここでは、簡単にコマンドラインの使い方を紹介します。

利用する技術（キーワード）

- コマンドライン
- ターミナル

この技術をどんな場面で利用するのか

- プログラムの実行

コマンドラインとは？

コマンドラインは、コンピューターへの命令を、キーボードから『コマンド』と呼ばれる文字列を入力することによって行う入力方法のことです。本書で『コマンドライン』という記述があれば、Windows なら『Anaconda Prompt』、macOS や Linux なら『ターミナル』を利用してプログラムを実行することを意味します。

Windows10 で Anaconda Prompt を起動する方法

Windows では、スタートメニューから [Anaconda > Anaconda Prompt] をクリックします。

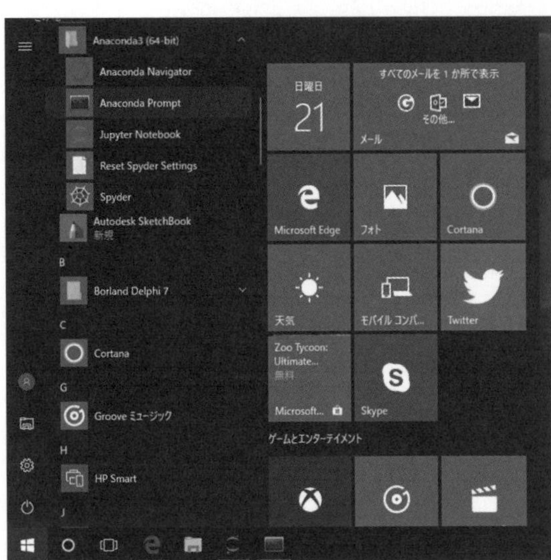

▲ スタートメニューから Anaconda Prompt を起動

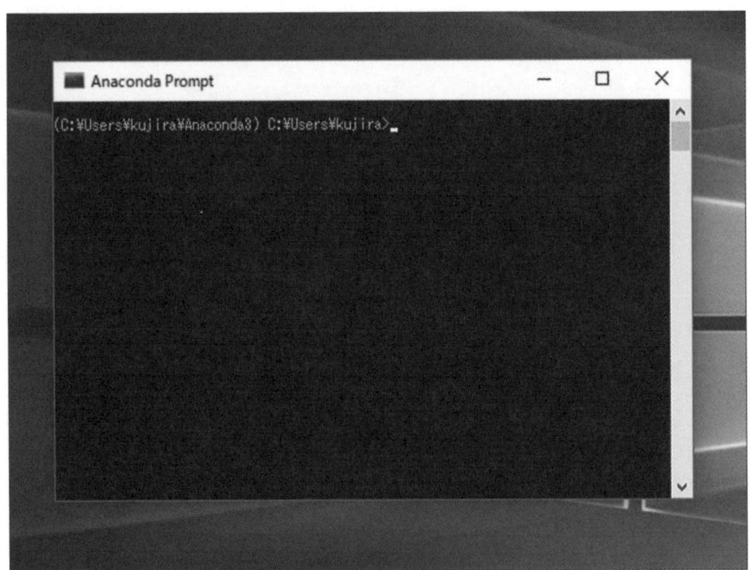

▲ Anaconda Prompt が起動したところ

macOS でターミナルを起動する方法

macOS では、Spotlight(スクリーン右上にある虫眼鏡のアイコン) をクリックし、ウィンドウが表示されたら「ターミナル .app」と入力し、ターミナルを起動します。

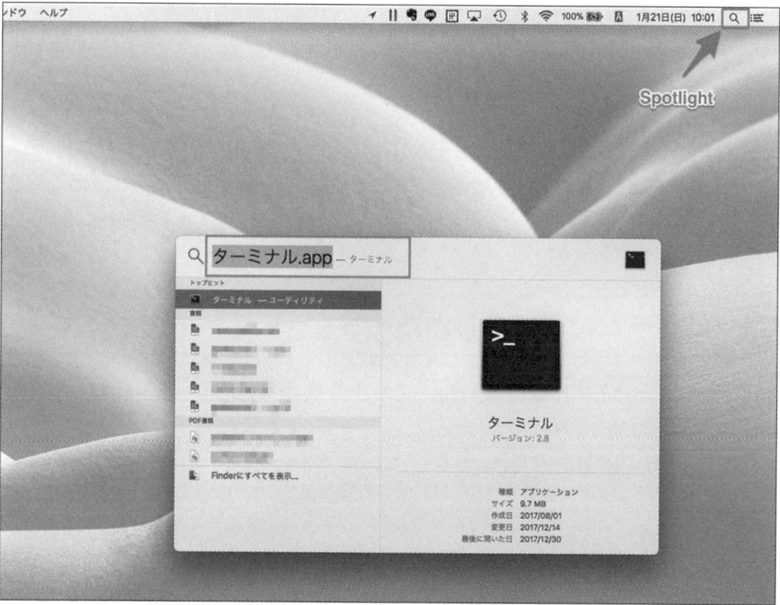

▲ Spotlight からターミナルを起動

kujira — -bash — 80×24

```
Last login: Sun Jan 21 00:56:30 on ttys004
[kujira ~]$
```

▲ ターミナルが起動したところ

プログラムを実行するには？

コマンドラインから Python のプログラムを実行するには、以下のように入力します。このとき、「$」はコマンドラインに入力をすることを意味する記号で、実際に入力する必要はありません。

```
$ python （プログラムファイル .py）
```

Windows の AnacondaPrompt や、macOS のターミナルでは、ファイルをコマンドラインにドラッグ & ドロップするとファイルのパスが自動的に入力されます。なお、Ubuntu/Linux では、「python」コマンド名が「python3」となっています。本書の「python」コマンドを「python3」と読み替えてください。

本書のサンプルプログラムの実行のしかた

本書のサンプルプログラムを実行する際には、あらかじめ本書のサポートサイトより、サンプルプログラムをダウンロードして利用します。

サンプルプログラムのアーカイブを解凍した上で以下のように操作すると良いでしょう。

(1) コマンドラインを起動する

(2) cd コマンドでカレントディレクトリーを変更する

(3) python コマンドでプログラムを実行する

たとえば、2 章で扱うプログラム「src/ch2/wine/count_wine_data.py」を実行する場合には、一度プログラムがあるパス「src/ch2/wine」にカレントディレクトリーを移動してから、プログラムを実行します。

```
●カレントディレクトリーを移動する
$ cd src/ch2/wine

●プログラムを実行する
$ python ./count_wine_data.py
```

```
2. bash
[kujira book-mlearn201710]$ cd src/ch2/wine
[kujira wine]$ python ./count_wine_data.py
quality
3      20
4     163
5    1457
6    2198
7     880
8     175
9       5
Name: quality, dtype: int64
[kujira wine]$
```

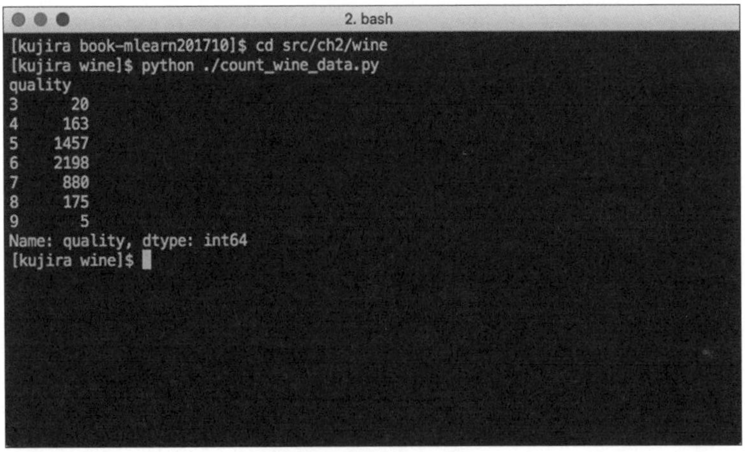

▲ コマンドラインからプログラムを実行したところ

モジュールのインストールにも利用

コマンドラインは、プログラムを実行するだけでなく、Python の拡張モジュールをインストールする際にも利用します。

この節のまとめ

- コマンドラインから Python のプログラムを実行できる
- 本書のプログラムのなかには、コマンドラインから実行しなくてはならないものもある

第2章

機械学習入門

機械学習の入門編です。最初は、比較的有名なサンプルを利用して、機械学習の雰囲気を掴みましょう。機械学習ライブラリーのscikit-learnやデータ処理に役立つライブラリー NumPy や Pandas の基本的な使い方も紹介します。

2-1 一番簡単な機械学習を実践しよう

機械学習を実践してみましょう。最初に、機械学習のフレームワークである「scikit-learn」について学び、その後、AND 演算を機械学習させてみます。それにより、機械学習の基本的な流れを学ぶことができます。

利用する技術（キーワード）

- scikit-learnライブラリー
- LinearSVCアルゴリズム
- KNeighborsClassifierアルゴリズム

この技術をどんな場面で利用するのか

- 機械学習プログラムの基本的な流れを知りたいとき

scikit-learnについて

『scikit-learn（サイキット・ラーン）』は Python 向けの機械学習フレームワークの定番です。

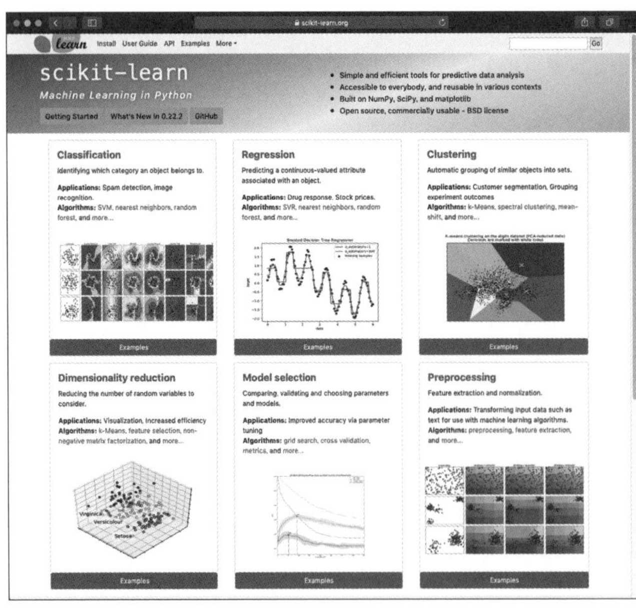

▲ scikit-learn の Web サイト

scikit-learn の Web サイト
[URL] https://scikit-learn.org/

scikit-learn には以下のような特徴があります。

- 機械学習で使われるさまざまなアルゴリズムに対応している
- すぐに機械学習を試すことができるようにサンプルデータが含まれている
- 機械学習の結果を検証する機能を持っている
- 機械学習でよく使われる他のライブラリー（「Pandas」「NumPy」「Scipy」「Matplotlib」など）との親和性が高い
- BSD ライセンスのオープンソースのため無料で商用利用が可能

AND 演算を機械学習させてみよう

それでは、機械学習のはじめの一歩として、論理演算の『AND 演算』の動作を学習させてみましょう。それによって、scikit-learn の使い方もよくわかることでしょう。

AND 演算とは

『AND 演算』とは、２つの入力（X と Y）に対し、次のような結果となる論理演算のことです。

- 両方とも真（1）のときには結果が真（1）
- 上記以外のときには結果が偽（0）

すべてのパターンを表で確認してみましょう。X と Y が入力で「X and Y」が結果になります。

X	Y	X and Y
0	0	0
1	0	0
0	1	0
1	1	1

では、この AND 演算を機械学習させてみましょう。

ゴールを決定しよう

まず、どのような機械学習プログラムを作成するのかというゴールを決定しましょう。

今回は以下のような、教師あり学習の機械学習プログラムを作成します。

- **入力（X,Y）と結果（X and Y）の全パターンを学習させる**
- **改めて、入力（X,Y）の全パターンを与えた場合に、正しい結果（X and Y）に分類してくれるかを評価する**

このプログラムは機械学習を利用しなくても実装できますが、プログラムの基本的な流れを理解することを目的に、機械学習で実装してみましょう。

アルゴリズムの選択をしよう

ゴールを決定した後は、アルゴリズムを選択する必要があります。

しかし、「機械学習をこれから始めたい」と考えている人は「どんなアルゴリズムが存在しているのか」「それぞれのアルゴリズムは、どのような場合に選択したら良いのか」がわからないために、難しさを覚えるかもしれません。

そのような場合は「scikit-learn algorithm cheat-sheet」（以下、アルゴリズムチートシート）を参考にすることも可能です (このアルゴリズムチートシートは、scikit-learn の Web サイトのチュートリアルに掲載されているものです)。

[URL]
https://scikit-learn.org/stable/tutorial/machine_learning_map/

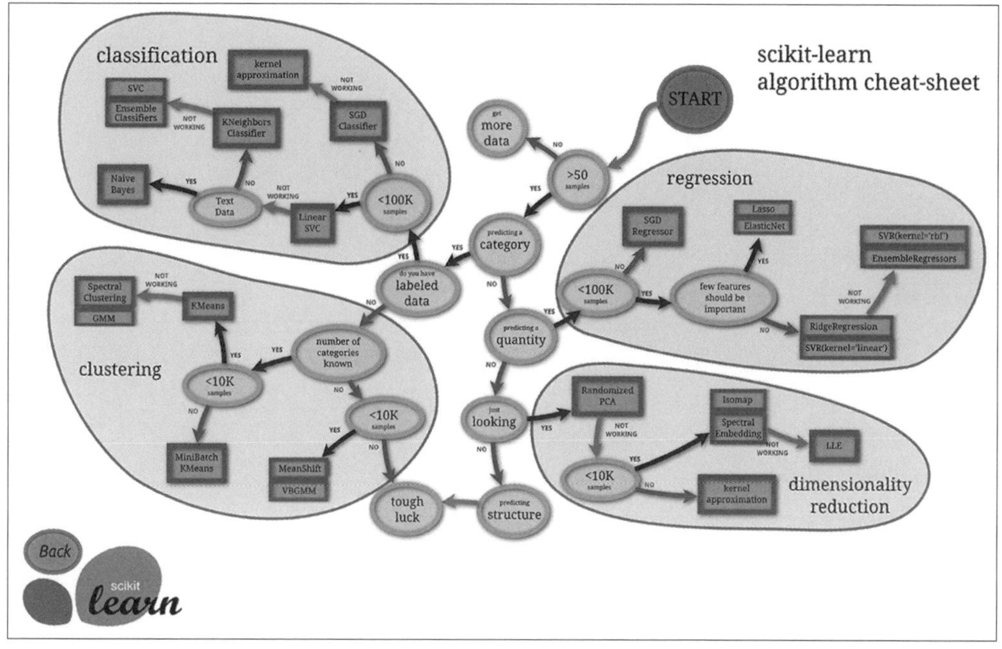

▲ アルゴリズムチートシート

どのような機械学習をしたいのか、どのようなデータを準備しているのかなどの条件をたどっていくと、アルゴリズムを選択できるようになっています。

機械学習を始めたばかりの方は、このアルゴリズムチートシートを参考に選択し、選択したアルゴリズムを調べたり使ってみたりすることで、それぞれのアルゴリズムに対する理解を深めていくことができるでしょう。

では、AND 演算に関しても、アルゴリズムチートシートを参考にしてアルゴリズムを選択してみましょう。先ほど示した通り、AND 演算はサンプルデータが 4 件しかなく、50 件より少ないため

● [Start] → [>50 Sample] → NO → [get more data(もっとデータを用意しましょう)]

となってしまうのですが、今回は、機械学習プログラムの基本的な流れを理解することが目的なので、その部分を無視して先に進むと

● [predicting a category（カテゴリーを予測する）] → YES → [do you have labeled data（ラベル、つまり結果付きのデータを持っている）] → YES

となります。そして、やはりデータ数は4件なので100K(10万)よりは少ないことから

● [<100K samples] → YES → [LinearSVC]

となり、LinearSVCというアルゴリズムに到着しました。
そこで、今回はLinearSVCアルゴリズムを選択してみましょう。

実装しよう

では、LinearSVCアルゴリズムによって、AND演算を機械学習するプログラムを見てみましょう。

Jupyter Notebookで新規ノートブックを作ります。画面右上の[New > Python 3]で新規ノートブックが作成できます。そして、以下のプログラムを記述しましょう。

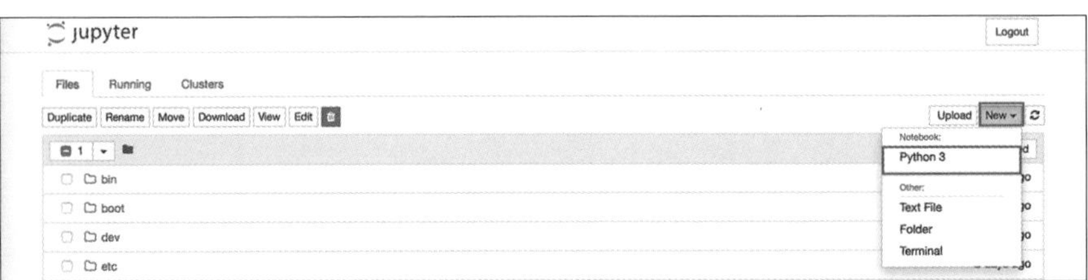

▲ Jupyter Notebookで新規ノートブックを作成する

▼ and.py

```
# ライブラリーのインポート --- (※1)
from sklearn.svm import LinearSVC
from sklearn.metrics import accuracy_score

# 学習用のデータと結果の準備 --- (※2)
# X , Y
learn_data = [[0,0], [1,0], [0,1], [1,1]]
# X and Y
learn_label = [0, 0, 0, 1]

# アルゴリズムの指定(LinearSVC) --- (※3)
clf = LinearSVC()

# 学習用データと結果の学習  --- (※4)
clf.fit(learn_data, learn_label)

# テストデータによる予測 --- (※5)
test_data = [[0,0], [1,0], [0,1], [1,1]]
test_label = clf.predict(test_data)
```

```
# 予測結果の評価 --- (※6)
print(test_data , "の予測結果：" ,  test_label)
print("正解率 = " , accuracy_score([0, 0, 0, 1], test_label))
```

では、Jupyter Notebook からプログラムを実行してみましょう。Run ボタンを押すと、以下のような結果が表示されます。

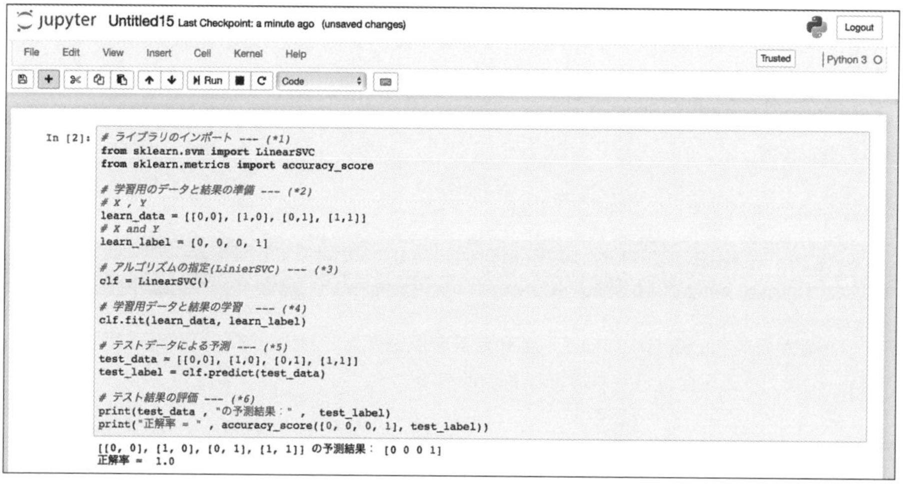

```
jupyter Untitled15 Last Checkpoint: a minute ago (unsaved changes)
File Edit View Insert Cell Kernel Help    Trusted | Python 3

In [2]: # ライブラリのインポート --- (*1)
        from sklearn.svm import LinearSVC
        from sklearn.metrics import accuracy_score

        # 学習用のデータと結果の準備 --- (*2)
        # X , Y
        learn_data = [[0,0], [1,0], [0,1], [1,1]]
        # X and Y
        learn_label = [0, 0, 0, 1]

        # アルゴリズムの指定(LinierSVC) --- (*3)
        clf = LinearSVC()

        # 学習用データと結果の学習  --- (*4)
        clf.fit(learn_data, learn_label)

        # テストデータによる予測 --- (*5)
        test_data = [[0,0], [1,0], [0,1], [1,1]]
        test_label = clf.predict(test_data)

        # テスト結果の評価 --- (*6)
        print(test_data , "の予測結果：" ,  test_label)
        print("正解率 = " , accuracy_score([0, 0, 0, 1], test_label))

        [[0, 0], [1, 0], [0, 1], [1, 1]] の予測結果： [0 0 0 1]
        正解率 =  1.0
```

▲ Jupyter Notebook で結果を表示したところ

```
[[0, 0], [1, 0], [0, 1], [1, 1]] の予測結果： [0 0 0 1]
正解率 =  1.0
```

「正解率 =1.0」は正解率が 100% であることを意味しています。つまり、AND 演算の機械学習を LinearSVC アルゴリズムによって行えることが評価できました。

非常にシンプルなプログラムで、AND 演算を機械学習させることができました。それでは、プログラムを確認しながら、基本的な流れを確認してみましょう。

（※ 1）の部分では、必要なパッケージをインポートしています。今回は、以下のパッケージをインポートしています。

- **LinearSVC アルゴリズムを利用するためのパッケージ (sklearn.svm.LinearSVC)**
- **テスト結果を評価するためのパッケージ (sklearn.metrics.accuracy_score)**

(※2)の部分では、学習用のデータを準備しています。LinearSVCは、教師あり学習のアルゴリズムなので、学習用データに加えて結果データも準備しています。

(※3)の部分では、機械学習用のオブジェクトを生成しています。LinearSVCを利用したいので、LinearSVCコンストラクターを呼び出して、オブジェクトを生成しています。このコンストラクターには、各種パラメーターを指定することもできますが、ここではパラメーターは未指定としています。

(※4)の部分では、学習用データと結果を使って学習させます。学習には、fit()メソッドを利用します。fit()メソッドでは、学習データの配列と結果データの配列を指定します。

(※5)の部分では、テストデータから結果を予測しています。予測には、predict()メソッドを利用します。predict()メソッドは、テストデータの配列を指定すると、予測結果を返します。

(※6)の部分では、予測結果を評価するために正解率を計算しています。正解率の計算には、accuracy_score()メソッドを利用します。accuracy_score()メソッドは、正しい結果と予測結果を指定すると、正解率を返します。

改良のヒント

テスト結果の評価が優れない場合について、XOR演算を例に考えてみましょう。XOR演算とは、2つの入力(XとY)に対し、以下のような結果となる論理演算です。

X	Y	X xor Y
0	0	0
1	0	1
0	1	1
1	1	0

どんなアルゴリズムを利用するかをアルゴリズムチートシートでたどっていくと、AND演算のときと同じLinearSVCアルゴリズムに到着します。そこで、AND演算のプログラムを利用して、プログラムを記述してみましょう。Jupyter Notebookで新規ノートブックを作ります。画面右上の[New > Python 3]で新規ノートブックが作成できます。そして、以下のプログラムを記述しましょう。

▼ xor.py

```
# ライブラリーのインポート
from sklearn.svm import LinearSVC
from sklearn.metrics import accuracy_score

# 学習用のデータと結果の準備
# X , Y
learn_data = [[0,0], [1,0], [0,1], [1,1]]
# X xor Y
learn_label = [0, 1, 1, 0]  #（※）xor 用のラベルに変更

# アルゴリズムの指定（LinearSVC)
clf = LinearSVC()

# 学習用データと結果の学習
clf.fit(learn_data, learn_label)

# テストデータによる予測
test_data = [[0,0], [1,0], [0,1], [1,1]]
test_label = clf.predict(test_data)

# テスト結果の評価
print(test_data , "の予測結果：" ,  test_label)
print("正解率 = " , accuracy_score([0, 1, 1, 0], test_label))  #（※）xor 用のラ
ベルに変更
```

「#（※）xor 用のラベルに変更」コメント（2 箇所）の部分が修正箇所になります。

では、Jupyter Notebook からプログラムを実行してみましょう。Run ボタンを押すと、以下のような結果が表示されます。

```
[[0, 0], [1, 0], [0, 1], [1, 1]] の予測結果： [1 1 0 1]
正解率 =  0.25
```

予測結果や正解率は実行ごとに変化しますが、ここでは 25% となっています。25% の正解率では、実運用に値するプログラムとは呼べません。つまり、現在のプログラムでは XOR 演算を機械学習できないことが評価できました。

では、このような場合、次にどのようなアプローチを取る必要があるのでしょうか。以下のどちらかのアプローチを取ります。

- **アルゴリズムを変更する**
- **アルゴリズムはそのままで、アルゴリズムに指定するパラメーターを調整する**

ここでは「アルゴリズムを変更する」方法から、アプローチしてみましょう。

どのアルゴリズムに変更したら良いのでしょうか。再びアルゴリズムチートシートを見てみると、LinearSVCでは機械学習できない（NOT WORKING）の場合、別のアルゴリズムがいくつか候補として挙げられています。今回はそのなかから、KNeighborsClassifierアルゴリズムを試してみましょう。

- **[LinearSVC] → NOT WORKING → [Text Data] → NO → [KNeighbors Classifier]**

先ほどのプログラムを以下のように変更します。

▼ xor2.py

```
# ライブラリーのインポート ---（※1）
from sklearn.neighbors import KNeighborsClassifier
from sklearn.metrics import accuracy_score

# 学習用のデータと結果の準備
# X , Y
learn_data = [[0,0], [1,0], [0,1], [1,1]]
# X xor Y
learn_label = [0, 1, 1, 0]  #（※）xor用のラベルに変更

# アルゴリズムの指定（KNeighborsClassifier）---（※2）
clf = KNeighborsClassifier(n_neighbors = 1)

# 学習用データと結果の学習
clf.fit(learn_data, learn_label)

# テストデータによる予測
test_data = [[0,0], [1,0], [0,1], [1,1]]
test_label = clf.predict(test_data)

# テスト結果の評価
print(test_data , "の予測結果：" ,  test_label)
print("正解率 = " , accuracy_score([0, 1, 1, 0], test_label))  #（※）xor用のラベルに変更
```

では、Jupyter Notebookからプログラムを実行してみましょう。Runボタンを押すと、以下のような結果が表示されます。

```
[[0, 0], [1, 0], [0, 1], [1, 1]] の予測結果: [0 1 1 0]
正解率 =  1.0
```

今度は、高い正解率を得ることができました。つまり、XOR 演算の機械学習を KNeighborsClassifier アルゴリズムによって行えることが評価できました。それでは、プログラムを確認してみましょう。

(※ 1) の部分では、KNeighborsClassifier アルゴリズムを利用するためのパッケージ (sklearn.neighbors) をインポートしています。

(※ 2) の部分では、KNeighborsClassifier を利用したいので、KNeighborsClassifier コンストラクターを呼び出してオブジェクトを生成しています。今回は、n_neighbors というパラメーターを指定しています。

このように、テスト結果の評価が優れない場合は、アルゴリズムやアルゴリズムに指定するパラメーターを変更することで調整していきます。また、インポートするパッケージや機械学習用のオブジェクト生成部分を変更するだけで、手軽にアルゴリズムの変更を行うことができます。

この節のまとめ

- Python で機械学習をする場合「scikit-learn」が定番である
- どのアルゴリズムを選択したらよいかわからない場合は、アルゴリズムチートシートを参考にできる
- 学習や評価のための便利なメソッドが用意されている
- 評価結果が優れない場合、アルゴリズムやアルゴリズムに指定するパラメーターを変更する

2-2 アヤメの分類に挑戦してみよう

機械学習プログラムの基本的な流れを理解したところで、もう少し複雑なデータを扱ってみましょう。具体的には「Fisher のアヤメデータ」という有名なデータを扱います。まずアヤメデータを入手し、その後、Pandas ライブラリーを使ってデータを読み込み、scikit-learn ライブラリーの SVC アルゴリズムを利用して機械学習するプログラムを実装してみましょう。

利用する技術（キーワード）

- Fisherのアヤメデータ
- Pandasライブラリー
- SVCアルゴリズム

この技術をどんな場面で利用するのか

- 機械学習プログラムの基本的な流れを知りたいとき
- 植物の特徴データから、品種を分類したいとき

アヤメデータを入手しよう

アヤメデータをダウンロードしよう

「Fisher のアヤメデータ」（あるいは、Anderson のアヤメデータ）は、アヤメの品種分類データです。今回は、このデータをダウンロードして機械学習に利用してみましょう。

Fisher のアヤメデータは、とても有名なのでさまざまなサイトからダウンロードできます。今回は、以下の GitHub リポジトリーからダウンロードしてみましょう。

アヤメデータのダウンロード
[URL] https://github.com/kujirahand/book-mlearn-gyomu/blob/master/src/ch2/iris/iris.csv

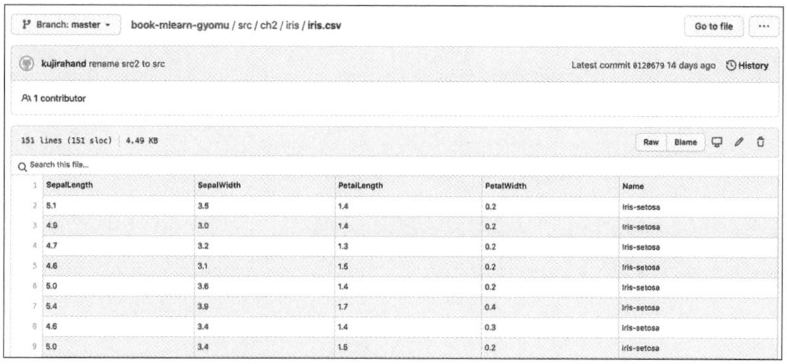

Branch: master ▾　book-mlearn-gyomu / src / ch2 / iris / **iris.csv**　Go to file　…

kujirahand rename src2 to src　Latest commit 0120679 14 days ago　History

1 contributor

151 lines (151 sloc) | 4.49 KB　Raw　Blame

Search this file…

	SepalLength	SepalWidth	PetalLength	PetalWidth	Name
2	5.1	3.5	1.4	0.2	Iris-setosa
3	4.9	3.0	1.4	0.2	Iris-setosa
4	4.7	3.2	1.3	0.2	Iris-setosa
5	4.6	3.1	1.5	0.2	Iris-setosa
6	5.0	3.6	1.4	0.2	Iris-setosa
7	5.4	3.9	1.7	0.4	Iris-setosa
8	4.6	3.4	1.4	0.3	Iris-setosa
9	5.0	3.4	1.5	0.2	Iris-setosa

▲ GitHub リポジトリーにおけるアヤメデータ

このWebサイトからアヤメデータをダウンロードしましょう。画面上の「Raw」ボタンを押してください。すると、CSVデータがブラウザー上に表示されますので、ブラウザーの保存機能を利用して保存しましょう。その際、ファイル名は「iris.csv」としてください。

アヤメデータを確認しよう

ダウンロードしたアヤメデータをExcelなどで開いてみましょう。

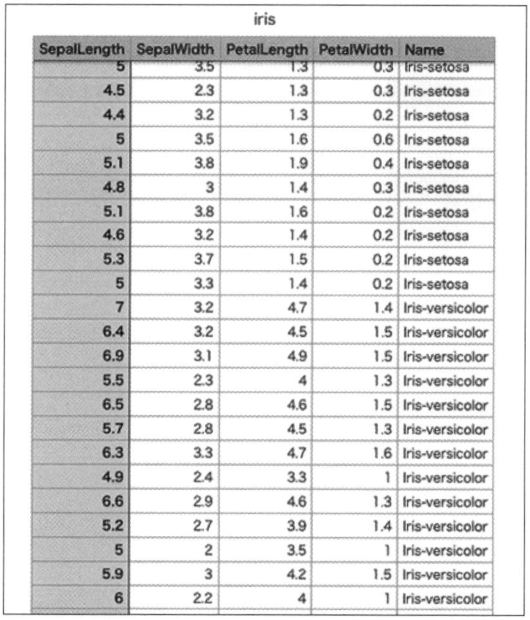

iris

SepalLength	SepalWidth	PetalLength	PetalWidth	Name
5	3.5	1.3	0.3	Iris-setosa
4.5	2.3	1.3	0.3	Iris-setosa
4.4	3.2	1.3	0.2	Iris-setosa
5	3.5	1.6	0.6	Iris-setosa
5.1	3.8	1.9	0.4	Iris-setosa
4.8	3	1.4	0.3	Iris-setosa
5.1	3.8	1.6	0.2	Iris-setosa
4.6	3.2	1.4	0.2	Iris-setosa
5.3	3.7	1.5	0.2	Iris-setosa
5	3.3	1.4	0.2	Iris-setosa
7	3.2	4.7	1.4	Iris-versicolor
6.4	3.2	4.5	1.5	Iris-versicolor
6.9	3.1	4.9	1.5	Iris-versicolor
5.5	2.3	4	1.3	Iris-versicolor
6.5	2.8	4.6	1.5	Iris-versicolor
5.7	2.8	4.5	1.3	Iris-versicolor
6.3	3.3	4.7	1.6	Iris-versicolor
4.9	2.4	3.3	1	Iris-versicolor
6.6	2.9	4.6	1.3	Iris-versicolor
5.2	2.7	3.9	1.4	Iris-versicolor
5	2	3.5	1	Iris-versicolor
5.9	3	4.2	1.5	Iris-versicolor
6	2.2	4	1	Iris-versicolor

▲ Mac の Numbers で CSV ファイルを読み込んだところ

すると、以下のようなカラムが存在します。

1	SepalLength	がく片の長さ	5.1
2	SepalWidth	がく片の幅	3.5
3	PetalLength	花びらの長さ	1.4
4	PetalWidth	花びらの幅	0.2
5	Name	アヤメの品種	Iris-setosa

このデータは、がく片と花びらの長さや幅と、アヤメの品種の関係を示しているデータであることがわかります。なお、アヤメの品種には以下の3つがあります。

アヤメの品種
Iris-Setosa
Iris-Versicolor
Iris-Virginica

字面だけだと、あまり実感が湧かないと思いますが、具体的には以下のように区別があります。

▲ Iris-Setosa

▲ Iris-Versicolor

▲ Iris-Virginica

（参考）Colaboratory や Jupyter Notebook でダウンロードする方法

上記の手順で Web ブラウザーから CSV ファイルをダウンロードできますが、Colaboratory や Jupyter Notebook から直接 CSV ファイルをダウンロードすることもできます。以下のプログラムをノートブックに書き込んで実行します。

```
import urllib.request as req
import pandas as pd

# ファイルをダウンロード
url = "https://raw.githubusercontent.com" + \
      "/kujirahand/book-mlearn-gyomu/master/src/ch2/iris"+ \
      "/iris.csv"
savefile = "iris.csv"
req.urlretrieve(url, savefile)
print("保存しました")
```

```
# ダウンロードしたファイルの内容を表示
csv = pd.read_csv(savefile, encoding="utf-8")
csv
```

実行すると、以下のように表示されます。

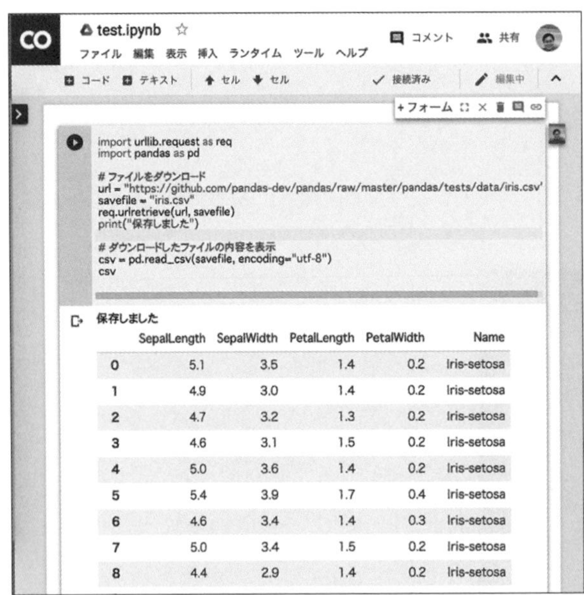

	SepalLength	SepalWidth	PetalLength	PetalWidth	Name
0	5.1	3.5	1.4	0.2	Iris-setosa
1	4.9	3.0	1.4	0.2	Iris-setosa
2	4.7	3.2	1.3	0.2	Iris-setosa
3	4.6	3.1	1.5	0.2	Iris-setosa
4	5.0	3.6	1.4	0.2	Iris-setosa
5	5.4	3.9	1.7	0.4	Iris-setosa
6	4.6	3.4	1.4	0.3	Iris-setosa
7	5.0	3.4	1.5	0.2	Iris-setosa
8	4.4	2.9	1.4	0.2	Iris-setosa

▲ ノートブック上でデータCSVをダウンロードしたところ

アヤメデータを使って機械学習をしてみよう

データをダウンロードしたので、機械学習の準備が整いました。このアヤメデータを用いて、以下のような教師あり学習の機械学習プログラムを作成してみましょう。

ゴールを決定しよう

まず、ゴールを決定しましょう。ここでは「がく片や花びらの長さと幅から、アヤメの品種を分類する」ことをゴールとします。そのために、以下の順番で機械学習プログラムを実装しましょう

(1) アヤメデータとして、ダウンロードした「iris.csv」を取り込む

(2) 取り込んだアヤメデータを、がく片や花びらの長さと幅の情報（データ部分）とアヤメの品種情報（ラベル部分）に分離する

(3) 全データのうち、80%を学習用データに、20%をテスト用データに分離する

(4) **学習用データを使って学習させ、テスト用データを与えた場合に、正しくアヤメの品種を分類してくれるかを評価する**

機械学習プログラムの基本的な流れは、AND 演算や XOR 演算と同じになります。そのため、ここでのポイントは、CSV ファイルを取り込んだり、データ部分とラベル部分、学習用とテスト用にデータを分離する部分になりそうです。

アルゴリズムを選択しよう

AND 演算においては LinearSVC アルゴリズム、XOR 演算においては KNeighbors Classifier アルゴリズムを利用しましたので、ここでは SVC アルゴリズムを利用してみましょう。

実装しよう

では、がく片や花びらの長さと幅から、アヤメの品種を分類する機械学習プログラムを見てみましょう。まず、Jupyter Notebook を起動したら、CSV ファイル「iris.csv」をアップロードしましょう。画面右上の「Upload」ボタンを押してファイルを選びます。すると、ファイル一覧に「iris.csv」が反映されます (Jupyter Notebook 上で CSV ファイルをダウンロードした場合、アップロードの必要はありません)。

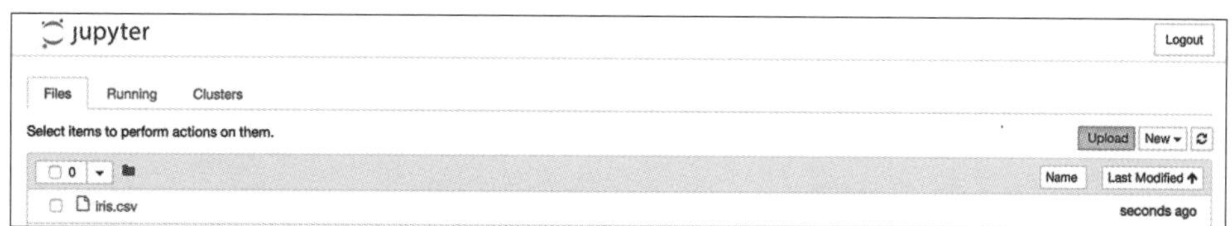

▲ **Jupyter Notebook に「iris.csv」をアップロードしたところ**

続いて、Jupyter Notebook で新規ノートブックを作りましょう。画面右上の [New > Python 3] で新規ノートブックが作成できます。そして、以下のプログラムを記述しましょう。

▼ iris.py

```
import pandas as pd
from sklearn.model_selection import train_test_split
from sklearn.svm import SVC
from sklearn.metrics import accuracy_score

# アヤメデータの読み込み --- (※1)
iris_data = pd.read_csv("iris.csv", encoding="utf-8")

# アヤメデータをラベルと入力データに分離する --- (※2)
y = iris_data.loc[:,"Name"]
x = iris_data.loc[:,["SepalLength","SepalWidth","PetalLength","PetalWidth"]]

# 学習用とテスト用に分離する --- (※3)
x_train, x_test, y_train, y_test = train_test_split(x, y, test_size = 0.2,
train_size = 0.8, shuffle = True)

# 学習する --- (※4)
clf = SVC()
clf.fit(x_train, y_train)

# 評価する --- (※5)
y_pred = clf.predict(x_test)
print("正解率 = " , accuracy_score(y_test, y_pred))
```

では、Jupyter Notebookからプログラムを実行してみましょう。Runボタンを押すと、以下のような結果が表示されます。

```
正解率 =  0.9666666666666667
```

これは、アヤメの品種分類の精度を表す値です。学習データとテストデータをランダムに選ぶため、正解率は実行ごとに変化します。それでも、ここで0.966...と出ているように、96%を超える数値となっていますので、アヤメの品種を正しく分類できていると評価できるでしょう。

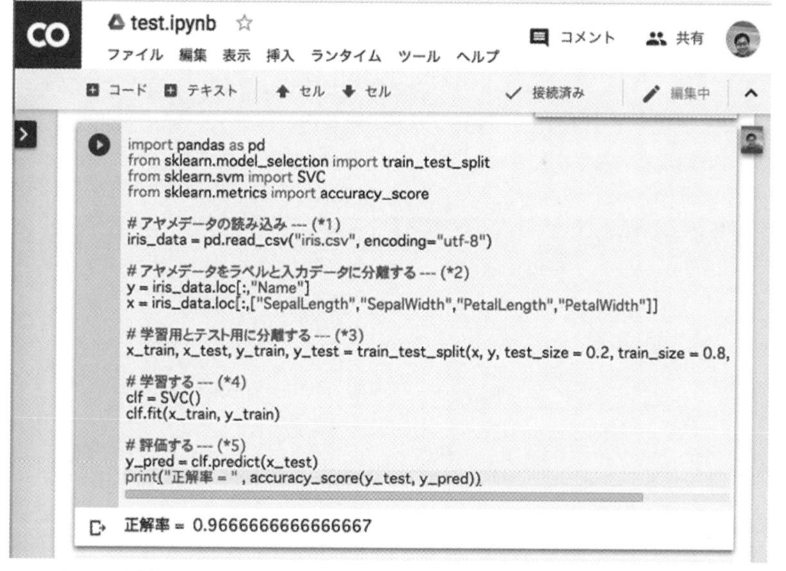

▲ アヤメの品種分類を実行したところ

それでは、プログラムを確認してみましょう。

(※1) の部分では、Pandas ライブラリーの read_csv() メソッドを利用して「iris.csv」ファイルを読み込みます。read_csv メソッドは、読み込んだ結果として、Pandas の DataFrame オブジェクトを返します。

(※2) の部分では、読み込んだアヤメデータをラベル部分と入力データ部分に分離します。データの分離には、DataFrame オブジェクトの loc() メソッドを利用すると簡単に行うことができます。ここでは、CSV のヘッダー名を利用して分離しています。

(※3) の部分では、学習用とテスト用にデータを分離します。データの分離には、train_test_split() メソッドを利用すると簡単に行うことができます。今回は、80%を学習用データに、20% をテスト用データに利用したいため、「test_size = 0.2」「train_size =0.8」というパラメーターを指定しています。また、学習用データやテストデータに偏りが出ないように、「shuffle = True」パラメーターを指定して、元データ（x や y) をランダムに並べ替えた後にデータを抽出するようにしています（デフォルト値は True なので省略してもよいでしょう)。

(※4) の部分では、SVC を利用してクラス分けを行う分類器を作成します。そして、fit() メソッドで学習用データを学習します。

(※5) の部分では、テストデータを用いて予測を行い、予測結果と正解ラベルを比べて正解率を計算し、結果を画面に出力します。前節と同様、予測には predict() メソッド、正解率の計算には accuracy_score() メソッドを利用しています。

これまでのところで、機械学習プログラムの基本的な流れについて理解できたのではないでしょうか。各ソースコードに出てきたライブラリーやメソッドは、機械学習において頻繁に利用するものなので、最後に整理してみましょう。なお、各メソッドのパラメーターについては、これまでのソースコードで利用したものについて記載していますが、各メソッドには有用なパラメーターが他にも用意されていますので必要に応じて利用してみてください。

	分類	ライブラリー	メソッド	説明
1	データ読み込み	Pandas	read_csv()	CSVファイルを指定すると、PandasのDataFrameオブジェクトを返します
2	データ分離（列）	Pandas	loc()	データをラベルと入力データに分離（列による分離）するのに利用できます
3	データ分離（行）	scikit-learn	train_test_split()	データを学習用とテスト用に分離（行による分離）するのに利用できます。「test_size」「train_size」パラメーターを指定することで学習用とテスト用の比率を指定できます
4	学習	scikit-learn	fit()	学習用と結果用の配列データを指定すると、学習できます
5	予測	scikit-learn	predict()	テストデータの配列を指定すると、予測結果を返してくれます
6	正解率の計算	scikit-learn	accuracy_score()	正しい結果と予測結果を指定すると、正解率を返します

補足 - scikit-learn のサンプルにも収録されている

今回は、Jupyter Notebookにファイルをアップロードする手順を紹介するため、GitHubからアヤメデータのCSVファイルをダウンロードしてみましたが、実はscikit-learnのサンプルデータにも収録されています。つまり、Anacondaなどでscikit-learnをインストールすると、自動的にアヤメデータのサンプルもインストールされます。

単にデータを使いたいだけであれば、以下の手順のようにload_iris()関数を使って、データを読み込んで使うことができます。

```
from sklearn import datasets, svm
# データを読み出す
iris = datasets.load_iris()
print("target=", iris.target) # ラベルデータ
print("data=", iris.data) # 観測データ
```

実行すると、以下のように表示されます。

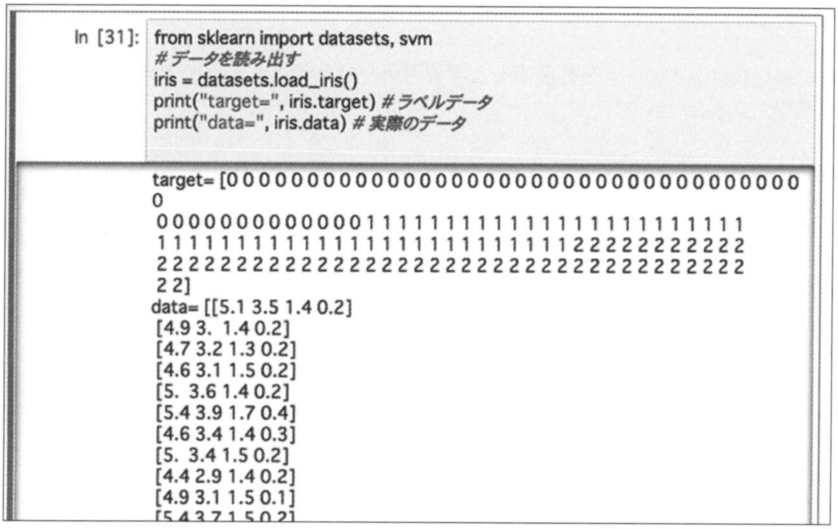

```
In [31]: from sklearn import datasets, svm
         #データを読み出す
         iris = datasets.load_iris()
         print("target=", iris.target) #ラベルデータ
         print("data=", iris.data) #実際のデータ

         target= [0 0 0 0 0 0 0 0 0 0 0 0 0 0 0 0 0 0 0 0 0 0 0 0 0 0 0 0 0 0 0 0 0 0 0 0
         0
          0 0 0 0 0 0 0 0 0 0 0 0 0 1 1 1 1 1 1 1 1 1 1 1 1 1 1 1 1 1 1 1 1 1 1 1 1 1
          1 1 1 1 1 1 1 1 1 1 1 1 1 1 1 1 1 1 1 1 1 1 1 1 1 1 2 2 2 2 2 2 2 2 2 2 2
          2 2 2 2 2 2 2 2 2 2 2 2 2 2 2 2 2 2 2 2 2 2 2 2 2 2 2 2 2 2 2 2 2 2 2 2 2
          2 2]
         data= [[5.1 3.5 1.4 0.2]
          [4.9 3.  1.4 0.2]
          [4.7 3.2 1.3 0.2]
          [4.6 3.1 1.5 0.2]
          [5.  3.6 1.4 0.2]
          [5.4 3.9 1.7 0.4]
          [4.6 3.4 1.4 0.3]
          [5.  3.4 1.5 0.2]
          [4.4 2.9 1.4 0.2]
          [4.9 3.1 1.5 0.1]
          [5.4 3.7 1.5 0.2]
```

▲ アヤメのサンプルデータを読み込んで表示したところ

応用のヒント

ここまでの内容で、CSV ファイルを準備すれば、それを取り込んで機械学習するプログラムを作成できます。「Fisher のアヤメデータ」を読者の皆様が業務で利用しているデータに変更すると、業務に役立つ機械学習プログラムが作成できます。

この節のまとめ

- アヤメのがく片や花びらの長さと幅から品種を分類できる
- アヤメデータが公開されており、機械学習の題材として最適である
- Pandas を使うと CSV データの取り込みや分離を簡単に行える
- train_test_split() メソッドを利用すると学習用データとテストデータの分離を簡単に行える

2-3 AIで美味しいワインを判定しよう

ワインは本当に美味しいものですが、その美味しさはワインの成分を調べることで判別できると言われています。そこで、機械学習を利用して、ワインの成分データからグレードを判別するプログラムを作ってみましょう。

利用する技術（キーワード）

- ワインデータ
- scikit-learn
- ランダムフォレスト

この技術をどんな場面で利用するのか

- 成分データなどからカテゴリー分けしたいとき

ワインの品質を機械学習で分析しよう

以前より、降水量や気温などの情報から、その年のワインの品質を予測できると言われていました。しかし、ワインの成分を分析すれば、より的確にワインの品質を予測することができます。本節では、ワインの成分を元にして、ワインの品質を予測してみます。ワインを題材にして機械学習を実践しましょう。

ワインデータをダウンロードしよう

それでは、今回利用するワインデータをダウンロードしてみましょう。機械学習の練習で使えるたくさんのサンプルが「UCI Machine Learning Repository(機械学習リポジトリー)」で公開されています。ワインの品質データもそこに登録されています。

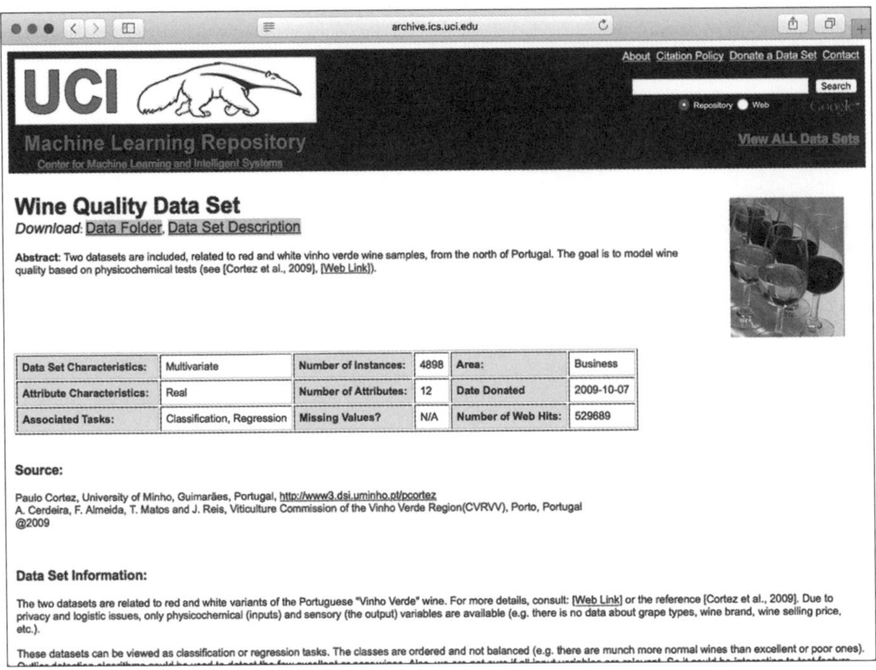

▲ UCI 機械学習リポジトリーのワインの品質データ

> UCI Machine Learning Repository > Wine Quality Data Set
> [URL] `https://archive.ics.uci.edu/ml/datasets/wine+quality`

このワインの品質データには、白ワインと赤ワインの2種類があります。今回は、白ワインを対象にしてみたいと思います。

Jupyter Notebookを利用して、白ワインデータをダウンロードしてみましょう。Jupyter Notebookを起動したら、新規ノートブックを作成し、以下のプログラムを記入して実行します。このプログラムを実行すると、ワインデータをダウンロードします。

▼ download_wine_data.py

```
from urllib.request import urlretrieve
url = "https://archive.ics.uci.edu" + \
      "/ml/machine-learning-databases/wine-quality" + \
      "/winequality-white.csv"
savepath = "winequality-white.csv"
urlretrieve(url, savepath)
```

無事ダウンロードが完了したら、Jupyter Notebookのファイル一覧に、「winequality-white.csv」という名前のファイルが表示されます(ファイル一覧をリロードするには、画面右上の更新ボタンを押すか、ブラウザーでページをリロードしましょう)。

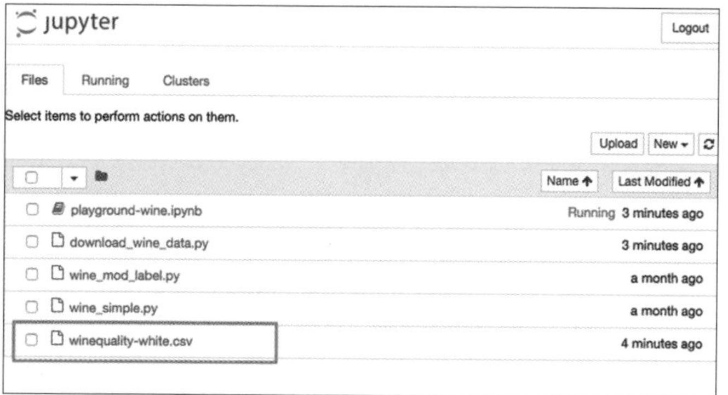

▲ ダウンロードできると、CSVファイルが表示される

ワインデータについて知ろう

では、ダウンロードしたワインデータを見てみましょう。このデータをテキストエディターで開くと、以下のようなCSV形式のデータになっています。このCSV形式のデータで特徴的なのは、各データの区切り文字がセミコロン「;」となっていることです。また、先頭行がヘッダーであり、2行目以降のデータは、以下のようになっています。

```
7;0.27;0.36;20.7;0.045;45;170;1.001;3;0.45;8.8;6
6.3;0.3;0.34;1.6;0.049;14;132;0.994;3.3;0.49;9.5;6
8.1;0.28;0.4;6.9;0.05;30;97;0.9951;3.26;0.44;10.1;6
7.2;0.23;0.32;8.5;0.058;47;186;0.9956;3.19;0.4;9.9;6
7.2;0.23;0.32;8.5;0.058;47;186;0.9956;3.19;0.4;9.9;6
8.1;0.28;0.4;6.9;0.05;30;97;0.9951;3.26;0.44;10.1;6
...(省略)...
```

ワインデータを読み込んでみよう

少し変わった形式のCSVですが、Pandasを使えば、カンマ「,」以外の区切り記号を持ったCSVファイルも楽々読み込むことができます。Jupyter Notebookで下記のように記述して、実行してみましょう。

```
import pandas as pd
df = pd.read_csv("winequality-white.csv", sep=";", encoding="utf-8")
df
```

セミコロン「;」のように、カンマ以外の区切り文字を持つCSVファイルを読み込む場合、read_csv()の引数に、sep=";" のようなパラメーターを指定します。正しく読み込みができると、Jupyter Notebookの画面に以下のような表が表示されます。

playground-wine

0.0.0.0:8888/notebooks/playground-wine.ipynb

jupyter playground-wine Last Checkpoint: 13 minutes ago (autosaved)

Logout

File Edit View Insert Cell Kernel Help

Trusted | Python 3

Run Code

In [1]:

```
import pandas as pd
df = pd.read_csv("winequality-white.csv", sep=";", encoding="utf-8")
df
```

Out[1]:

	fixed acidity	volatile acidity	citric acid	residual sugar	chlorides	free sulfur dioxide	total sulfur dioxide	density	pH	sulphates	alcohol	quality
0	7.0	0.270	0.36	20.70	0.045	45.0	170.0	1.00100	3.00	0.45	8.800000	6
1	6.3	0.300	0.34	1.60	0.049	14.0	132.0	0.99400	3.30	0.49	9.500000	6
2	8.1	0.280	0.40	6.90	0.050	30.0	97.0	0.99510	3.26	0.44	10.100000	6
3	7.2	0.230	0.32	8.50	0.058	47.0	186.0	0.99560	3.19	0.40	9.900000	6
4	7.2	0.230	0.32	8.50	0.058	47.0	186.0	0.99560	3.19	0.40	9.900000	6
5	8.1	0.280	0.40	6.90	0.050	30.0	97.0	0.99510	3.26	0.44	10.100000	6
6	6.2	0.320	0.16	7.00	0.045	30.0	136.0	0.99490	3.18	0.47	9.600000	6
7	7.0	0.270	0.36	20.70	0.045	45.0	170.0	1.00100	3.00	0.45	8.800000	6
8	6.3	0.300	0.34	1.60	0.049	14.0	132.0	0.99400	3.30	0.49	9.500000	6
9	8.1	0.220	0.43	1.50	0.044	28.0	129.0	0.99380	3.22	0.45	11.000000	6
10	8.1	0.270	0.41	1.45	0.033	11.0	63.0	0.99080	2.99	0.56	12.000000	5
11	8.6	0.230	0.40	4.20	0.035	17.0	109.0	0.99470	3.14	0.53	9.700000	5
12	7.9	0.180	0.37	1.20	0.040	16.0	75.0	0.99200	3.18	0.63	10.800000	5
13	6.6	0.160	0.40	1.50	0.044	48.0	143.0	0.99120	3.54	0.52	12.400000	7
14	8.3	0.420	0.62	19.25	0.040	41.0	172.0	1.00020	2.98	0.67	9.700000	5
15	6.6	0.170	0.38	1.50	0.032	28.0	112.0	0.99140	3.25	0.55	11.400000	7
16	6.3	0.480	0.04	1.10	0.046	30.0	99.0	0.99280	3.24	0.36	9.600000	6
17	6.2	0.660	0.48	1.20	0.029	29.0	75.0	0.98920	3.33	0.39	12.800000	8

▲ ワインのCSVファイルを読み込んだところ

ワインデータの内容について

ワインデータの説明によれば、このワインデータは、11種類のワインの成分データに続いて、12番目(末尾)がワイン専門家によるワインの品質データとなっています。ワイン専門家による品質評価は、3回以上の評価を行い、その中央値を採用したものです。そして、その品質データ評価ですが、0がもっとも悪く、数値が上がるごとに評価が高くなり10が最良です。

	説明	日本語の説明
1	fixed acidity	酸性度
2	volatile acidity	揮発性酸度
3	citric acid	クエン酸
4	residual sugar	残留糖
5	chlorides	塩化物
6	free sulfur dioxide	遊離二酸化硫黄
7	total sulfur dioxide	総二酸化硫黄
8	density	密度
9	pH	pH
10	sulphates	硫酸塩
11	alcohol	アルコール
12	quality	品質 (0：悪い ー 10：良い)

ワインの品質を判定してみよう

機械学習の基本手順に沿ってプログラムを作ってみましょう。機械学習では、データを学習用とテスト用に分割し、学習用データでモデルを訓練し、テストデータでモデルを評価するという手順で行います。

ワイン判定のためのアルゴリズムを決定しよう

ここでは、ランダムフォレストというアルゴリズムを利用して機械学習をしてみます。どのようにして、アルゴリズムを選定できるでしょうか。2章1節 (P.061) で紹介している「アルゴリズムチートシート」に沿って見ていきましょう。今回は、アンサンブル学習より、ランダムフォレストを選んでみました。ランダムフォレストについては、この後のコラムで詳しく紹介しますが、学習方法が単純な割に性能が良いことで有名です。

ワインの品質判定を行うプログラム

以下は、ワインデータを読み込んで、ワイン成分からどの程度、品質を判定できるかを確かめるプログラムです。

▼ wine_simple.py

```
import pandas as pd
from sklearn.model_selection import train_test_split
from sklearn.ensemble import RandomForestClassifier
from sklearn.metrics import accuracy_score
from sklearn.metrics import classification_report

# データを読み込む
wine = pd.read_csv("winequality-white.csv", sep=";", encoding="utf-8")

# データをラベルとデータに分離 ---(※1)
y = wine["quality"]
x = wine.drop("quality", axis=1)

# 学習用とテスト用に分割する ---(※2)
x_train, x_test, y_train, y_test = train_test_split(
  x, y, test_size=0.2)

# 学習する ---(※3)
model = RandomForestClassifier()
model.fit(x_train, y_train)

# 評価する ---(※4)
y_pred = model.predict(x_test)
print(classification_report(y_test, y_pred))
print("正解率=", accuracy_score(y_test, y_pred))
```

プログラムを実行するには、Jupyter Notebookのセルに上記のプログラムを貼り付けて実行します。すると、以下のような値が表示されます。

```
正解率= 0.6673469387755102
```

```
# データをラベルとデータに分離 ---(*1)
y = wine["quality"]
x = wine.drop("quality", axis=1)

# 学習用とテスト用に分割する ---(*2)
x_train, x_test, y_train, y_test = train_test_split(
  x, y, test_size=0.2)

# 学習する ---(*3)
model = RandomForestClassifier()
model.fit(x_train, y_train)

# 評価する ---(*4)
y_pred = model.predict(x_test)
print(classification_report(y_test, y_pred))
print("正解率=", accuracy_score(y_test, y_pred))
```

```
          precision   recall  f1-score  support

       3     0.00      0.00      0.00        6
       4     0.71      0.17      0.27       30
       5     0.71      0.67      0.69      289
       6     0.65      0.78      0.71      435
       7     0.68      0.59      0.63      184
       8     0.92      0.33      0.49       36

 accuracy                        0.67      980
 macro avg       0.61      0.42      0.46      980
weighted avg     0.68      0.67      0.66      980

正解率= 0.6724489795918367

/usr/local/lib/python3.6/dist-packages/sklearn/metrics/_classification.py:1272: Undefi
nedMetricWarning: Precision and F-score are ill-defined and being set to 0.0 in labels with
no predicted samples. Use `zero_division` parameter to control this behavior.
  _warn_prf(average, modifier, msg_start, len(result))
```

▲ ワインの品質判定プログラムを実行したところ

これは、ワインの品質分類の精度を表す値です。実行するたびに値は異なりますが、だいたい、0.61(61%) から 0.68(68%) までの値が表示されます。それにしても、なぜデータの実行結果が異なるのでしょうか。それは、データを学習用とテスト用にランダムに分割するために、どのデータを学習したかによって、多少の誤差が生じるからです。

それでは、プログラムを確認してみましょう。プログラムの (※ 1) の部分では、読み込んだワインのデータをラベル部分 (目的変数) とデータ部分 (説明変数) に分離します。ここでは、ワイン専門家による評価 (quality) がラベルに相当し、11 種類のワイン成分がデータに相当します。Pandas の DataFrame では、drop() メソッドを使うと任意のデータを削除できるので便利です。

(※ 2) の部分では、データを学習用とテスト用に分割します。データをすべて学習し、そのデータでテストするなら、正しい精度を得ることはできません。必ず、学習用とテスト用でデータを分けておく必要があります。その際、train_test_split() メソッドを使うと、手軽に学習用とテスト用を分割できて便利です。

(※ 3) の部分では、RandomForestClassifier を利用してクラス分けを行う分類器を作成します。そして、fit() メソッドで学習用データを学習します。

(※ 4) の部分では、テストデータを用いて予測を行って、実際の正解ラベルと比べてスコアを計算し、結果を画面に出力します。ここで、accuracy_score() 関数を使っていますが、それが正解ラベルと予測結果のラベルを比較して正解率を求める機能を提供しています。先ほども紹介した通り、ここでは、0.65 前後の値が表示されるはずです。

また、classification_report() 関数を利用することで、各分類ラベルごとのレポートも表示します。ここで出力される値は、各ラベル（ワインの品質）への分類がどの程度正確に行われたかを表すものです。precision が精度（適合率）、recall が再現率、f1-score が精度と再現率の調和平均で、support が正解ラベルのデータの数です。precision（精度）は正と予測したデータのうち実際に正であるものの割合で、recall（再現率）は実際に正であるもののうち正であると予測されたものの割合、つまり、実際に正解した割合です。加えて下には、accuracy、macro avg、weighted avg が表示されています。これは、accuracy が正解率、macro avg が算術平均（マクロ平均）、weighted avg が加重平均（support のデータ数で重み付けされた平均）を意味しています。

精度向上を目指そう

ところで、0.667(約 67%) 程度の正解率では、あまり精度が高いとは言えません。そこでもう少し、今回のワインデータの精度向上を目指しましょう。加えて、classification_report() の実行結果に「UndefinedMetricWarning(未定義メトリックの警告)」が表示されます。これは、すべてのラベルにデータが分類されていないことを表しています。

そこで、今回のデータについて、改めて確認してみましょう。このワインデータは、ワインの品質を 0 から 10 までの 11 段階に分類するというものでした。しかし、ワインデータの説明を見てみると、11 段階のワインがそれぞれ同数あるというわけではなさそうです。

それでは、各品質 (quality) のデータがいくつずつあるのか調べてみましょう。

▼ count_wine_data.py

```
import matplotlib.pyplot as plt
import pandas as pd

# ワインデータの読み込み
wine = pd.read_csv("winequality-white.csv", sep=";", encoding="utf-8")

# 品質データごとにグループ分けして、その数を数える
count_data = wine.groupby('quality')["quality"].count()
print(count_data)

# 数えたデータをグラフに描画
count_data.plot()
plt.savefig("wine-count-plt.png")
plt.show()
```

Jupyter Notebook で実行してみましょう。

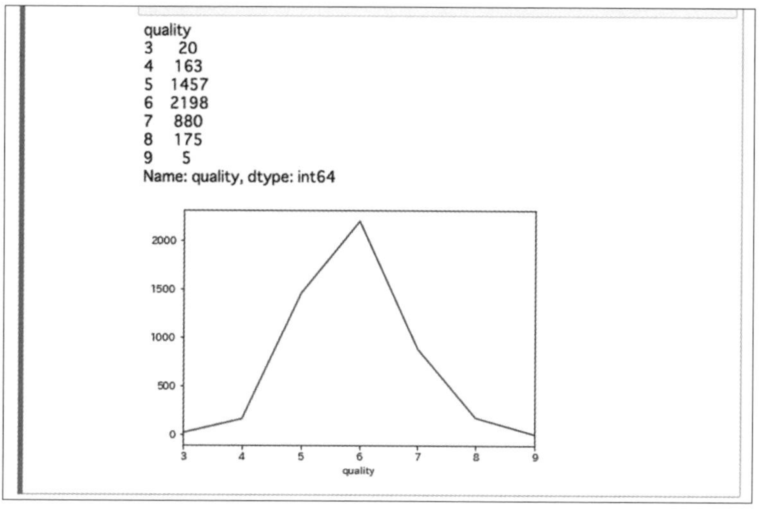

▲ ワインの品質データの個数分布を調べたところ

このプログラムでは、データをよりわかりやすくするために、視覚化しています。count_data.plot() と書くと、データ数の分布をグラフに描画します。そして、その後の plt.savefig() は、表示したグラフをファイルに保存します。このプログラムを見るとわかりますが、Pandas モジュールは、保持しているデータをグラフにプロットするのが非常に簡単です。また、groupby() メソッドを使うと、データをまとめて集計できます。詳しくは次節 (P.099) で紹介します。

次に、実行結果に注目してみましょう。このワインデータの品質の大半は 5 から 7 であり、その他のデータは、わずかであることがわかります。また、2 以下と 10 は存在すらしていないということもわかりました。このように、データ数の分布数の差があるデータを「不均衡データ」と呼びます。

そこで、11 段階のデータを、4 以下、5-7、8 以上と、ラベルを 3 段階 (0, 1, 2) に分けてみます。上記のプログラムで、(※ 2) の処理以前の部分に、次のコードを追加してみましょう。

```
# yのラベルをつけ直す
newlist = []
for v in list(y):
    if v <= 4:
        newlist += [0]
    elif v <= 7:
        newlist += [1]
    else:
        newlist += [2]
y = newlist
```

これを組み込んで完成したプログラムは、以下のようになります。

▼ wine_mod_label.py

```
import pandas as pd
from sklearn.model_selection import train_test_split
from sklearn.ensemble import RandomForestClassifier
from sklearn.metrics import accuracy_score
from sklearn.metrics import classification_report

# データを読み込む --- (※1)
wine = pd.read_csv("winequality-white.csv", sep=";", encoding="utf-8")
# データをラベルとデータに分離
y = wine["quality"]
x = wine.drop("quality", axis=1)

# yのラベルをつけ直す --- (※2)
newlist = []
for v in list(y):
    if v <= 4:
        newlist += [0]
    elif v <= 7:
        newlist += [1]
    else:
        newlist += [2]
y = newlist

# 学習用とテスト用に分割する --- (※3)
x_train, x_test, y_train, y_test = train_test_split(x, y, test_size=0.2)

# 学習する --- (※4)
model = RandomForestClassifier()
model.fit(x_train, y_train)

# 評価する --- (※5)
y_pred = model.predict(x_test)
print(classification_report(y_test, y_pred))
print("正解率=", accuracy_score(y_test, y_pred))
```

このプログラムを、Jupyter Notebookに記述して実行してみましょう。

```
正解率= 0.9459183673469388
```

どうでしょうか。0.945...(約95%)と、正解率をぐっと向上させることができました！

```
# 学習用とテスト用に分割する --- (*3)
x_train, x_test, y_train, y_test = train_test_split(x, y, test_size=0.2)

# 学習する --- (*4)
model = RandomForestClassifier()
model.fit(x_train, y_train)

# 評価する --- (*5)
y_pred = model.predict(x_test)
print(classification_report(y_test, y_pred))
print("正解率=", accuracy_score(y_test, y_pred))
```

```
              precision    recall  f1-score   support

           0       0.56      0.14      0.22        37
           1       0.95      1.00      0.97       907
           2       1.00      0.44      0.62        36

    accuracy                           0.94       980
   macro avg       0.83      0.53      0.60       980
weighted avg       0.93      0.94      0.93       980

正解率= 0.9428571428571428
```

▲ ワインデータを少し工夫するだけで正解率を大幅に改善できた

プログラムを確認してみましょう。(※1) の部分で、Pandas を利用してデータを読み込みます。そして、データをラベルとデータに分離します。

(※2) の部分で、ラベルデータの分類を変更します。そして、(※3) の部分でデータを学習用とテスト用に分割し、(※4) の部分で、RandomForestClassifier を利用してデータを学習します。

(※5) の部分では、predict() メソッドでテストデータを評価し、結果を表示します。

memo

機械学習の奥深いところ

今回のワイン分類では、データの分布グラフを確認しつつ、ラベルを 3 段階につけ直してみました。ラベルに名前をつけるとしたら、「0: 品質の悪いワイン」「1: 普通のワイン」「2: 極上のワイン」と考えることができるでしょう。もちろん、どのような目的で機械学習のシステムを構築するのかにもよりますが、元のデータに少し手を加えることで、精度をぐっと向上させることができます。

scikit-learn では、手軽にアルゴリズムを変えたり、パラメーターをチューニングできます。しかし、最初のプログラム「wine_simple.py」のアルゴリズムを SVM に変更したりしても、それほど精度を向上させることはできませんでした。そこで、少し視点を変えて、学習前のデータに手を加えてみました。それにより、ぐっと精度を向上させることができました。

大量のデータを投入することで、より望ましい答えを出す機械学習ですが、やはり魔法の箱ではありません。どんなデータをどのように分類しようとしているのかを調べて、データを変形・整形してみると、精度を向上させることができます。

応用のヒント

ここでは、ワインの品質分類に挑戦してみましたが、何かしらの成分から製品の品質を自動でチェックするという場面は意外に多いと思います。正常なデータと異常データを用意できれば、機械学習によって、自動で製品の異常を検知することが可能になります。

 column

機械学習アルゴリズム「ランダムフォレスト」について

「ランダムフォレスト (random forests)」とは、複数の分類木を用いて性能を向上させるアンサンブル学習法の1つです。精度が良いため、機械学習でよく使われるアルゴリズムです。

そもそも、ランダムフォレストは、2001年にLeo Breimanによって提案された機械学習のアルゴリズムです。集団学習によって、高精度の分類、回帰、クラスタリングなどを実現します。

これは、学習用のデータをサンプリングして多数の決定木を作成し、作成した決定木をもとに多数決で結果を決める手法です。また、「ランダムフォレスト」という名前の由来ですが、学習用の多数の決定木を作成することに由来しています。

ちなみに、決定木というのは、ツリー構造のグラフであり、予測・分類を行う機械学習のアルゴリズムです。これは精度の低い学習器である弱学習器に分類されています。ですが、集団学習（アンサンブル学習）させることで、決定木の精度を高めることができます。

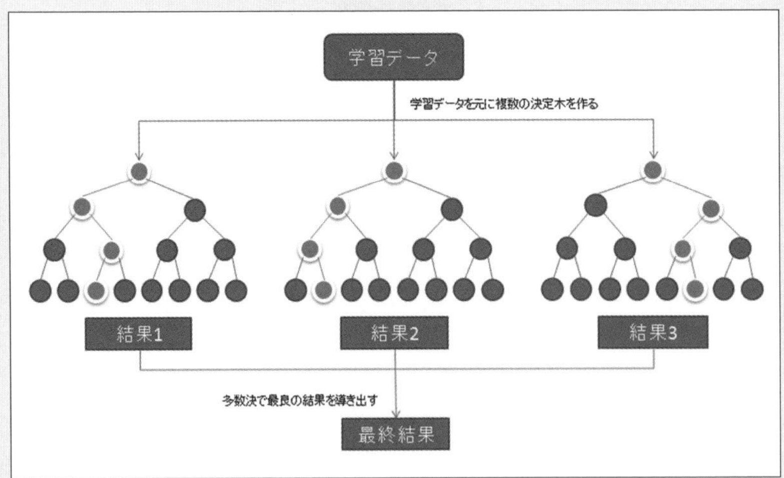

●ランダムフォレストの構造

ランダムフォレストは処理も高速で、また分類精度も良いことから、機械学習でよく使われます。scikit-learnを使う場合、RandomForestClassifierを指定します。

この節のまとめ

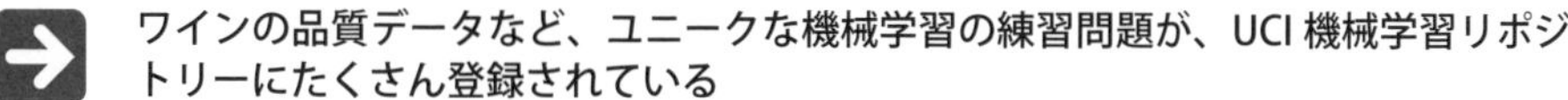

- ワインの品質データなど、ユニークな機械学習の練習問題が、UCI 機械学習リポジトリーにたくさん登録されている
- ランダムフォレストを利用してワインの品質分類に挑戦した
- 機械学習で分類精度を向上させるためには、アルゴリズムを変えてみたり、元データの特性に注目して、データを変形してみることもできる

2-4 過去10年間の気象データを解析してみよう

本節では過去 10 年間の気象データの解析に挑戦してみます。ここでは過去の気温データを題材にして、データの集計や解析の方法を紹介します。また、機械学習を利用して明日の気温予測にも挑戦してみます。

利用する技術（キーワード）

- 気象データ
- Pandasライブラリー
- scikit-learn
- 線形回帰モデル(LinearRegression)

この技術をどんな場面で利用するのか

- データ解析
- 需要予測

気象データを利用しよう

本節では、機械学習を用いて翌日の気温を予測するというプログラムを作ります。そのために、過去の気象情報を取得する方法を紹介します。機械学習では、整理されていない膨大なデータを整形する必要があるので、Python のデータ解析ライブラリー「Pandas」の使い方も紹介します。それでは、1 つずつ見ていきましょう。

過去 10 年分の天気予報を取得する方法

まずは、分析準備から始めましょう。分析対象となる気象データをダウンロードします。過去の気象データは、気象庁の Web サイトからダウンロードできます。

過去の気象データ・ダウンロード
[URL] https://www.data.jma.go.jp/gmd/risk/obsdl/index.php

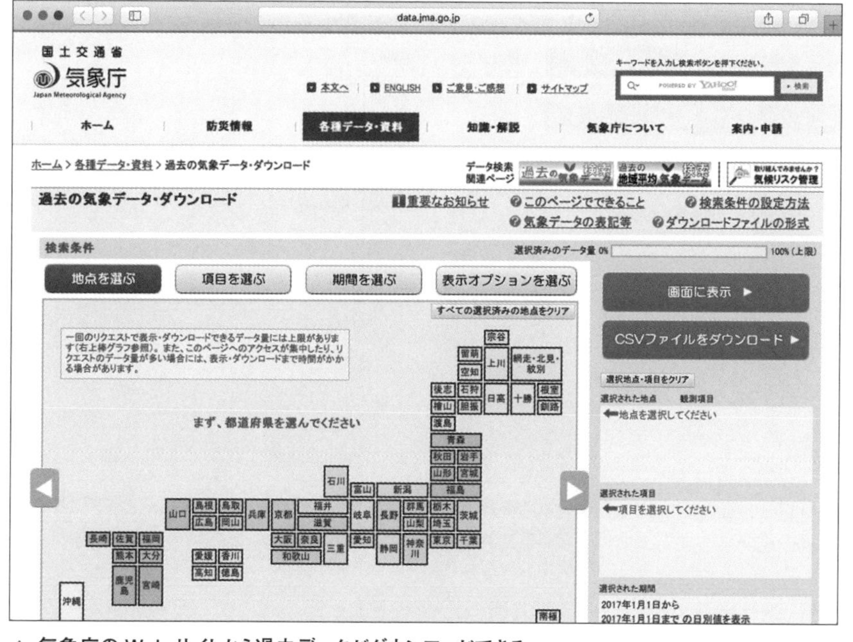

▲ 気象庁の Web サイトから過去データがダウンロードできる

このWebサイトから、東京の10年分の平均気温を取得しましょう。地点で「東京」を選び、項目を「日別値」「日平均気温」、期間を「2006/01/01」から「2016/12/31」までを選びます。そして、画面右側にある「CSVファイルをダウンロード」をクリックしましょう。

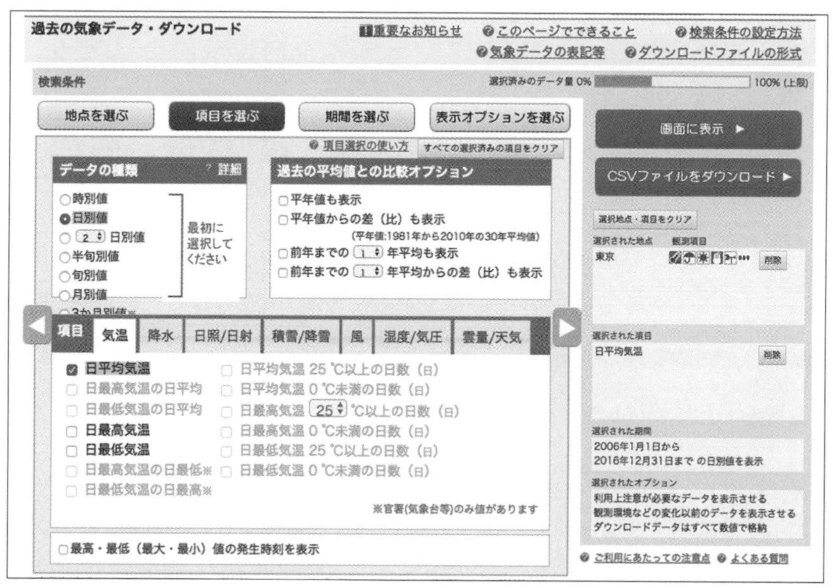

▲ 日別で日平均気温の項目を指定

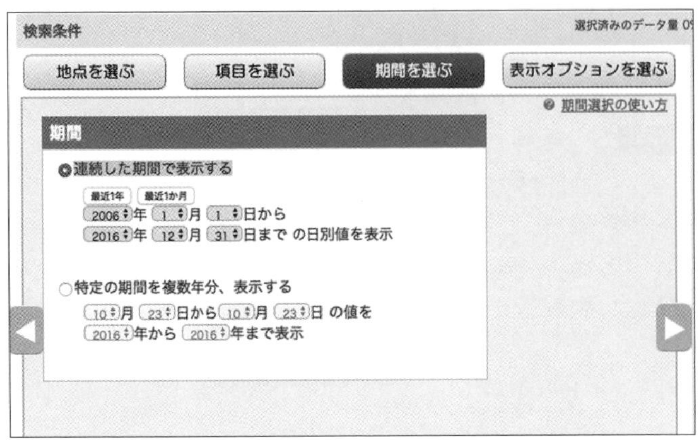

▲ 10 年分を指定

すると、data.csv という名前で CSV 形式のファイルを取得できます。Excel などで開くと次のようになります。

data.csv

	A	B	C	D
1	ダウンロードした時刻:2017/10/24 11:09:57			
2				
3		東京	東京	東京
4	年月日	平均気温(℃)	平均気温(℃)	平均気温(℃)
5			品質情報	均質番号
6	2006/1/1	3.6	8	1
7	2006/1/2	4	8	1
8	2006/1/3	3.7	8	1
9	2006/1/4	4	8	1
10	2006/1/5	3.6	8	1
11	2006/1/6	2.1	8	1
12	2006/1/7	2.8	8	1
13	2006/1/8	4.2	8	1
14	2006/1/9	3.7	8	1
15	2006/1/10	4.3	8	1
16	2006/1/11	6.1	8	1
17	2006/1/12	6.1	8	1
18	2006/1/13	4	8	1
19	2006/1/14	6.6	8	1
20	2006/1/15	10.7	8	1
21	2006/1/16	9	8	1

▲ ダウンロードした気象情報の CSV ファイルを Excel で開いたところ

ここでは余分な項目も含まれていますので、ヘッダー情報の 1,2,3,5 行目を削除して、使いやすいデータに整形しましょう。まずは、Jupyter Notebook を起動したら、CSV ファイル「data.csv」をアップロードしましょう。画面右上の「Upload」ボタンを押してファイルを選びます。すると、ファイル一覧に「data.csv」が反映されます。

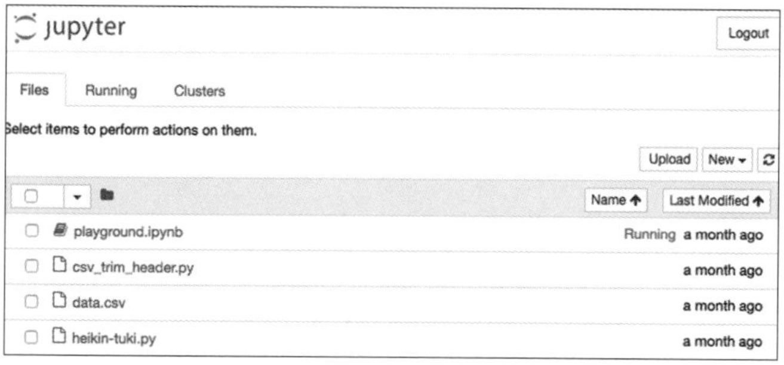

▲ Jupyter Notebook では任意のファイルをアップロードできる

続いて、Jupyter Notebook で新規ノートブックを作りましょう。画面右上の [New > Python 3] で新規ノートブックが作成できます。そして、以下のプログラムを実行しましょう。これは、CSV ファイル「data.csv」を整形して「kion10y.csv」へ出力するものです。

▼ csv_trim_header.py

```
in_file = "data.csv"
out_file = "kion10y.csv"

# CSV ファイルを 1 行ずつ読み込み ---(※1)
with open(in_file, "rt", encoding="Shift_JIS") as fr:
    lines = fr.readlines()

# ヘッダーをそぎ落として、新たなヘッダーをつける ---(※2)
lines = ["年,月,日,気温,品質,均質\n"] + lines[5:]
lines = map(lambda v: v.replace('/', ','), lines)
result = "".join(lines).strip()
print(result)

# 結果をファイルへ出力 ---(※3)
with open(out_file, "wt", encoding="utf-8") as fw:
    fw.write(result)
    print("saved.")
```

すると、次のようなCSVファイルが生成されます。

```
年,月,日,気温,品質,均質
2006,1,1,3.6,8,1
2006,1,2,4.0,8,1
2006,1,3,3.7,8,1
2006,1,4,4.0,8,1
2006,1,5,3.6,8,1
...
```

プログラムを見てみましょう。(※1)の部分で、ファイルを読み込みます。with構文を使うことで、開いたファイルを自動的に閉じることができます。また、Excel等で出力したCSVファイルをはじめ、日本語を含む一般的なCSVファイルは、文字コードがShift_JISである場合が大半です。encodingオプションをつけないと文字化けして正しく読み込めません。

プログラムの(※2)の部分では、既存のヘッダー行を削り、新たなヘッダー行を追加しています。また、「年/月/日」と書かれている部分を「年,月,日」と置換することで、年月日を3つのデータに分割しています。

(※3)の部分で、整形結果をファイルへ保存します。ここでは扱いが簡単になるように、UTF-8で保存しています。

このプログラムはファイルを1行ずつ読み込んで、整形して書き出すだけのプログラムですので、Pythonでのファイル置換処理の具体例として参考にしてみてください。

Colaboratoryで気温データを取得する方法

Colaboratoryで実行する場合は、ここまでの手順で作成したデータファイルを直接操作してみましょう。以下のプログラムを実行して、Colaboratoryの仮想マシン上にデータファイルをダウンロードします。

```
# ダウンロード
from urllib.request import urlretrieve
urlretrieve(
    "https://raw.githubusercontent.com" + \
    "/kujirahand/book-mlearn-gyomu/master/src/ch2/tenki" + \
    "/kion10y.csv",
    "kion10y.csv")

# データを表示
import pandas as pd
pd.read_csv("kion10y.csv")
```

```
# ダウンロード
from urllib.request import urlretrieve
urlretrieve(
    "https://raw.githubusercontent.com" + \
    "/kujirahand/book-mlearn-gyomu/master/src/ch2/tenki" + \
    "/kion10y.csv",
    "kion10y.csv")

# データを表示
import pandas as pd
pd.read_csv("kion10y.csv")
```

	年	月	日	気温	品質	均質
0	2006	1	1	3.6	8	1
1	2006	1	2	4.0	8	1
2	2006	1	3	3.7	8	1
3	2006	1	4	4.0	8	1
4	2006	1	5	3.6	8	1

▲ Colaboratory でデータをダウンロードしたところ

気温の平均値を求めよう

ここまでの部分で、分析対象となるデータが整いました。今度は、Pandas ライブラリーを利用して、10 年間分のデータを分析してみましょう。

まずは、この 10 年分のデータを集計して、各年ごと、日別に平均気温を求めてみましょう。改めて言及するまでもありませんが、念のため、計算式で平均を求める方法を確認しておきます。

$$平均値 = \frac{データ合計値}{データの数}$$

それでは、10 年分の平均気温を調べるプログラムを作ってみましょう。

▼ heikin.py

```
import pandas as pd

# Pandas で CSV を読み込む ---(※1)
df = pd.read_csv("kion10y.csv", encoding="utf-8")

# 日付ごとに気温をリストにまとめる ---(※2)
md = {}
for i, row in df.iterrows():
    m,  d, v = (int(row['月']), int(row['日']), float(row['気温']))
    key = "{:02d}/{:02d}".format(m,d)
    if not(key in md): md[key] = []
    md[key] += [v]

# 日付ごとに平均を求める ---(※3)
avs = {}
for key in sorted(md):
    v = avs[key] = sum(md[key]) / len(md[key]) # ---(※4)
    print("{0} : {1}".format(key, v))
```

Jupyter Notebook で新規セルを作成し、上記のプログラムを記述して実行してみましょう。すると、以下のような結果が表示されます。

```
01/01 : 6.0
01/02 : 6.545454545454546
01/03 : 6.145454545454546
01/04 : 6.1
01/05 : 6.4818181818181815
01/06 : 6.663636363636363
01/07 : 6.290909090909091
...
```

うまく平均を計算できているようです。それでは、プログラムを確認してみましょう。プログラムの (※1) の部分では、Pandas を利用して、先ほど作成した 10 年分の平均気温の CSV ファイル「kion10y.csv」を読み込みます。Pandas の read_csv() メソッドの戻り値は、DataFrame 型となりますので、変数名を df としています。

プログラムの (※ 2) の部分では、Python の辞書型 (dict 型) を利用して、各年の日付データを「年 / 月」というキーの辞書に追加していきます。この for 構文で、すべての気温データを加算しても良かったのですが、うるう年など、各年によってデータ数が異なるので、一度すべてのデータを辞書型に追加するようにしています。

DataFrame 型のデータを 1 行ずつ処理するには、for 構文と df.iterrows() メソッドを利用します。

プログラムの (※ 3) の部分で、辞書型の各データの平均値を求め、画面に出力します。つまり、(※ 4) の部分が、このプログラムの肝となる部分です。平均気温の一覧リストを sum() 関数で合計し、合計値をデータの数で割ります。それによって、平均値を求めています。

任意の日にちの平均気温を表示してみよう

それでは、任意の日付の平均気温を表示してみましょう。たとえば、11/3 の平均気温を表示してみます。上記のプログラムを実行すると平均気温が、list 型の変数 avs に代入されますので、Jupyter Notebook へ以下のように入力すると結果を知ることができます。

```
avs["11/03"]
```

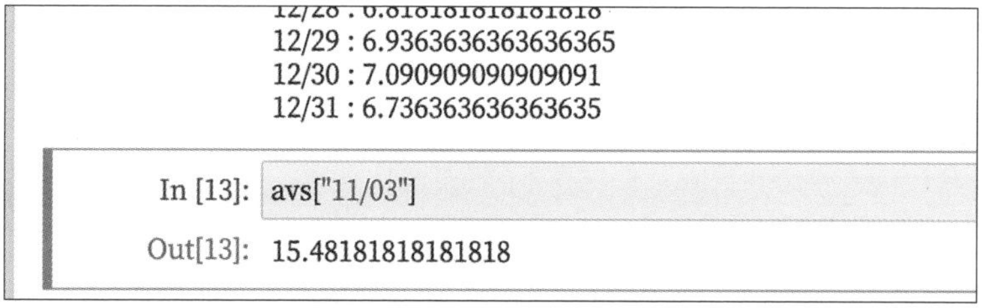

```
12/28 : 6.818181818181818
12/29 : 6.9363636363636365
12/30 : 7.090909090909091
12/31 : 6.736363636363635

In [13]: avs["11/03"]
Out[13]: 15.481818181818181
```

▲ 11 月 3 日の平均気温を表示したところ

ここから、11 月 3 日の平均気温は 15 度前後であることがわかりますね。ちなみに、2017 年の 11 月 3 日は平均気温が 16.2 度で、例年より温かい気温でしたが、平均気温からそれほど離れている訳ではありませんでした。

各月の平均気温を調べよう

先ほどのプログラムでは、素直に DataFrame 型のデータを 1 行ずつ処理しましたが、Pandas モジュールにある、DataFrame の groupby() メソッドを使えば、特定のデータをグループ化して集計が可能です。

▼ heikin-tuki.py

```
import matplotlib.pyplot as plt
import pandas as pd
# CSV を読み込む ---(※1)
df = pd.read_csv("kion10y.csv", encoding="utf-8")
# 月ごとに平均を求める ---(※2)
g = df.groupby(['月'])["気温"]
gg = g.sum() / g.count()
# 結果を出力 ---(※3)
print(gg)
gg.plot()
plt.savefig("tenki-heikin-tuki.png")
plt.show()
```

こちらも、Jupyter Notebookで実行してみましょう。すると、以下のように実行結果が表示されます。

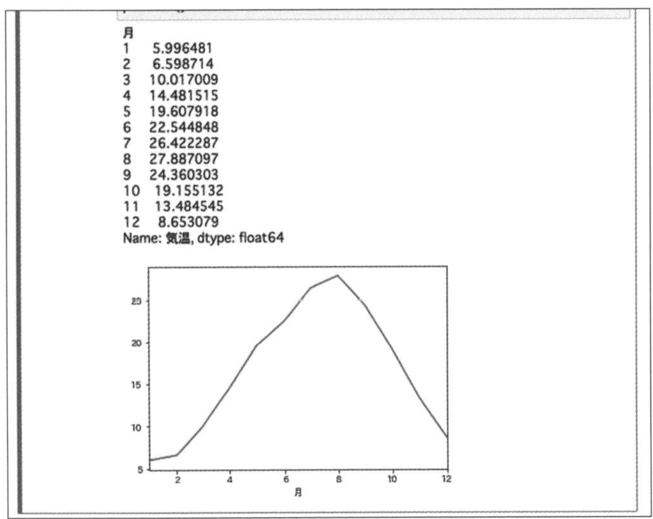

▲ 毎月の平均気温を表示し、グラフを描画したところ

プログラムを確認してみましょう。(※1)の部分では、PandasでCSVファイルを読み込みます。

(※2)の部分では、groupby()メソッドを使って、月の列をグループとしてまとめ、気温データを取得します。そして、g.sum()メソッドで気温を月ごとに合計し、g.count()メソッドで月ごとのデータ数で割ります。

(※3)の部分では、(※2)で求めた月ごとの平均気温を出力します。

気温が 30 度超だったのは何日？ - Pandas でフィルターリング

同様の手法を使って、平均気温が 30 度超の日が各年に何日あったのかを調べてみましょう。

▼ over30.py

```
import matplotlib.pyplot as plt
import pandas as pd
# ファイルを読む
df = pd.read_csv('kion10y.csv', encoding="utf-8")
# 気温が 30 度超えのデータを調べる ---(※1)
atui_bool = (df["気温"] > 30)
# データを抜き出す ---(※2)
atui = df[atui_bool]
# 年ごとにカウント ---(※3)
cnt = atui.groupby(["年"])["年"].count()
# 出力
print(cnt)
cnt.plot()
plt.savefig("tenki-over30.png")
plt.show()
```

Jupyter Notebook 上でプログラムを実行すると、以下のような結果が表示されます。

```
年
2006     2
2007    11
2008     5
2010    21
2011     9
2012     8
2013    16
2014    12
2015     7
2016     1
```

また、Jupyter Notebook 上で実行すると、以下のようなグラフが描画されます。2010 年は暑かったというのが伝わってくるグラフです。

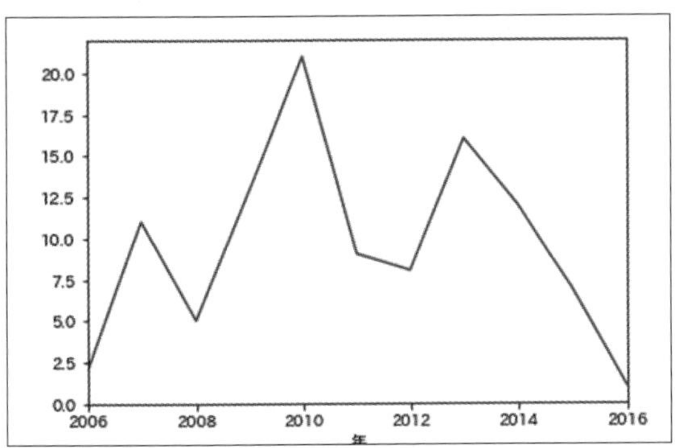

▲ 平均気温が 30 度を超えた日数のグラフ

プログラムを見てみましょう。(※ 1) の部分では、気温が 30 度超のデータを調べます。atui_bool の内容を表示するとわかりますが、各行に対して、True か False で判定した bool 型のリストを返します。

(※ 2) の部分では、DataFrame 型のデータに対して、bool 型のリストを与えると、True の行のデータだけを持つ新たな DataFrame 型のデータを返します。

(※ 3) の部分では、groupby() で年ごとにデータをまとめて、日数をカウントしています。

回帰分析で明日の気温予測をしてみよう

それでは、気温データや Pandas について理解が深まったところで、機械学習を用いて、気温の予測をしてみましょう。2006 年から 2016 年までの気温データがあるので、2015 年以前のデータを学習用のデータ、2016 年をテストデータとして利用してみます。

以下が、気温を予測するプログラムです。6 日間の過去データを入れると、翌日の気温を予測するというものになっています。

▼ yosoku.py

```
from sklearn.linear_model import LinearRegression
import pandas as pd
import numpy as np
import matplotlib.pyplot as plt

# 気温データ 10 年分の読み込み
df = pd.read_csv('kion10y.csv', encoding="utf-8")
```

```
# データを学習用とテスト用に分割する ---( ※ 1)
train_year = (df["年"] <= 2015)
test_year = (df["年"] >= 2016)
interval = 6

# 過去 6 日分を学習するデータを作成 ---( ※ 2)
def make_data(data):
    x = [] # 学習データ
    y = [] # 結果
    temps = list(data["気温"])
    for i in range(len(temps)):
        if i < interval: continue
        y.append(temps[i])
        xa = []
        for p in range(interval):
            d = i + p - interval
            xa.append(temps[d])
        x.append(xa)
    return (x, y)

train_x, train_y = make_data(df[train_year])
test_x, test_y = make_data(df[test_year])

# 線形回帰分析を行う ---( ※ 3)
lr = LinearRegression(normalize=True)
lr.fit(train_x, train_y) # 学習
pre_y = lr.predict(test_x) # 予測

# 結果を図にプロット ---( ※ 4)
plt.figure(figsize=(10, 6), dpi=100)
plt.plot(test_y, c='r')
plt.plot(pre_y, c='b')
plt.savefig('tenki-kion-lr.png')
plt.show()
```

プログラムを実行するには、Jupyter Notebook 上にコードを貼り付けて実行します。

すると、以下のような図が出力されます。黒色が予測した気温で、灰色が実際の気温です。この結果を見ると、大きくズレてはいないようです。

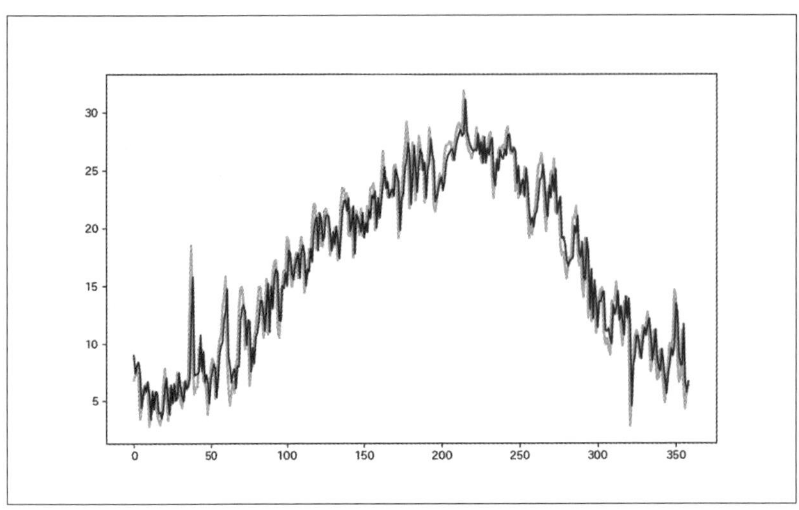

▲ 気温予測をしてみたところ

それでは、プログラムを確認してみましょう。プログラムの(※1)では、データを学習用とテスト用に分割します。学習に使うデータは、2006年から2015年までの9年分です。つまり、2006年からの9年分を学習用、最後の2016年をテスト用とします。

(※2)の部分では、学習用データを作成する関数make_data()を定義します。今回、過去6日間のデータを入れると、翌日の気温を予測するというプログラムのため、説明変数xには過去6日間のデータを、目的変数yには翌日の気温を、それぞれ追加したリストを作成します。

(※3)の部分では、scikit-learnのLinearRegressionクラスを利用して、線形回帰分析を行います。scikit-learnがすばらしいのは、いろいろな機械学習用のモデルが用意されていますが、いずれもfit()で学習し、predict()で予測するという統一されたAPIを提供している点です。

そして、(※4)では結果を図として表示します。実際の気温が赤色（紙面では灰色）、予測した結果が青色（紙面では黒色）になるように設定しました。

実行結果を評価してみよう

予測した気温と実際の気温がだいたい合致しているのはわかりましたが、どの程度合致しているのか、数値で確かめます。上記のプログラムを実行した直後に、以下のプログラムを記述して、確かめてみましょう。

そもそも、変数pre_yには、機械学習により予測した気温の一覧が代入されています。そして、変数test_yには、実際の気温が代入されています。そのため、Jupyter Notebookの新規セルに以下のように書くと、各日の差を表示できます。

```
pre_y - test_y
```

そして、実行すると、以下のようなデータが表示されます。

```
array([-1.95949652,  2.02098954,  0.17475934,  2.56149471, -0.05499924,
        0.01417619,  0.85095238,  3.86532092, -0.08645252, -0.64145346,
        0.31465049, -0.97951725,  0.96232148,  3.12090626, -1.5531638 ,
        1.76408225, -1.42787575, -0.0095096 ,  1.83854658,  0.9802277 ,
        1.20345178, -0.3962914 , -2.17222796, -1.65975765,  1.92760924,
       ...
])
```

そこで、以下のプログラムを実行すれば、どの程度、誤差があるのかを調べることができるでしょう。

```
diff_y = abs(pre_y  - test_y)
print("average=", sum(diff_y) / len(diff_y))
print("max=", max(diff_y))
```

Jupyter Notebook で実行してみると、以下のような結果が表示されました。平均 1.66 度の誤差、そして最大 8.4 度の誤差となりました。平均だけを見れば、ある程度は予測できていることがわかります。

```
average= 1.6640684971954243
max= 8.471949619908475
```

```
diff_y = abs(pre_y - test_y)
print("average=", sum(diff_y) / len(diff_y))
print("max=", max(diff_y))

average= 1.6684265788476884
max= 8.471841447238653
```

▲ 誤差の平均と最大値を表示したところ

応用のヒント

ここでの機械学習を応用できそうなテーマとしては「気温の変化とビールの売り上げ」などが考えられます。気温の変化とビールの売り上げは関連があり、気温から売り上げが予想できると言われています。気温の予測プログラムでは、過去6日の気温から翌日の気温を予測しました。ここで、翌日の気温ではなくビールの売上高などの要素を目的変数に指定するなら、さまざまな予測プログラムに応用できます。

この節のまとめ

- 気象庁から過去の気象データをダウンロードして活用できる
- Pandasを使うとCSVデータの取得や、データの集計が簡単にできる
- 売上げなどの需要予測をするには、回帰分析を使う
- ここでは線形回帰分析の実例として、翌日の気温予測を紹介した

2-5 最適なアルゴリズムやパラメーターを見つけよう

これまでいくつかのアルゴリズムやパラメーターについて見てきました。しかし、scikit-learnには、アルゴリズムやパラメーターが非常にたくさん用意されているために、業務で使う機械学習プログラムを実装しようと思う場合、「アルゴリズムやパラメーターをどのように最適化できるのか」という課題に直面することが予想されます。そこで、本節では、最適なアルゴリズムやパラメーターの見つけ方について見てみましょう。

利用する技術（キーワード）

- all_estimators()メソッド
- クロスバリデーション
- グリッドサーチ

この技術をどんな場面で利用するのか

- 最適なアルゴリズムを見つけたいとき
- 最適なパラメーターを見つけたいとき

最適なアルゴリズムを見つけよう

最適なアルゴリズムの見つけ方について、アヤメの分類プログラムを例に考えてみましょう。アヤメの分類プログラムでは、アルゴリズムチートシートに従って、アルゴリズムを選定し、機械学習プログラムを実装しました。accuracy_score() メソッドによる結果も 96% を超える数値となっていて、高い正解率を得ることができました。しかし、このプログラムを業務で使う場合、以下の 2 つの点を考慮する必要があります。

	観点	考慮点	解決策
1	アルゴリズムの選定	他にもっと高い正解率を出せるアルゴリズムがあるのではないか	各アルゴリズムの正解率を比較する
2	アルゴリズムの評価	データ（学習用やテスト用）に関して、さまざまなパターンで行っても安定して良い結果を得られるのか	クロスバリデーション

では、それぞれの解決策について、見てみましょう。

各アルゴリズムの正解率を比較する

では、各アルゴリズムの正解率を比較するプログラムを見てみましょう。

Jupyter Notebookで新規ノートブックを作りましょう。画面右上の[New > Python 3]で新規ノートブックが作成できます。

そして、アヤメの分類プログラムを利用して、以下のプログラムを記述しましょう。

▼ selectAlgorithm.py

```
import pandas as pd
from sklearn.model_selection import train_test_split
from sklearn.metrics import accuracy_score
from sklearn.utils import all_estimators
import warnings

# アヤメデータの読み込み
iris_data = pd.read_csv("iris.csv", encoding="utf-8")

# アヤメデータをラベルと入力データに分離する
y = iris_data.loc[:,"Name"]
x = iris_data.loc[:,["SepalLength","SepalWidth","PetalLength","PetalWidth"]]

# 学習用とテスト用に分離する
x_train, x_test, y_train, y_test = train_test_split(x, y, test_size = 0.2,
train_size = 0.8, shuffle = True)

# classifierのアルゴリズムすべてを取得する --- (※1)
allAlgorithms = all_estimators(type_filter="classifier")
warnings.simplefilter("error")

for(name, algorithm) in allAlgorithms :
  try :
    # 各アリゴリズムのオブジェクトを作成 --- (※2)
    clf = algorithm()

    # 学習して、評価する --- (※3)
    clf.fit(x_train, y_train)
    y_pred = clf.predict(x_test)
    print(name,"の正解率 = " , accuracy_score(y_test, y_pred))

  # WarningやExceptionの内容を表示する --- (※4)
  except Warning as w :
    print("\033[33m"+"Warning："+"\033[0m", name, ":", w.args)
  except Exception as e :
    print("\033[31m"+"Error："+"\033[0m", name, ":", e.args)
```

では、Jupyter Notebookからプログラムを実行してみましょう。後で詳しく解説しますが、このプログラムを実行すると、警告やエラーが表示されます。しかし、とにかく実行してみましょう。Runボタンを押すと、以下のような結果が表示されます。

```
AdaBoostClassifier の正解率 = 0.9333333333333333
BaggingClassifier の正解率 = 0.9666666666666667
BernoulliNB の正解率 = 0.23333333333333334
Warning: CalibratedClassifierCV : ('Liblinear failed to converge, increase the number of iterations.',)
CategoricalNB の正解率 = 0.9333333333333333
Error: ClassifierChain : ("__init__() missing 1 required positional argument: 'base_estimator'",)
ComplementNB の正解率 = 0.7666666666666667
DecisionTreeClassifier の正解率 = 0.9666666666666667
Warning: DummyClassifier : ('The default value of strategy will change from stratified to prior in 0.24.',)
ExtraTreeClassifier の正解率 = 0.9666666666666667
ExtraTreesClassifier の正解率 = 0.9666666666666667
GaussianNB の正解率 = 0.9666666666666667
GaussianProcessClassifier の正解率 = 0.9666666666666667
GradientBoostingClassifier の正解率 = 0.9666666666666667
HistGradientBoostingClassifier の正解率 = 0.9666666666666667
KNeighborsClassifier の正解率 = 0.9666666666666667
LabelPropagation の正解率 = 0.9666666666666667
LabelSpreading の正解率 = 0.9666666666666667
LinearDiscriminantAnalysis の正解率 = 1.0
Warning: LinearSVC : ('Liblinear failed to converge, increase the number of iterations.',)
Warning: LogisticRegression : ('lbfgs failed to converge (status=1):\nSTOP: TOTAL NO. of ITERATIONS REACHED LIMIT.\n\nIncrease the number
of iterations (max_iter) or scale the data as shown in:\n    https://scikit-learn.org/stable/modules/preprocessing.html\nPlease also refer to the
documentation for alternative solver options:\n    https://scikit-learn.org/stable/modules/linear_model.html#logistic-regression',)
Warning: LogisticRegressionCV : ('lbfgs failed to converge (status=1):\nSTOP: TOTAL NO. of ITERATIONS REACHED LIMIT.\n\nIncrease the num
ber of iterations (max_iter) or scale the data as shown in:\n    https://scikit-learn.org/stable/modules/preprocessing.html\nPlease also refer to
the documentation for alternative solver options:\n    https://scikit-learn.org/stable/modules/linear_model.html#logistic-regression',)
Warning: MLPClassifier : ("Stochastic Optimizer: Maximum iterations (200) reached and the optimization hasn't converged yet.",)
Error: MultiOutputClassifier : ("__init__() missing 1 required positional argument: 'estimator'",)
MultinomialNB の正解率 = 0.9
NearestCentroid の正解率 = 0.9
NuSVC の正解率 = 0.9666666666666667
Error: OneVsOneClassifier : ("__init__() missing 1 required positional argument: 'estimator'",)
Error: OneVsRestClassifier : ("__init__() missing 1 required positional argument: 'estimator'",)
Error: OutputCodeClassifier : ("__init__() missing 1 required positional argument: 'estimator'",)
PassiveAggressiveClassifier の正解率 = 0.8
Perceptron の正解率 = 0.6333333333333333
QuadraticDiscriminantAnalysis の正解率 = 1.0
RadiusNeighborsClassifier の正解率 = 0.9666666666666667
RandomForestClassifier の正解率 = 0.9666666666666667
RidgeClassifier の正解率 = 0.9
RidgeClassifierCV の正解率 = 0.9
SGDClassifier の正解率 = 1.0
SVC の正解率 = 0.9666666666666667
Error: StackingClassifier : ("__init__() missing 1 required positional argument: 'estimators'",)
Error: VotingClassifier : ("__init__() missing 1 required positional argument: 'estimators'",)
```

▲ Jupyter Notebook で実行したところ

(※1) の部分では、all_estimators() メソッドにより、すべてのアルゴリズムを取得しています。ここでは、type_filter オプションに「classifier」を指定することにより、classifier のアルゴリズムのみを取得しています。all_estimators() メソッドは、結果として (アルゴリズム名、アルゴリズムのクラス) のタプルリストを返します。また、Warning 発生時に結果を見やすくするために、simplefilter() メソッドに「error」を指定することで例外扱いにしています。

(※2) の部分では、各アルゴリズムのオブジェクトを生成しています。

(※3) の部分では、これまでと同じように、fit() メソッドで学習し、predict() メソッドや accuracy_score() メソッドで評価しています。

(※4) の部分では、実行時に発生した Warning や Exception に関して、Warning は黄色、Exception は赤色で表示しています。このプログラムでは、(※2) の部分で引数なしのコンストラクターを使ってオブジェクトを生成しています。それに伴い発生する、Warning や Exception をキャッチしています。

発生した Warning や Exception に対しては、ひとつひとつ原因を確認し対処していきます。今回は例として、Warning となっている「LinearSVC」について対処してみましょう。

「LinearSVC」は、Warning の内容を調べてみると、反復（iteration）回数を増やす必要があることがわかります。また、scikit-learn のマニュアルを見てみると、「LinearSVC」はコンストラクターに「max_iter」という引数を持っており、反復回数の上限値を設定できます。そこで今回は、max_iter の値 (デフォルトは 1000) を 10 倍に増やしてみましょう。

また、Exception についても本来は、1 つずつ対応できるのが理想（たとえば、「VotingClassifier」は、引数なしのコンストラクターがなく、アンサンブル学習に用いるアルゴリズムなので、単独のアルゴリズムの正解率を比較している現在は利用しないなど）ですが、今回は Exception となるアルゴリズムはすべて利用しないことにします。

そして、それぞれの対応をプログラムに反映してみましょう。プログラムコードの書き方はいろいろありますが、今回はわかりやすさを重視して、以下の通り変更します。

- **(※2) の部分、名前が「LinearSVC」の場合にコンストラクタの引数に「max_iter」を指定**
- **(※4) の部分、Exception をキャッチしたのち何もしない（pass 文を記述する）**

以下のプログラムが、上記２点の変更を行ったものです。見てみましょう。

▼ selectAlgorithm2.py

```
import pandas as pd
from sklearn.model_selection import train_test_split
from sklearn.metrics import accuracy_score
from sklearn.utils import all_estimators
import warnings

# アヤメデータの読み込み
iris_data = pd.read_csv("iris.csv", encoding="utf-8")

# アヤメデータをラベルと入力データに分離する
y = iris_data.loc[:,"Name"]
x = iris_data.loc[:,["SepalLength","SepalWidth","PetalLength","PetalWidth"]]

# 学習用とテスト用に分離する
x_train, x_test, y_train, y_test = train_test_split(x, y, test_size = 0.2,
train_size = 0.8, shuffle = True)

# classifier のアルゴリズムすべてを取得する --- (※1)
allAlgorithms = all_estimators(type_filter="classifier")
warnings.simplefilter("error")

for(name, algorithm) in allAlgorithms :
  try :
    # 各アリゴリズムのオブジェクトを作成 --- (※2)
    if(name == "LinearSVC") :
      clf = algorithm(max_iter = 10000)
    else:
      clf = algorithm()

    # 学習して、評価する --- (※3)
    clf.fit(x_train, y_train)
    y_pred = clf.predict(x_test)
    print(name,"の正解率 = " , accuracy_score(y_test, y_pred))

  # Warning のの内容を表示し、Exception は無視する --- (※4)
  except Warning as w :
    print("\033[33m"+"Warning："+"\033[0m", name, ":", w.args)
  except Exception as e :
    pass
```

では、Jupyter Notebook からプログラムを実行してみましょう。Run ボタンを押すと、「LinearSVC」の Warning や Exception が消えていることがわかります。このように、発生した Warning や Exception に対しては、原因を確認し対処をしていきます。

```
AdaBoostClassifier の正解率 = 0.9333333333333333
BaggingClassifier の正解率 = 0.9333333333333333
BernoulliNB の正解率 = 0.26666666666666666
Warning: CalibratedClassifierCV : ('Liblinear failed to converge, increase the number of iterations.',)
CategoricalNB の正解率 = 0.9
ComplementNB の正解率 = 0.7333333333333333
DecisionTreeClassifier の正解率 = 0.9333333333333333
Warning: DummyClassifier : ('The default value of strategy will change from stratified to prior in 0.24.',)
ExtraTreeClassifier の正解率 = 0.9666666666666667
ExtraTreesClassifier の正解率 = 0.9333333333333333
GaussianNB の正解率 = 0.9333333333333333
GaussianProcessClassifier の正解率 = 0.9666666666666667
GradientBoostingClassifier の正解率 = 0.9333333333333333
HistGradientBoostingClassifier の正解率 = 0.9333333333333333
KNeighborsClassifier の正解率 = 0.9333333333333333
LabelPropagation の正解率 = 0.9333333333333333
LabelSpreading の正解率 = 0.9333333333333333
LinearDiscriminantAnalysis の正解率 = 0.9666666666666667
LinearSVC の正解率 = 0.9666666666666667
LogisticRegression の正解率 = 0.9333333333333333
Warning: LogisticRegressionCV : ('lbfgs failed to converge (status=1):\nSTOP: TOTAL NO. of ITERATIONS REACHED LIMIT.\n\nIncrease the num
ber of iterations (max_iter) or scale the data as shown in:\n    https://scikit-learn.org/stable/modules/preprocessing.html\nPlease also refer to
the documentation for alternative solver options:\n    https://scikit-learn.org/stable/modules/linear_model.html#logistic-regression',)
Warning: MLPClassifier : ("Stochastic Optimizer: Maximum iterations (200) reached and the optimization hasn't converged yet.",)
MultinomialNB の正解率 = 0.9333333333333333
NearestCentroid の正解率 = 0.9
NuSVC の正解率 = 0.9666666666666667
PassiveAggressiveClassifier の正解率 = 0.9666666666666667
Perceptron の正解率 = 0.8666666666666667
QuadraticDiscriminantAnalysis の正解率 = 0.9666666666666667
RadiusNeighborsClassifier の正解率 = 0.9333333333333333
RandomForestClassifier の正解率 = 0.9333333333333333
RidgeClassifier の正解率 = 0.8666666666666667
RidgeClassifierCV の正解率 = 0.8666666666666667
SGDClassifier の正解率 = 0.6
SVC の正解率 = 0.9666666666666667
```

▲ Jupyter Notebook で実行したところ

これまでのところで、all_estimators() メソッドを利用することにより、各アルゴリズムの正解率を比較できました。次に、クロスバリデーションについて見てみましょう。

クロスバリデーションについて

先ほどのプログラムでは、各アルゴリズムの正解率を比較できましたが、評価回数は１回であり、利用したデータ（学習用やテスト用）も１パターンだけでした。しかし、実業務で利用するアルゴリズムを選ぶ場合、複数のデータパターンで評価し、安定して良い結果を得られるものを選択したいと考えるはずです。そのような場合、「クロスバリデーション（cross-validation)」を利用できます。

クロスバリデーションとは、アルゴリズムの妥当性を評価する手法の１つで、日本語では「交差検証」とも呼ばれています。クロスバリデーションにもいくつか手法がありますが、ここでは K 分割クロスバリデーション (K-fold cross validation) により、アルゴリズムを評価してみましょう。

学習データが少ない場合、評価の信憑（しんぴょう）性を上げるためにクロスバリデーションを行うことが多くあります。

K 分割クロスバリデーションは、データを K 個のグループに分割し、「K-1 個を学習用データ、1 個を評価用データに利用して評価する」というのを K 回繰り返す手法です。たとえば、以下の通りです。

- データをAとBとCの3グループに分割する
- AとBを学習用データ、Cを評価用データとして正解率を求める
- BとCを学習用データ、Aを評価用データとして正解率を求める
- CとAを学習用データ、Bを評価用データとして正解率を求める

上記は3分割しているので、3分割クロスバリデーションとなります。

ではさっそく、K分割クロスバリデーションを行ってみましょう。scikit-learnには、クロスバリデーションの機能が用意されていますので、簡単に行うことができます。

Jupyter Notebookで新規ノートブックを作りましょう。画面右上の[New > Python 3]で新規ノートブックが作成できます。そして、以下のプログラムを記述しましょう。

▼ cross_validation.py

```
import pandas as pd
from sklearn.utils import all_estimators
from sklearn.model_selection import KFold
import warnings
from sklearn.model_selection import cross_val_score

# アヤメデータの読み込み
iris_data = pd.read_csv("iris.csv", encoding="utf-8")

# アヤメデータをラベルと入力データに分離する
y = iris_data.loc[:,"Name"]
x = iris_data.loc[:,["SepalLength","SepalWidth","PetalLength","PetalWidth"]]

# classifierのアルゴリズムすべてを取得する
allAlgorithms = all_estimators(type_filter="classifier")

# K分割クロスバリデーション用オブジェクト --- (※1)
kfold_cv = KFold(n_splits=5, shuffle=True)
warnings.filterwarnings('ignore')

for(name, algorithm) in allAlgorithms :
  try :
    # 各アリゴリズムのオブジェクトを作成
    if(name == "LinearSVC") :
      clf = algorithm(max_iter = 10000)
    else:
      clf = algorithm()

    # scoreメソッドを持つクラスを対象とする --- (※2)
    if hasattr(clf,"score"):
        # クロスバリデーションを行う --- (※3)
        scores = cross_val_score(clf, x, y, cv=kfold_cv)
        print(name,"の正解率=")
        print(scores)
```

```
    # Exceptionは無視する
    except Exception as e :
      pass
```

では、Jupyter Notebookからプログラムを実行してみましょう。Runボタンを押すと、以下のような結果が表示されます。

```
AdaBoostClassifier の正解率=
[ 0.6         0.96666667  1.          0.93333333  0.86666667]
BaggingClassifier の正解率=
[ 0.96666667  1.          0.93333333  0.93333333  0.9       ]
BernoulliNB の正解率=
[ 0.33333333  0.23333333  0.2         0.3         0.23333333]
CalibratedClassifierCV の正解率=
[ 0.93333333  0.93333333  0.93333333  0.96666667  0.96666667]
・・・
```

各アルゴリズムに関する結果が5回ずつ表示されています。つまり、5分割クロスバリデーションを行うことができました。

それでは、プログラムを確認してみましょう。(※1)の部分では、K分割クロスバリデーション用のオブジェクトを生成しています。ここでは、以下の2つのパラメーターを設定しています。

	パラメーター	説明
1	n_split	データの分割数を指定する
2	shuffle	データを分割する際、ランダムに値を取得するかどうかを指定する

また、実行時にWarningが表示されるので、ここでは結果を見やすくするために、filterwarnings()メソッドに「ignore」を指定することで非表示にしています。

(※2)の部分では、該当のアルゴリズムがscore()メソッドを持っているかを確認しています。クロスバリデーションを行うcross_val_score()メソッドの実行は、score()メソッドが存在することが前提であるために確認しています。

(※3)の部分では、cross_val_score()メソッドにより、クロスバリデーションを行っています。ここでは、4つのパラメーターを設定しています。

	パラメーター	説明
1	clf	アルゴリズムのオブジェクト
2	x	入力データ
3	y	ラベルデータ
4	cv	クロスバリデーション用オブジェクト

第 4 パラメーターの cv には、整数値を指定することもできます。そうすると、cross_val_score() メソッドは実行時に KFold クラスか StartifiedKFold クラスを利用します（アルゴリズムが ClassifierMixin から派生したものは StartifiedKFold クラス、それ以外は KFold クラス）。そこで、今回は KFold クラスのみを利用してクロスバリデーションを行うようにするために、KFold クラスオブジェクトを指定しています。

このように、all_estimators() メソッドとクロスバリデーションによって、最適なアルゴリズムの候補を選定できます。しかし、お気づきかもしれませんが、各アルゴリズムのオブジェクト生成のほとんどはデフォルトのパラメーターを利用しています。そのため、候補に挙がった各アルゴリズムに対して、最適なパラメーターを見つけて、結果を比較したいと考えるでしょう。そこで次に、最適なパラメーターを見つける方法について見てみましょう。

最適なパラメーターを見つけよう

これまで、さまざまなアルゴリズムの利用について見てきましたが、各アルゴリズムのオブジェクト生成のほとんどは、デフォルトのパラメーターを利用していました。しかし、実際には各アルゴリズムにおいて、いくつものパラメーターを指定できるようになっています。このような、自分で設定する必要があるパラメーターのことを「ハイパラメーター」と呼びます。ここでは、グリッドサーチという手法により、最適なハイパラメーターを見つけてみましょう。

グリッドサーチについて

グリッドサーチは、ハイパラメーターのチューニング手法の 1 つで、指定したパラメーターの全パターンについて、正解率を比較し、もっとも正解率の高いパラメーターの組み合わせを選択する手法です。scikit-learn には、グリッドサーチの機能が用意されていますので、簡単に行うことができます。

Jupyter Notebook で新規ノートブックを作りましょう。画面右上の [New > Python 3] で新規ノートブックが作成できます。そして、以下のプログラムを記述しましょう。

▼ gridSearch.py

```
import pandas as pd
from sklearn.model_selection import train_test_split
from sklearn.svm import SVC
from sklearn.metrics import accuracy_score
from sklearn.model_selection import KFold
from sklearn.model_selection import GridSearchCV

# アヤメデータの読み込み
iris_data = pd.read_csv("iris.csv", encoding="utf-8")

# アヤメデータをラベルと入力データに分離する
y = iris_data.loc[:,"Name"]
x = iris_data.loc[:,["SepalLength","SepalWidth","PetalLength","PetalWidth"]]
```

```
# 学習用とテスト用に分離する
x_train, x_test, y_train, y_test = train_test_split(x, y, test_size = 0.2,
train_size = 0.8, shuffle = True)

# グリッドサーチで利用するパラメーターを指定 --- (※1)
parameters = [
    {"C": [1, 10, 100, 1000], "kernel":["linear"]},
    {"C": [1, 10, 100, 1000], "kernel":["rbf"], "gamma":[0.001, 0.0001]},
    {"C": [1, 10, 100, 1000], "kernel":["sigmoid"], "gamma": [0.001, 0.0001]}
]

# グリッドサーチを行う --- (※2)
kfold_cv = KFold(n_splits=5, shuffle=True)
clf = GridSearchCV( SVC(), parameters, cv=kfold_cv)
clf.fit(x_train, y_train)
print("最適なパラメーター = ", clf.best_estimator_)

# 最適なパラメーターで評価 --- (※3)
y_pred = clf.predict(x_test)
print("評価時の正解率 = " , accuracy_score(y_test, y_pred))
```

では、Jupyter Notebook からプログラムを実行してみましょう。Run ボタンを押すと、以下のような結果が表示されます。

```
最適なパラメーター =  SVC(C=1, cache_size=200, class_weight=None, coef0=0.0,
  decision_function_shape='ovr', degree=3, gamma='auto', kernel='linear',
  max_iter=-1, probability=False, random_state=None, shrinking=True,
  tol=0.001, verbose=False)
評価時の正解率 =  1.0
```

最適なパラメーターとそのパラメーターを用いたときの正解率が表示されています。「アヤメの分類に挑戦してみよう」の節において、デフォルトのパラメーターで実行した際は、「正解率 =0.9666666666666667」と表示されていました。グリッドサーチによって、最適なパラメーターが設定されたことで正解率が向上したことがわかります。

それでは、プログラムを確認してみましょう。(※1) の部分では、グリッドサーチで利用するパラメーターを指定しています。パラメーターの指定は、辞書型、または辞書型の配列で指定します。具体的には、パラメーター名をキーに、パラメーターを値として指定します。ここでは、SVC アルゴリズムに関するパラメーターをいくつか指定しています。

(※2) の部分では、GridSearchCV オブジェクトを使ってグリッドサーチを行っています。まず、GridSearchCV オブジェクトを生成しています。ここでは、以下の 3 つのパラメーターを設定しています。

	パラメーター	説明
1	SVC()	アルゴリズムのオブジェクト
2	parameters	(※ 1) で作成したパラメーターリスト
3	cv	クロスバリデーション用オブジェクト

cv パラメーターの指定も存在しますので、GridSearchCV オブジェクトは各パラメーターを一度ずつ実行して結果を比較するのではなく、クロスバリデーションをして最適なパラメーターを見つけてくれていることがわかります。

次に、fit() メソッドにより、グリッドサーチを実行しています。fit() メソッドを実行すると、GridSearchCV に指定したアルゴリズムのオブジェクトに最適なパラメーターを見つけて指定してくれます。取得した最適なパラメーターは、best_estimator_ によって、確認できます。

(※ 3) の部分では、最適なパラメーターで予測し、評価をしています。これまでと同様、予測には、predict() メソッド、正解率の計算には、accuracy_score() メソッドを利用しています。

このように、グリッドサーチにより、最適なパラメーターを見つけることができます。

改良のヒント

ハイパラメーターのチューニングには、ランダムサーチという手法もあります。ランダムサーチを scikit-learn で行うのは簡単で、GridSearchCV オブジェクトの代わりに、RandomizedSearchCV オブジェクトを使用するだけです。もし、より厳密にパラメーターチューニングを行いたい場合は、グリッドサーチとランダムサーチの両方で検証し、総合的に高い正解率を得られるパラメーターを選定することもできるでしょう。

NumPy について

『NumPy』は、Python の数値計算ライブラリーです。NumPy を使うと、手軽に行列計算を行うことができます。機械学習を実践する上で、NumPy を外すことはできません。そこで、ここでは簡単に、NumPy の使い方をまとめてみます。

まず、NumPy を使う場合、以下のように記述します。以下は、NumPy モジュールを np という名前で利用するという意味になります。

```
import numpy as np
```

● NumPy 配列の初期化

NumPy で行列計算をするためには、最初に NumPy の配列を生成（または初期化）する必要があります。

```
a = np.array([1, 2, 3, 4, 5])
print(a)
print(type(a))
```

実行すると、以下のように表示されます。また、NumPy 配列の実態は numpy.ndarray というオブジェクトであることもわかります。

```
[1 2 3 4 5]
<class 'numpy.ndarray'>
```

NumPy で二次元の配列を作成するには、以下のように記述します。

```
b = np.array([[1, 2, 3], [4, 5, 6]])
print(b)
```

実行すると、以下のように表示されます。

```
[[1 2 3]
 [4 5 6]]
```

一気に配列を 0 で初期化することもできます。その場合、np.zeros() 関数を利用します。

```
print(np.zeros(10))
print(np.zeros((3, 2)))
```

実行すると、以下のように表示されます。np.zeros() にてタプルで複数の値を指定するなら、指定した次元の配列を作成し 0 で初期化できます。

```
[0. 0. 0. 0. 0. 0. 0. 0. 0. 0.]
[[0. 0.]
 [0. 0.]
 [0. 0.]]
```

また、ここでは紹介しませんが、np.ones() 関数を利用すると、1 で初期化された配列を作成します。使い方は、np.zeros() 関数と同じです。

それから、np.arange() 関数を使うと、連番の配列を作成できます。

```
print(np.arange(5))
print(np.arange(2, 9))
print(np.arange(5, 8, 0.5))
```

実行すると以下のように表示されます。使い方は、『np.arange(開始 , 終点値 , 加算値 >)』の書式で利用します。なお、実際に生成される値は終了値未満の値となります。

```
[0 1 2 3 4]
[2 3 4 5 6 7 8]
[5.  5.5  6.  6.5  7.  7.5]
```

●行列計算

NumPy がすごいのは、行列計算が非常に手軽に記述できる点にあります。簡単に行列計算を試してみましょう。

```
a = np.array([1, 2, 3, 4, 5]) # 初期化
b = a * 2 # 計算
print(b)
```

実行すると、以下のように表示されます。ポイントは、上記の 2 行目の計算部分です。NumPy の配列に対して、2 を掛けるなら、配列のすべての要素に対して値が適用されるのです。

```
[ 2  4  6  8 10]
```

もう 1 つ試してみましょう。

```
x =  np.arange(10)
y = 3 * x  + 5
print(y)
```

実行すると、以下のように表示されます。

```
[ 5  8 11 14 17 20 23 26 29 32]
```

● NumPy 配列の次元数を調べる

機械学習を行うときに、NumPy で多次元配列を扱う機会は多くあります。データが複雑であれば、その次元数を調べたい場合もたくさんあります。この場合、NumPy 配列の shape プロパティを調べることで、次元数を確認できます。

```
a = np.array([[1, 2, 3], [4, 5, 6]])
print(a.shape)

b = np.array([[1, 2, 3], [4, 5, 6], [7, 8, 9]])
print(b.shape)
```

実行すると、以下のように表示されます。

```
(2, 3)
(3, 3)
```

● NumPy 配列で次元数を変換する

また、NumPy 配列で便利なのは、配列の次元数を手軽に変換できる点にあります。二次元配列を flatten() メソッドを使って一次元に変換してみましょう。

```
a = np.array([[1, 2, 3], [4, 5, 6]])
print("a=", a)
b = a.flatten()
print("b=", b)
```

実行すると、以下のように表示されます。

```
a= [[1 2 3]
 [4 5 6]]
b= [1 2 3 4 5 6]
```

続けて、reshape() メソッドを利用して、配列の次元数を任意の形状に変換してみましょう。

```
a = np.array([[1, 2, 3], [4, 5, 6]])
print(a)
print(a.reshape(3, 2))
```

実行すると、以下のようになります。

```
[[1 2 3]
 [4 5 6]]
[[1 2]
 [3 4]
 [5 6]]
```

● NumPy 配列の要素にアクセスする方法

NumPy の配列も、Python 標準の配列と同じように、要素にアクセスしたり、特定の範囲を取り出す（スライス）処理が可能です。

```
v = np.array([[1, 2, 3], [4, 5, 6], [7, 8, 9]])
a = v[0]
b = v[1:]
c = v[: , 0]
print("a=", a)
print("b=", b)
print("c=", c)
```

プログラムを実行すると、以下のように表示されます。

```
a= [1 2 3]
b= [[4 5 6]
 [7 8 9]]
c= [1 4 7]
```

変数 a は v から 0 番目の要素を取り出すものです。変数 b は 1 以降の要素を取り出すものです。変数 c が少しわかりにくいと思いますが、これは、二次元配列の各 0 番目の要素を取り出すものです。

この節のまとめ

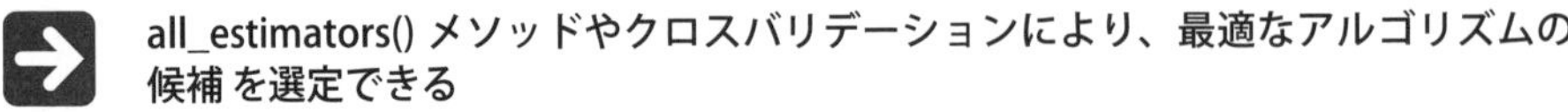

all_estimators() メソッドやクロスバリデーションにより、最適なアルゴリズムの候補 を選定できる

グリッドサーチにより、最適なパラメーターを見つけることができる

第3章

OpenCV と機械学習 - 画像・動画入門

機械学習で画像や動画をどのように取り扱うかを解説します。とくに、OpenCV という画像ライブラリーを利用して、機械学習を行う方法を紹介します。顔検出、はがきの郵便番号認識、動画から熱帯魚のたくさん映った場面を抽出する方法など、いろいろなトピックを扱います。

3-1 OpenCVについて

画像や動画を扱うプログラムで欠かすことのできないライブラリーが「OpenCV」です。
本節では OpenCV とは何か、何に使えるのかを紹介します。

利用する技術（キーワード）

● OpenCV

この技術をどんな場面で利用するのか

● 画像処理

OpenCV とは？

『OpenCV(Open Source Computer Vision Library)』とは、オープンソースの画像（動画）ライブラリーです。もともとインテルが開発し、公開しました。このライブラリーを使うと、画像形式の変換から、フィルター処理、さらに、顔認識や物体認識、文字認識など、画像に関連するさまざまな処理を行うことができます。動作対象 OS が幅広く、ライセンスの制限も緩いため、さまざまなプロダクトで利用されています。

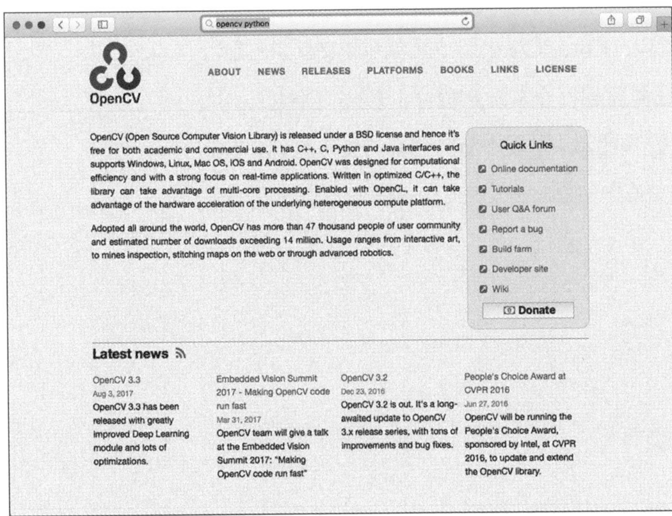

▲ OpenCV の Web サイト

OpenCV の Web サイト
[URL] https://opencv.org

- 動作可能な OS：Windows/macOS/Linux/Android/iOS
- ライセンス：BSD ライセンス (商用利用も可能)

機械学習との関わり

機械学習で OpenCV をどのように利用できるでしょうか。画像を機械学習の入力として与えるためには、画像を数列のデータに直す必要があります。入力として与えられる画像は、BMP 形式であったり、PNG 形式や JPEG 形式と、形式がバラバラのことも多くあります。また、ある画像はグレースケールだったり、ある画像はフルカラーだったりします。そのため、OpenCV を使って画像形式や色数などを整えます。また、画像は同じサイズである必要があるため、画像のサイズをリサイズしたり、必要な部分を切り出す必要が生じます。そうした処理にも OpenCV が利用できます。

OpenCV は IoT 機器でも動作可能

OpenCV は、Raspberry Pi を代表とした Linux をベースとしたシングルボードのコンピューター上でも動かすことができます。そうした IoT を代表する端末でも使えるので、画像の基本的な整形処理ができて、それを機械学習の入力として与えることができます。

小規模な機械学習システムであれば、単体の Raspberry Pi 上でも動かすことができます。少し規模の大きなシステムであれば、画像や動画のキャプチャーを Raspberry Pi で行い、サーバー側でデータを受け取って、機械学習をサーバー側で処理するということも可能です。

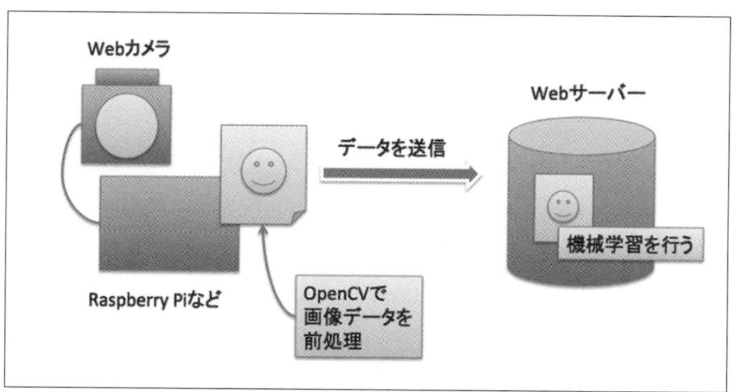

▲ IoT 機器とサーバー側で連携して機械学習を行うシステム例

OpenCVの導入

本書の巻末Appendixで、OpenCVのインストール方法について詳しく紹介しています。

OpenCVが使える状態であれば、以下のコードを実行しても、何もエラーは表示されません。もし、利用できない状態であれば、実行した際にエラーが表示されます。Jupyter Notebookを開き、以下のコードを実行して確認してみましょう。

```
import cv2
```

画像を読み込んでみよう

それでは、OpenCVで画像を読み込んでみましょう。以下のプログラムは、Webから適当な画像データをダウンロードし、OpenCVで画像を読み込んで、そのピクセルデータを出力するものです。Jupyter Notebookに書き込んで実行してみましょう。

▼ download_imread.py

```
# 画像のダウンロード
import urllib.request as req
url = "https://uta.pw/shodou/img/28/214.png"
req.urlretrieve(url, "test.png")

# OpenCVで読み込む
import cv2
img = cv2.imread("test.png")
print(img)
```

正しく実行されると、画像がダウンロードされ、その画像の画素データが表示されます。

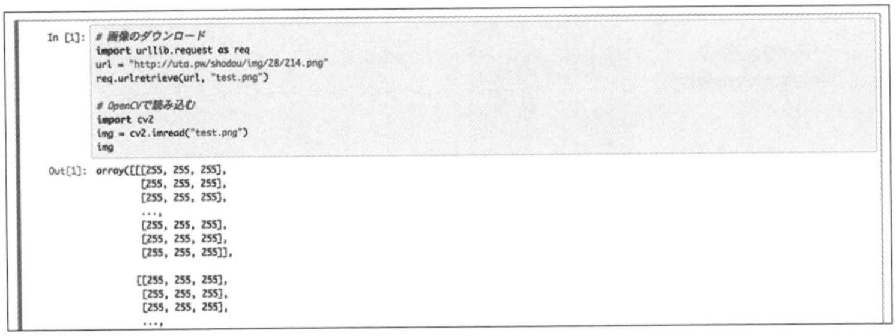

```
In [1]: # 画像のダウンロード
        import urllib.request as req
        url = "http://uta.pw/shodou/img/28/214.png"
        req.urlretrieve(url, "test.png")

        # OpenCVで読み込む
        import cv2
        img = cv2.imread("test.png")
        img

Out[1]: array([[[255, 255, 255],
                [255, 255, 255],
                [255, 255, 255],
                ...,
                [255, 255, 255],
                [255, 255, 255],
                [255, 255, 255]],

               [[255, 255, 255],
                [255, 255, 255],
                [255, 255, 255],
                ...,
```

▲ OpenCVで画像を読み込んだところ

ここでは、urllib.request モジュールの urlretrieve() 関数を利用して、Web 上にある画像をローカルにダウンロードします。その後、OpenCV の機能を利用して「cv2.imread(ファイル名)」で画像を読み込みます。

うっかりミスをしがちな点として、imread() 関数は画像の読み込みに失敗したときに、None を返すだけで例外を投げません。Python の組み込み関数の open() 関数とは挙動が異なるので注意が必要です。次のような明らかに存在しない画像ファイルを読み込んでテストしてみましょう。実行して結果を確認すると、None が表示されます。

```
img = cv2.imread("存在しないファイル.png")
print(img)
```

```
In [7]: img = cv2.imread("存在しないファイル.png")
        print(img)

        None
```

▲ 画像の読み込みに失敗すると None を返す

画像をインライン表示しよう

続いて、ダウンロードしたデータをそのまま Jupyter Notebook 上に表示しましょう。その際は、matplotlib モジュールをインラインで利用することを宣言する必要があります。Jupyter Notebook の先頭で以下の宣言を実行しておきましょう。

```
%matplotlib inline
```

その上で、画像を Jupyter Notebook 上に表示するものです。ここから適当な JPEG ファイルを使って作業しますので、Jupyter Notebook を実行するディレクトリーに「test.jpg」というファイルをコピーしておきましょう。以下のプログラムを実行すると、test.jpg のイメージがインライン表示されます。

▼ imshow.py

```
# ダウンロードした画像を画面に表示する
import matplotlib.pyplot as plt
import cv2
img = cv2.imread("test.jpg")
plt.imshow(cv2.cvtColor(img, cv2.COLOR_BGR2RGB))
plt.show()
```

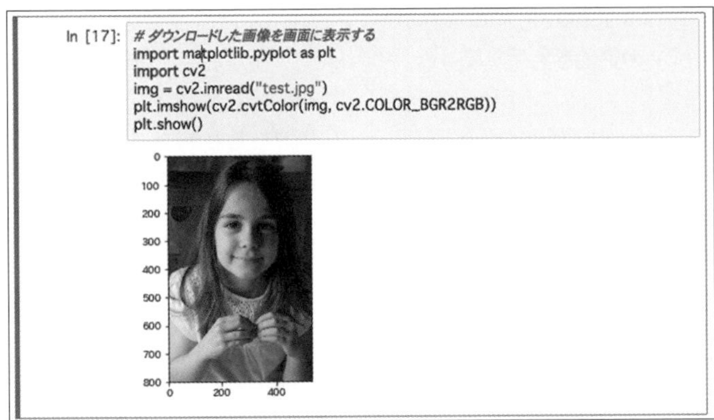

▲ 画像を Jupyter Notebook 上にインライン表示したところ

プログラムを確認してみましょう。ポイントとなるのは、最後から 2 行目の imshow() 関数です。matplotlib.pyplot モジュールの imshow() を使うと画像を出力できます。

ただし、ここで imread() で読み込んだ関数をそのまま imshow() に渡すことはせず、cvtColor() 関数を通して、色空間を BGR から RGB に変換しています。cvtColor() を通さずに直接 imshow() に画像データを与えると、赤と青が反転した状態で出力されます。これは、OpenCV のカラーデータが、BGR(青緑赤) の順番で並んでいるのに対して、matplotlib のカラーデータは、RGB(赤緑青) の順番で並んでいることを前提としているためです。つまり、変換前のデータが (255,0,0) ならば (0,0,255) となります。

モジュール	カラーデータの色空間
OpenCV	BGR (青 , 緑 , 赤)
matplotlib	RGB (赤 , 緑 , 青)

また、画像の左と下に数値のメモリーが表示されるので、以下のように、「plt.axis("off")」と書くと画像だけが表示されます。

```
img = cv2.imread("test.jpg")
plt.axis("off") # axis の表示をオフに
plt.imshow(cv2.cvtColor(img, cv2.COLOR_BGR2RGB))
plt.show()
```

▲ axis をオフにしたところ

なお、NumPy による画像のフィルター処理や、カラー画像をグレースケールに変換するなど色空間の変換方法は、本章末尾のコラム（P.180）を参考にしてください。

画像を保存しよう

読み込んだ画像を処理して、ファイルへ保存するには imwrite() 関数を利用します。ファイル名の拡張子を「.png」にすれば PNG 画像に変換して保存されますし「.jpg」にすれば、JPEG 画像に変換して保存されます。

▼ imwrite.py

```
import cv2

# 画像を読み込む
img = cv2.imread("test.jpg")

# 画像を保存する
cv2.imwrite("out.png", img)
```

OpenCV では、BMP/PPM/PGM/PBM/JPEG/JPEG2000/PNG/TIFF/OpenEXR/WebP といった、代表的な画像形式をサポートしています。

画像サイズの変更と切り取り

機械学習では、画像サイズを合わせたり、特定の部分を切り取ったりすることが多くあります。OpenCVで画像サイズを変更するには、cv2.resize()関数を使います。そして、特定の部分を切り出すには、リストのスライスを使います。

画像のリサイズ

以下は、画像をリサイズする例です。リサイズしたことがわかるように、わざと画像を横に潰してみましょう。

▼ resize.py

```
import matplotlib.pyplot as plt
import cv2

# 画像を読み込む
img = cv2.imread("test.jpg")
# 画像をリサイズ
im2 = cv2.resize(img, (600, 300))
# リサイズした画像を保存
cv2.imwrite("out-resize.png", im2)

# 画像を表示
plt.imshow(cv2.cvtColor(im2, cv2.COLOR_BGR2RGB))
plt.show()
```

▲ わざと横に潰れた形で画像をリサイズしたところ

画像のリサイズは、以下のように、第1引数に読み込んだ画像データ、第2引数に画像サイズをタプルで指定します。

```
img = cv2.resize(img, (width, height))
```

画像の切り取り

次に、画像の顔の部分だけを切り取って、リサイズしてみましょう。画像の一部分を切り取るには、リストのスライスを利用して、「配列 [y1:y2,x1:x2]」の書式で画像を切り取ることができます。

▼ cut-resize.py

```
import matplotlib.pyplot as plt
import cv2

# 画像を読み込む
img = cv2.imread("test.jpg")
# 画像の一部を切り取る
im2 = img[150:450, 150:450]
# 画像をリサイズ
im2 = cv2.resize(im2, (400, 400))
# リサイズした画像を保存
cv2.imwrite("cut-resize.png", im2)

# 画像を表示
plt.imshow(cv2.cvtColor(im2, cv2.COLOR_BGR2RGB))
plt.show()
```

▲ 画像の一部を切り取ってリサイズしたところ

OpenCVの座標系

OpenCVでは、Pythonの一般的な画像処理と同じような座標系を利用します。画像の左上の座標が(0,0)となり、右下に行くほど値が大きくなります。

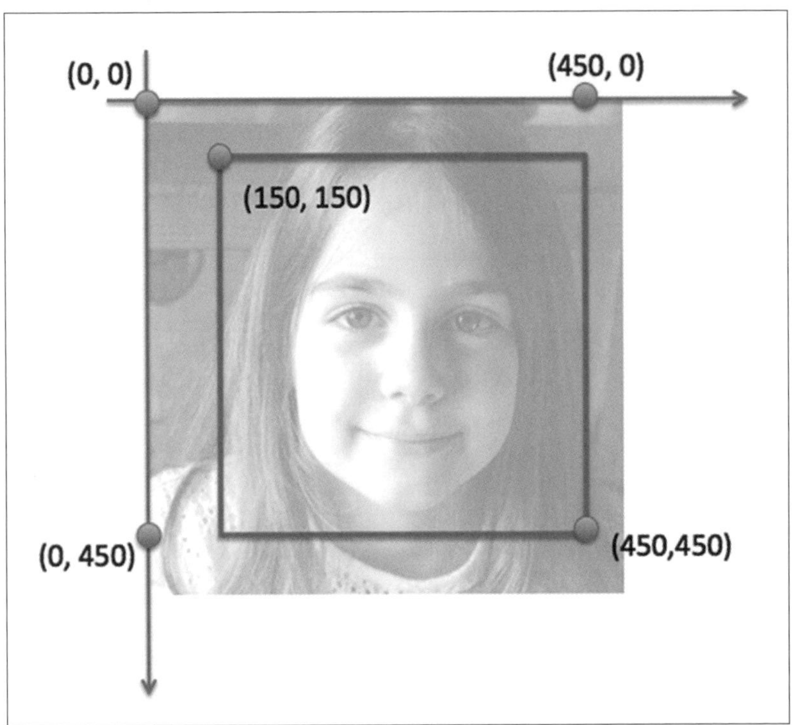

▲ OpenCVの座標系

応用のヒント

ここでは、OpenCVについて基本的な使い方を紹介しました。画像の色空間の変換、切り取りとリサイズは、機械学習で画像を利用する際によく使う操作です。しっかり覚えておきましょう。

この節のまとめ

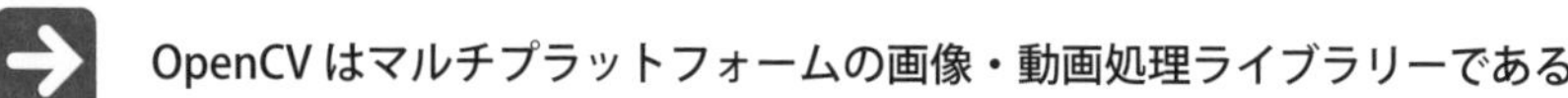

- OpenCV はマルチプラットフォームの画像・動画処理ライブラリーである

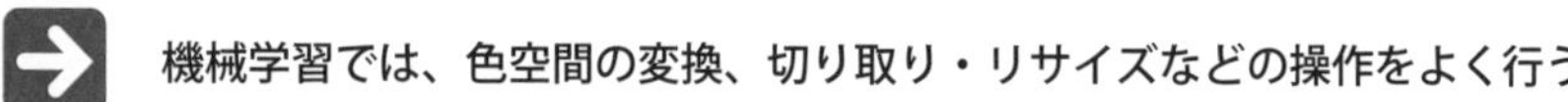

- 機械学習では、色空間の変換、切り取り・リサイズなどの操作をよく行う
- OpenCV で読み出した画像は、NumPy 形式の配列データとなるので、Python から手軽に操作ができる

3-2
顔検出 - 顔に自動でモザイクをかけよう

最近のデジタルカメラでは、当たり前に人間の顔を認識して自動でフォーカスを合わせる機能がついていますが、OpenCV にも人間の顔がどこにあるのかを検出する機能があります。機械学習では、人間の顔を抽出して利用する場面も多くありますので、顔の検出を行う方法をマスターしましょう。ここでは、人間の顔に自動でモザイクをかけるツールを作ってみましょう。

利用する技術（キーワード）

- OpenCV
- 顔認識・顔検出

この技術をどんな場面で利用するのか

- 顔写真に自動モザイクを入れるとき
- 人間の顔が映った写真の自動収集

顔認識について

顔認識とは、人間の顔を自動的に認識し抽出する技術です。顔認識を搭載したデジタルカメラであれば、自動的に顔にピントを合わせるので、ぶれない写真を撮影できます。また、顔の特徴を抽出して、複数の写真に写っている個人を特定することもできます。顔の特徴を利用したセキュリティ認証もありますし、Facebook などの SNS で写真に映っている顔を抽出して、写真を誰と共有するのか検出したり、タグ付けしたりできます。

顔認識にはいろいろな方法がありますが、ここでは OpenCV の顔検出の方法を紹介します。OpenCV では、Haar-like 特徴分類器と呼ばれる学習機械を用いて顔認識を行います。これは、機械学習で対象となる特徴量を学習させて、学習データを元にパターン認識を行うカスケード分類器の一種です。

この仕組みですが、簡単に言うと、顔のデータベースを利用して、目・鼻・口といったパーツの位置関係を確かめて、顔かどうかを判定するという手法です。人間の顔の写真をグレースケールに変換すると、明るいところが白くなり、暗いところが黒くなります。たとえば、人間の顔のなかで「鼻」というのは、顔の中でも明るい部分で、鼻の左右の部分は暗くなります。つまり、顔と思われる領域のうち、中央が明るい（つまり鼻がある）と、それは顔かもしれないということがわかります。目についても上には眉があるので、目の上部分は暗く目の下は明るくなっています。このようにして、各パーツごとに明暗のパターンが合致するかどうかを調べていきます。

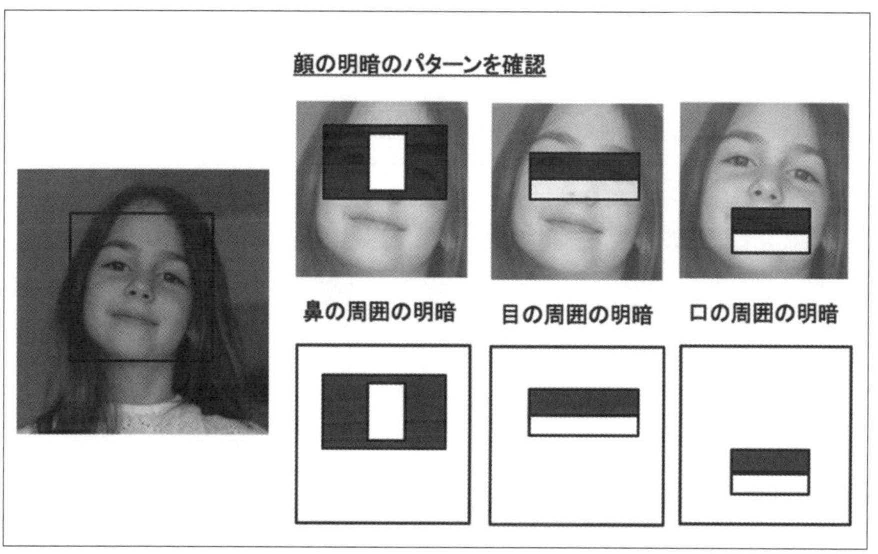

▲ 顔検出器の仕組み

顔検出のプログラムを作ってみよう

それでは、実際に顔検出を行うプログラムを作ってみましょう。OpenCV で顔検出のプログラムを実行する場合、カスケードファイル (顔パーツのデータベース) が必要になります。このデータベースを利用して顔検出を行うため、最初にカスケードファイルをダウンロードしましょう。

顔検出カスケードファイルをダウンロードしよう

OpenCVをインストールすると、顔検出に使うカスケードファイル(顔パーツのデータベース)も一緒にOpenCVのデータディレクトリーに保存されます。しかし、OSやAnacondaのバージョンごとに保存パスが異なるので、ここではOpenCVのGitHubリポジトリーから最新のカスケードファイルを直接ダウンロードして利用しましょう。

> GitHub > opencv > data > haarcascades
> [URL] https://github.com/opencv/opencv/tree/master/data/haarcascades

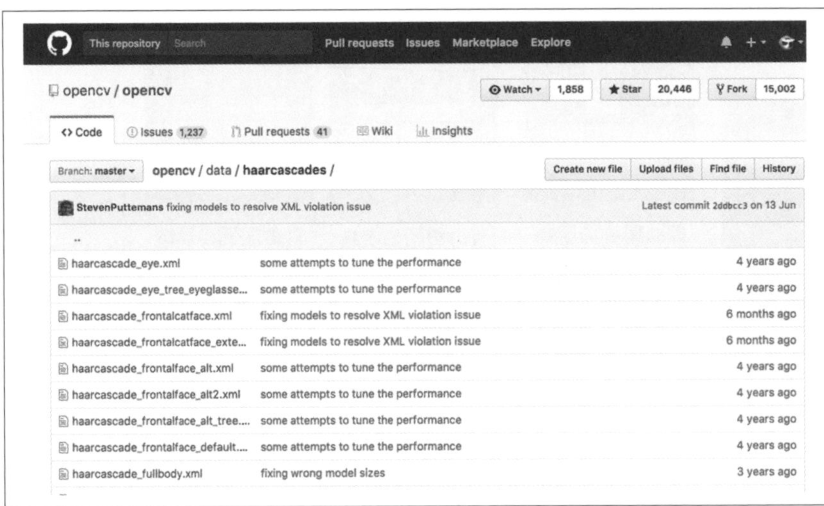

▲ 顔検出に使うカスケードファイルの最新版をダウンロードしよう

ここを見ると、顔検出用のカスケードファイルにも、正面の顔、笑顔検出するもの、目や体全体を検出するものなど、さまざまなカスケードファイルがあることがわかります。

今回は、正面の顔を検出するファイル「haarcascade_frontalface_alt.xml」を利用してみましょう。GitHubでリポジトリーではなく単一のファイルをダウンロードするには、ファイルを表示し、データのプレビュー画面右上にある[RAW]のボタンをクリックします。そして、ブラウザーのメニューから[ファイル > 名前をつけて保存(別名で保存)]で保存します。

顔検出の手順を確認しよう

OpenCV で顔検出を行うには、以下の手順に沿って処理を記述します。

(1) カスケードファイルを指定して検出器を作成

(2) 対象画像を読み込んで、グレースケールに変換

(3) 顔検出を実行する

この手順に沿って、顔検出を行い、発見した部分に印をつけるプログラムを見てみましょう。

▼ face-detect.py

```
import matplotlib.pyplot as plt
import cv2

# カスケードファイルを指定して検出器を作成 --- (※1)
cascade_file = "haarcascade_frontalface_alt.xml"
cascade = cv2.CascadeClassifier(cascade_file)

# 画像を読み込んでグレースケールに変換する --- (※2)
img = cv2.imread("girl.jpg")
img_gray = cv2.cvtColor(img, cv2.COLOR_BGR2GRAY)

# 顔認識を実行 --- (※3)
face_list = cascade.detectMultiScale(img_gray, minSize=(150,150))
# 結果を確認 --- (※4)
if len(face_list) == 0:
    print("失敗")
    quit()
# 認識した部分に印をつける --- (※5)
for (x,y,w,h) in face_list:
    print("顔の座標=", x, y, w, h)
    red = (0, 0, 255)
    cv2.rectangle(img, (x, y), (x+w, y+h), red, thickness=20)

# 画像を出力
cv2.imwrite("face-detect.png", img)
plt.imshow(cv2.cvtColor(img, cv2.COLOR_BGR2RGB))
plt.show()
```

Jupyter Notebook 上で実行すると、以下のような画像ファイルが生成されます。

▲ **顔検出を実行したところ**

プログラムを確認してみましょう。プログラムの (※ 1) の部分では、顔検出を行う検出器を作成します。cv2.CascadeClassifier() を使うことで、さまざまな物体を検出するための検出器を作成できます。この検出器ですが、第 1 引数にカスケードファイルを指定することで、顔のパーツを検出できます。

プログラムの (※ 2) の部分では、女の子の画像を読み込んでグレースケールに変換します。なぜ、グレースケールに変換するのかというと、本節で紹介したように、画像中にある物体の明暗によって検出を行うためです。

(※ 3) の部分では、顔検出を実行します。そのために、CascadeClassifier.detectMultiScale() メソッドを利用します。ここでは、第 1 引数にグレースケールの画像データを与え、第 2 引数ではキーワード引数を利用して、minSize を指定しています。つまりこれは、顔と認識する領域の最小サイズを与えていることになります。

(※ 4) の部分では、検出結果を確認し、リストが空であればメッセージを出力して終了します。

そして、(※ 5) の部分では、検出した顔の領域に赤色の枠を描画します。枠を描画するには、cv2.rectangle() を利用します。その後、描画した画像をファイルに出力し、Jupyter Notebook にも出力します。

OpenCV でモザイクをかける

OpenCV には、ぼかしやエッジ検出といったフィルター関数が用意されていますが、モザイク処理を行う関数がありません。そこで、モザイク処理のために簡単な関数を用意しましょう。モザイク処理をかけるには、モザイクをかけたい範囲を取り出して、一度縮小し、縮小した範囲に対して拡大を行います。縮小することによりピクセル情報が失われ、結果モザイクをかけたようになります。
ここでは、mosaic() 関数を定義した mosaic.py というモジュールファイルを作成しました。

▼ mosaic.py

```
import cv2

def mosaic(img, rect, size):
    # モザイクをかける領域を取得
    (x1, y1, x2, y2) = rect
    w = x2 - x1
    h = y2 - y1
    i_rect = img[y1:y2, x1:x2]
    # モザイク処理のため、一度縮小して拡大する
    i_small = cv2.resize(i_rect, ( size, size))
    i_mos = cv2.resize(i_small, (w, h), interpolation=cv2.INTER_AREA)
    # 画像にモザイク画像を重ねる
    img2 = img.copy()
    img2[y1:y2, x1:x2] = i_mos
    return img2
```

適当な画像ファイル「cat.jpg」を用意して、以下のプログラムを Jupyter Notebook 上で実行してみます。モザイクをかけてみましょう。

▼ mosaic-test.py

```
import matplotlib.pyplot as plt
import cv2
from mosaic import mosaic as mosaic

# 画像を読み込んでモザイクをかける
img = cv2.imread("cat.jpg")
mos = mosaic(img, (50, 50, 450, 450), 10)

# モザイクをかけた画像を出力
cv2.imwrite("cat-mosaic.png", mos)
plt.imshow(cv2.cvtColor(mos, cv2.COLOR_BGR2RGB))
plt.show()
```

以下がモザイク処理の前と後の画像です。

▲ モザイクをかける前の画像

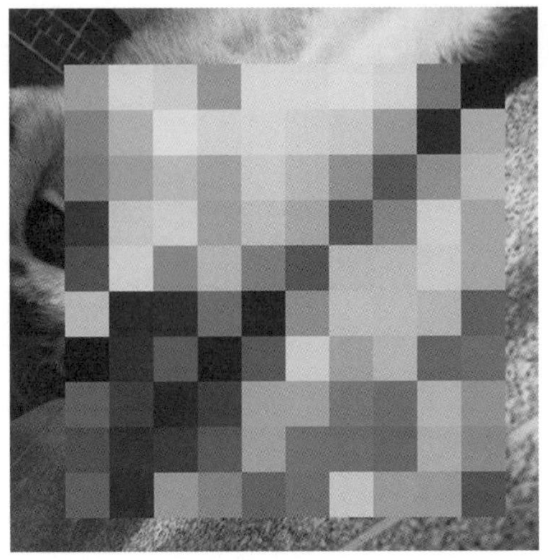

▲ モザイクをかけた後の画像

人間の顔に自動でモザイクをかけよう

さて、ここまでの部分で「人間の顔を探して自動でモザイクをかけるプログラム」に必要な技術要素が出揃いました。それでは、プログラムを作ってみましょう。

▼ face-mosaic.py

```
import matplotlib.pyplot as plt
import cv2
from mosaic import mosaic as mosaic

# カスケードファイルを指定して分類器を作成 --- (※1)
cascade_file = "haarcascade_frontalface_alt.xml"
cascade = cv2.CascadeClassifier(cascade_file)

# 画像を読み込んでグレースケールに変換 --- (※2)
img = cv2.imread("family.jpg")
img_gray = cv2.cvtColor(img, cv2.COLOR_BGR2GRAY)

# 顔検出を実行 --- (※3)
face_list = cascade.detectMultiScale(img_gray, minSize=(150,150))
if len(face_list) == 0: quit()

# 認識した部分の画像にモザイクをかける --- (※4)
for (x,y,w,h) in face_list:
    img = mosaic(img, (x, y, x+w, y+h), 10)
```

```
# 画像を出力
cv2.imwrite("family-mosaic.png", img)
plt.imshow(cv2.cvtColor(img, cv2.COLOR_BGR2RGB))
plt.show()
```

Jupyter Notebook で実行してみましょう。しっかり、人の顔を検出してモザイクがかかっているのを確認できました。

▲ モザイク処理前の画像

▲ モザイク処理後の画像

プログラムを確認してみましょう。(※ 1) の部分で顔検出のための分類器を作成します。(※ 2) でグレースケールに変換し、(※ 3) で顔検出を実行します。
(※ 4) の部分で、検出した顔部分にモザイク処理を適用します。

OpenCV の顔検出は横顔や傾きに弱い

当然と言えば当然ですが、残念ながらOpenCV の顔検出は完全ではありません。正面の顔を検出することはできるのですが、横顔だったり、傾いている顔は検出できません。

たとえば、次のような横顔の写真は検出できませんでした。

▲ OpenCV の顔検出は横顔を検出できない

また、どのくらいまでの傾きを検出するでしょうか。以下のプログラムを実行して角度別に検証してみましょう。

▼ rotate-test.py

```
import matplotlib.pyplot as plt
import cv2
from scipy import ndimage

# 検出器と画像の読み込み
cascade_file = "haarcascade_frontalface_alt.xml"
cascade = cv2.CascadeClassifier(cascade_file)
img = cv2.imread("girl.jpg")

# 顔検出を実行し、印をつける
def face_detect(img):
    img_gray = cv2.cvtColor(img, cv2.COLOR_BGR2GRAY)
    face_list = cascade.detectMultiScale(img_gray, minSize=(300,300))
    # 認識した部分に印をつける
    for (x,y,w,h) in face_list:
        print("顔の座標 =", x, y, w, h)
```

```
        red = (0, 0, 255)
        cv2.rectangle(img, (x, y), (x+w, y+h), red, thickness=30)

# 角度ごとに検証する
for i in range(0, 9):
    ang = i * 10
    print("---" + str(ang) + "---")
    img_r = ndimage.rotate(img, ang)
    face_detect(img_r)
    plt.subplot(3, 3, i + 1)
    plt.axis("off")
    plt.title("angle=" + str(ang))
    plt.imshow(cv2.cvtColor(img_r, cv2.COLOR_BGR2RGB))

plt.show()
```

Jupyter Notebook で実行すると、30 度くらいまで回転させても、顔を正しく認識していることがわかります。

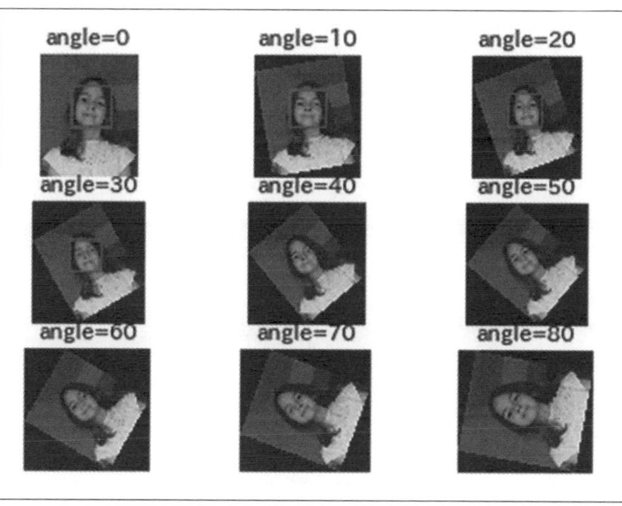

▲ 回転させても顔を認識するかのテスト

プログラムを見てみましょう。for 構文を使って、0 度から 80 度まで画像を回転させて、顔検出できるかどうかを確認します。このとき、複数のグラフを出力したいときに便利な pyplot.subplot() を利用してみます。この関数は、以下のように指定します。

[書式] 複数のグラフを描画する
matplotlib.pyplot.subplot(行数 , 列数 , 何番目を描画するか)

また、画像を回転させるには、scipy.ndimage モジュールの rotate() 関数を利用します。

改良・応用のヒント

ここでは、1 枚の画像に対して、顔を検出してモザイクをかけるプログラムを作ってみました。しかし、そもそも 1 枚だけの写真しかないのであれば、プログラムを作る必要はありません。そこで、これを複数枚の写真に対して、一気に処理を行うプログラムに改良すると良いでしょう。また、画像を投稿するような Web サービスで、プライバシー保護を目的として、写真が Web に公開される前に、自動で顔にモザイクをかけることもできます。他にも、検出した顔が誰なのかを判定することもできるでしょう。

この節のまとめ

- OpenCV の顔検出器を使って、顔認識を行うことができる
- 顔検出に画像の明度情報を利用するため、画像はグレースケールに変換する
- モザイク処理を行うには、画像を一度縮小しておいてから拡大するとモザイクになる

3-3 文字認識 - 手書き数字を判定しよう

画像を扱う機械学習で、もっともよく見かけるサンプルが「手書き数字の判定」です。手書き数字の判定に挑戦してみましょう。

利用する技術（キーワード）

- OpenCV
- 手書き数字の判定
- SVM

この技術をどんな場面で利用するのか

- 文字認識
- 画像認識のテスト

手書き数字の光学認識データセットを使ってみよう

最初に、scikit-learn に標準で付属している手書き数字データセットを使ってみましょう。これは「Optical Recognition of Handwritten Digits Data Set(手書き数字の光学認識データセット)」という長い名前がつけられたデータセットです。8 × 8 ピクセルの手書き数字データが 5620 個ほど用意されています。

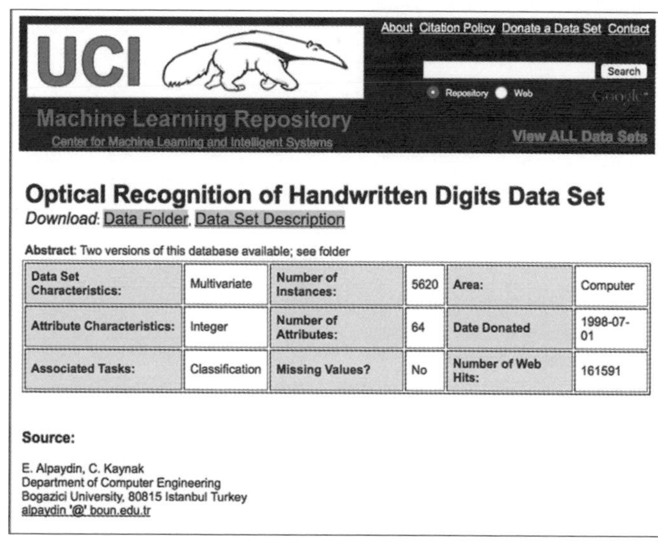

▲ 手書き数字の光学認識データセットの配布サイト

この元データは、UCI Machine Learning Repositoryで公開されているものです。

Optical Recognition of Handwritten Digits Data Set
[URL] https://archive.ics.uci.edu/ml/datasets/optical+recognition+of+handwritten+digits

scikit-learnに収録されている手書き数字データを読み込むには、以下のように記述します。

```
from sklearn import datasets
digits = datasets.load_digits()
```

読み出したデータですが、このdigitsは辞書型(dict)になっており、次のような仕組みとなっています。

- **digits.images：画像データの配列**
- **digits.target：データがどの数字を表すかのラベルデータ**

つまり、digits.imagesには、8 × 8ピクセルの二次元の画像データが入っており、digits.targetには、digits.imagesの画像にどの数字が描かれているのかという情報が入っています。

データを確認してみよう

どんなデータなのか視覚的に確認してみましょう。Jupyter Notebookに以下のプログラムを記入して実行してみましょう。以下は、15個の手書き数字を出力するプログラムです。

```
import matplotlib.pyplot as plt

# 手書きデータを読み込む
from sklearn import datasets
digits = datasets.load_digits()

# 15個連続で出力する
for i in range(15):
    plt.subplot(3, 5, i+1)
    plt.axis("off")
    plt.title(str(digits.target[i]))
    plt.imshow(digits.images[i], cmap="gray")

plt.show()
```

すると、以下のようなデータが表示されます。

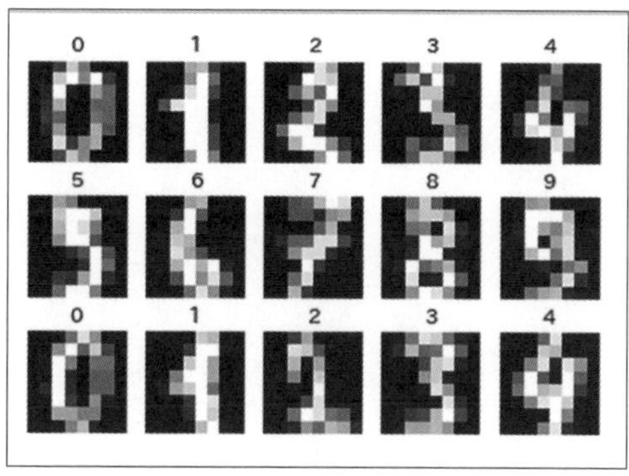

▲ 手書き数字のデータは 8 × 8 ピクセルの画像データ

ちなみに pyplot の subplot() は、複数のデータをプロットするのに利用します。行数×列数個の図を準備し、どの図に対して書き込みを行うのかを指定します。以下の書式で利用します。

[書式]
plt.subplot(行数 , 列数 , 何番目に出力するか)

上記の数字を 15 個出力するプログラムでは、3 行× 5 列の図を出力するよう指定し、for 文を利用して、合計 15 個の手書き数字の画像を出力するように指定しています。

画像のフォーマットについて

さらに詳しく見てみましょう。手書き数字は 8 × 8 ピクセルであり、各ピクセルは 0 から 16 までの値で表されます。0 が透明 (背景色で黒色) で、16 が線のある部分 (白色) を表しています。

```
d0 = digits.images[0]
plt.imshow(d0, cmap="gray")
plt.show()
print(d0)
```

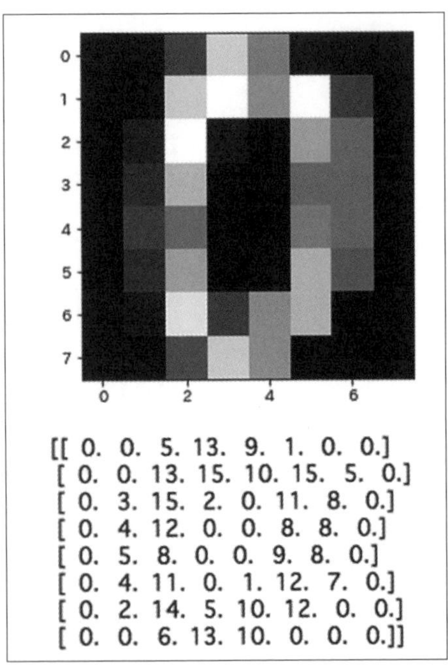

▲ 画像データの各ピクセルは 0 から 16 までの値で表される

画像を機械学習しよう

それでは、手書き数字の画像データを機械学習に与えてみましょう。そもそも、画像データと言えど、連続した値を持つデータです。8 × 8 ピクセルであれば、64 個で 1 つのデータです。

そこで、画像の画素データを学習データとして機械学習に与えて、判定できるのか確認してみましょう。以下のプログラムは、手書き数字データを読み出して、データの 8 割を学習用に、2 割をテスト用に振り分けます。そして、8 割のデータを用いて学習を行い、残り 2 割のテストデータをどれほど正確に分類できるかを調べるものです。

▼ ml_digits.py

```
from sklearn.model_selection import train_test_split
from sklearn import datasets, svm, metrics
from sklearn.metrics import accuracy_score

# データを読み込む --- (※1)
digits = datasets.load_digits()
x = digits.images
y = digits.target
x = x.reshape((-1, 64)) # 二次元配列を一次元配列に変換 --- (※2)

# データを学習用とテスト用に分割する --- (※3)
x_train, x_test, y_train, y_test = \
    train_test_split(x, y, test_size=0.2)

# データを学習 --- (※4)
clf = svm.SVC()
clf.fit(x_train, y_train)

# 予測して精度を確認する --- (※5)
y_pred = clf.predict(x_test)
print(accuracy_score(y_test, y_pred))
```

このプログラムでは、ランダムに学習データとテストデータを分割するので、実行結果の精度は多少ばらつきがありますが、0.97(97%) から 0.99(99%) くらいの精度が出ています。

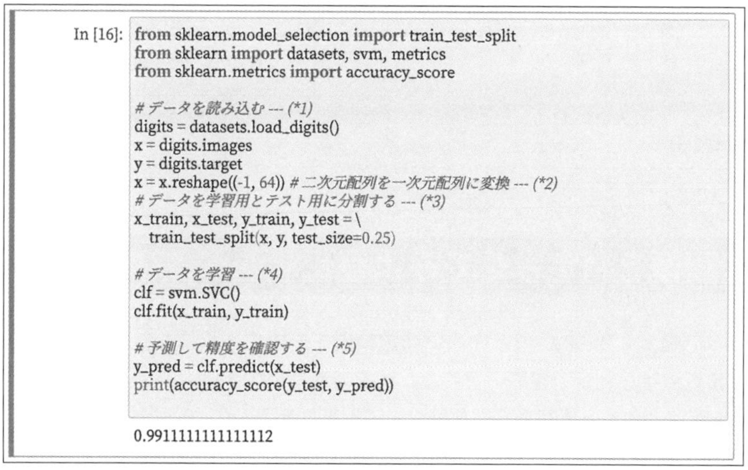

```
In [16]: from sklearn.model_selection import train_test_split
         from sklearn import datasets, svm, metrics
         from sklearn.metrics import accuracy_score

         # データを読み込む --- (*1)
         digits = datasets.load_digits()
         x = digits.images
         y = digits.target
         x = x.reshape((-1, 64)) # 二次元配列を一次元配列に変換 --- (*2)
         # データを学習用とテスト用に分割する --- (*3)
         x_train, x_test, y_train, y_test = \
           train_test_split(x, y, test_size=0.25)

         # データを学習 --- (*4)
         clf = svm.SVC()
         clf.fit(x_train, y_train)

         # 予測して精度を確認する --- (*5)
         y_pred = clf.predict(x_test)
         print(accuracy_score(y_test, y_pred))

         0.9911111111111112
```

▲ 画像データを機械学習で学習したところ

プログラムを確認してみましょう。プログラムの (※ 1) の部分では、手書き数字の画像データを読み込みます。

そして、(※ 2) では、二次元の画像データの配列を一次元の配列に変換します。reshape() メソッドを使うと、手軽に配列の次元を変更することができるので便利です。

プログラムの (※ 3) では、画像データを学習用 (8 割) とテスト用 (2 割) に分割します。

(※ 4) では、学習用のデータを用いて学習し、(※ 5) ではテストデータを用いて精度を確認します。

このプログラムを見てわかる通り、プログラム自体は 2 章で行ったアヤメの分類データとほとんど同じです。その際、画像の各ピクセルをデータとして与えているという点だけが異なります。

学習済みデータを保存しよう

さて、ここまでの部分で作成した学習済みのデータを、データファイルに保存してみましょう。学習済みのデータを保存するには、pickle モジュールを使います。先ほどのプログラムを Jupyter Notebook で実行した後で、以下のプログラムを実行してみましょう。

```
# 学習済みデータを保存
import pickle
with open("digits.pkl", "wb") as fp:
    pickle.dump(clf, fp)
```

なお、保存したデータを読み込むには、以下のように記述します。

```
# 学習済みデータを読み込み
import pickle
with open("digits.pkl", "rb") as fp:
    clf = pickle.load(fp)
```

自分で用意した画像を判定させてみよう

さて、先ほどのプログラムで最大 0.99(99%) ほどの高い判定精度を出すことができましたが、数字が表示されるだけでは、手書き数字が判定できていることが実感できないのではないでしょうか。そこで、自分で用意した画像を判定させて、精度の高さを確かめてみましょう。

Windows なら標準のペイント、macOS/Linux なら GIMP などのペイントソフトを使って、手書き数字のデータを用意しましょう。筆者は、FireAlpaca というオープンソースのペイントソフトを使って手書き数字のデータを作りました。

フリーのペイントソフト

FireAlpaca (Windows/macOS 対応)
[URL] http://firealpaca.com/ja/

GIMP (Windows/Linux/macOS 対応)
[URL] https://www.gimp.org/

ここでは、以下のような「my2.png」と「my4.png」「my9.png」という 3 つの画像を用意しました。これらの画像を機械学習で判定してみましょう。

画像サイズは自動でリサイズを行うので、とくに気にせず、正方形の画像で作ってください。また、書きやすさの点から、背景を白色にし、黒のペンで数字を書いてください。そして、保存するときは、透過 PNG ではない 24bit-PNG の形式で保存してください。

▲ 自分で用意した手書き数字の画像「my2.png」

▲ 自分で用意した手書き数字の画像「my4.png」

▲ 自分で用意した手書き数字の画像「my9.png」

用意した画像を判定してみよう

画像が用意できたら、画像に何が書かれているのか判定させてみましょう。以下のプログラムをJupyter Notebookで実行しましょう。

▼ predict-myimage.py

```
import cv2
import pickle

def predict_digit(filename):
    # 学習済みデータを読み込む
    with open("digits.pkl", "rb") as fp:
        clf = pickle.load(fp)
    # 自分で用意した手書きの画像ファイルを読み込む
    my_img = cv2.imread(filename)
    # 画像データを学習済みデータに合わせる
    my_img = cv2.cvtColor(my_img, cv2.COLOR_BGR2GRAY)
    my_img = cv2.resize(my_img, (8, 8))
    my_img = 15 - my_img // 16 # 白黒反転する
    # 二次元を一次元に変換
    my_img = my_img.reshape((-1, 64))
    # データ予測する
    res = clf.predict(my_img)
    return res[0]

# 画像ファイルを指定して実行
n = predict_digit("my2.png")
print("my2.png = " + str(n))
n = predict_digit("my4.png")
print("my4.png = " + str(n))
n = predict_digit("my9.png")
print("my9.png = " + str(n))
```

すると、以下の結果が表示されます。それほど上手に書いた数字ではありませんが、この2つの画像は正しく判定できました。

```
my2.png = 2
my4.png = 4
my9.png = 9
```

ただし、実際にやってみるとわかりますが、いろいろな画像で試してみると、文字が左右に寄っていたり、ペンが細すぎたりすると正しく判定できないことがありました。

画像を対象とする機械学習

ここまでのプログラムを見ると、画像を対象とする機械学習も、これまで見てきた機械学習とそれほど違いがないということがわかるのではないでしょうか。

ところで、画像を機械学習にかける点で、いくつか注意すべきポイントがあります。まず、画像のサイズを一定のサイズに合わせること、そして画像の色空間を合わせることが大切です。機械学習に与えるデータ、つまり、入力する画像を前処理する必要があるのです。

改良のヒント

今回、手書き数字のデータセットには、UCI が公開している簡単な画像セットを利用しました。実際、自分で用意した画像を判定させてみるとわかりますが、それほど正確な結果が出ないと思った方もいることでしょう。そこで、改良のヒントを見てみましょう。機械学習は良質なデータが多いほど、高い精度を出すことができます。手書き数字のデータセットとしては、MNIST というデータセットが有名です。7 万点の手書き数字データセットをダウンロードできます。5 章では、MNIST を使う方法を紹介します。

THE MNIST DATABASE

of handwritten digits

Yann LeCun, Courant Institute, NYU
Corinna Cortes, Google Labs, New York
Christopher J.C. Burges, Microsoft Research, Redmond

The MNIST database of handwritten digits, available from this page, has a training set of 60,000 examples, and a test set of 10,000 examples. It is a subset of a larger set available from NIST. The digits have been size-normalized and centered in a fixed-size image.

It is a good database for people who want to try learning techniques and pattern recognition methods on real-world data while spending minimal efforts on preprocessing and formatting.

Four files are available on this site:

train-images-idx3-ubyte.gz: training set images (9912422 bytes)
train-labels-idx1-ubyte.gz: training set labels (28881 bytes)
t10k-images-idx3-ubyte.gz: test set images (1648877 bytes)
t10k-labels-idx1-ubyte.gz: test set labels (4542 bytes)

▲ MNIST の Web サイト

THE MNIST DATABASE of handwritten digits
[URL] http://yann.lecun.com/exdb/mnist/

この節のまとめ

- 手書き数字データセットを学習することで、数字の文字認識を行うことができる
- 画像の画素データは数字の連続なので、機械学習を行うことができる
- 画像データを機械学習にかける場合には、画像サイズや色空間など形式を統一する必要がある

3-4 輪郭抽出 - はがきの郵便番号認識に挑戦しよう

本節では、郵便はがきの郵便番号を自動認識するプログラムを作ってみましょう。OpenCVによる物体認識と、前回の手書き数字の判定のプログラムの組み合わせを行います。

利用する技術（キーワード）

- OpenCV
- 物体認識
- 文字認識

この技術をどんな場面で利用するのか

- 撮影した数字の取り込み
- 郵便番号の自動認識

郵便はがきから郵便番号を読み取ろう

本節では、郵便はがきに書き込まれている郵便番号の認識に挑戦します。その際、事前にはがきの画像から数字の書かれている部分を抽出する必要があります。手順としては、数字の書かれている領域を抽出し、その後で個別に数字を判定するというものです。

機械学習では、データ学習の前処理として任意の領域を抽出しなくてはならないケースも多いものです。たとえば、複数の写真から人間の顔だけを取り出して学習させたい場合、当然ながら顔データだけを取り出しておく必要があります。そうした場合も、本節で行う領域の検出手法が役立つでしょう。

OpenCV で輪郭抽出

郵便番号に取りかかる前に、まずは画像のなかから輪郭を抽出するプログラムを作ってみましょう。輪郭を抽出するには、OpenCV の findContours() 関数を利用します。たとえば、以下のような花の写真から大きな花を抽出してみましょう。

▲ 花の写真

以下のプログラムを Jupyter Notebook で試してみましょう。

▼ find_contours.py

```
import cv2
import matplotlib.pyplot as plt

# 画像を読み込んでリサイズ --- (※1)
img = cv2.imread("flower.jpg")
img = cv2.resize(img, (300, 169))

# 色空間を二値化 --- (※2)
gray = cv2.cvtColor(img, cv2.COLOR_BGR2GRAY)
gray = cv2.GaussianBlur(gray, (7, 7), 0)
im2 = cv2.threshold(gray, 140, 240, cv2.THRESH_BINARY_INV)[1]

# 画面左側に二値化した画像を描画 --- (※3)
plt.subplot(1, 2, 1)
plt.imshow(im2, cmap="gray")

# 輪郭を抽出 --- (※4)
cnts = cv2.findContours(im2,
        cv2.RETR_LIST,
        cv2.CHAIN_APPROX_SIMPLE)[0]
```

```
# 抽出した枠を描画 --- (※5)
for pt in cnts:
    x, y, w, h = cv2.boundingRect(pt)
    # 大きすぎたり小さすぎる領域を除去
    if w < 30 or w > 200: continue
    print(x,y,w,h) # 結果を出力
    cv2.rectangle(img, (x, y), (x+w, y+h), (0, 255, 0), 2)

# 画面右側に抽出結果を描画 --- (※6)
plt.subplot(1, 2, 2)
plt.imshow(cv2.cvtColor(img, cv2.COLOR_BGR2RGB))
plt.savefig("find_contours.png", dpi=200)
plt.show()
```

すると、以下の２つの領域が抽出されます。これは、物体の輪郭を抽出したものです。１つ目は、花びらから１つの座標を表し、２つ目は、花全体の座標を表しています。

```
97 64 30 28
101 9 90 81
```

そして、抽出した領域に赤線の枠を描画したものが表示されます。左側の画像は領域を検出するために用意した白黒二値画像で、右側の画像が抽出した領域に赤枠を描画したものです。うまく花の輪郭を抽出することができています。

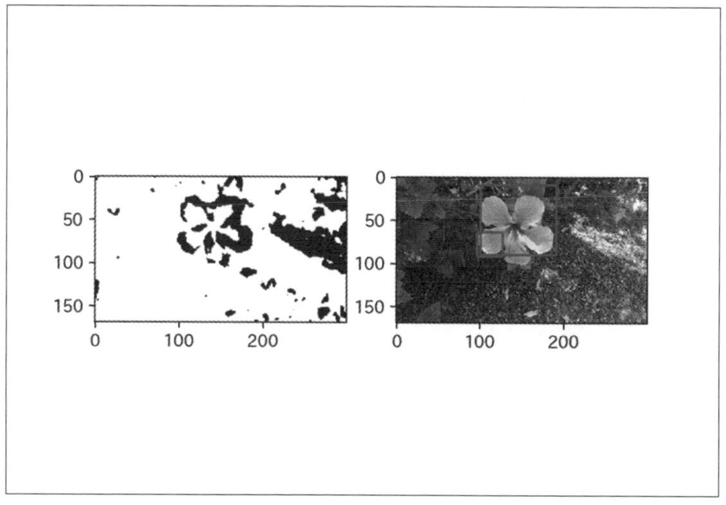

▲ 画像を白黒の二値化した後、輪郭を抽出

それでは、プログラムを確認してみましょう。プログラムの (※ 1) の部分では、花の画像を読み込みます。そして、画像を 300 × 169 ピクセルにリサイズします。

続く (※ 2) 以降の部分で輪郭抽出を行います。輪郭抽出の手順としては、画像の色空間を白と黒の二値化します。そのために、まず画像をグレースケールに変換し、GaussianBlur() 関数を利用して画像を平滑化します。これにより、複雑で細かい模様などを検出しないように、画像がぼかされます。実際に画像を二値化するのが、threshold() 関数です。

(※ 3) の部分では、先ほどぼかして二値化した画像を画面に出力します。

そして、プログラムの (※ 4) の部分で findContours() 関数を利用して、輪郭を抽出します。輪郭を抽出したら、(※ 5) の部分で抽出した領域を画像に描き込みます。

最後に (※ 6) の部分で (※ 5) で作成した画像を画面の右側に出力します。

改めて輪郭抽出の手順をまとめてみましょう。

(1) 画像を読み込む

(2) 画像を二値化する

(3) 輪郭抽出を行う

輪郭抽出を行う処理で重要なのは、画像を白黒二値化する作業でしょう。フルカラーの画像をグレースケールに変換して、平滑化して、二値化するのです。いくつもの処理を行うので面倒に感じますが、いずれの処理を省略しても、なかなか良い結果が出ません。ここで利用した関数の使い方を確認してみましょう。

画像の平滑化 (ぼかし処理) について

OpenCV には、画像をぼかすために cv2.blur() 関数や、cv2.GaussianBlur() 関数、cv2.medianBlur() 関数、cv2.bilateralFilter() 関数など、さまざまな平滑化関数が用意されています。このうち、ガウシアンフィルターの cv2.GaussianBlur() 関数はホワイトノイズの除去に適しています。以下の書式で利用します。

```
[ 書式 ] ガウシアンフィルター（画像のぼかし処理）
img = cv2.GaussianBlur(img, (ax, ay), sigma_x)
```

この関数は、OpenCV で読み込んだ画像 img に対して、ガウシアンフィルターを適用して返します。(ax, ay) には平滑化する画素の周囲のサイズをピクセル単位で指定します。このとき、値には奇数を指定する必要があります。sigma_x は、横方向の標準偏差を指定します。0 にした場合、カーネルのサイズから自動的に計算されます。

ちなみに、平滑化関数を適用すると画像全体がぼかされますが、バイラテラルフィルターの cv2.bilateralFilter() 関数を使うと、エッジを残したまま画像をぼかすことができます。ただし、処理速度は遅くなります。

画像の二値化 (しきい値処理) について

画像を白黒に変換する処理には、cv2.threshold() 関数を使います。この関数は、画像の二値化（しきい値処理）を行います。画像の画素が指定のしきい値より大きければ白、小さければ黒を割り当てる処理を行います。

```
[ 書式 ] 画像の二値化
ret, img = cv2.threshold(img, thresh, maxval, type)
```

この関数は、画像を二値化して返します。その際、第 1 引数には、グレースケール画像を指定します。第 2 引数は、しきい値を指定します。そして、第 3 引数には、しきい値以上の値を持つ値に対して割り当てる値を指定します。第 4 引数には、どのように二値化を行うのかを指定します。THRESH_BINARY_INV を指定した場合、しきい値よりも大きな値であれば 0、それ以外は maxval の値にします。

輪郭の抽出について

輪郭を抽出するには、findContours() 関数を利用します。以下の書式で行います。

```
[ 書式 ] 輪郭を抽出
contours, hierarchy = cv2.findContours(image, mode, method)
```

第 1 引数は入力画像、第 2 引数は抽出モード、第 3 引数は近似手法を指定します。戻り値は、輪郭リスト、階層情報が返されます。

第 2 引数は輪郭の抽出方法を指定します。以下の定数を指定できます。

定数	意味
cv2.RETR_LIST	単純に輪郭を検出
cv2.RETR_EXTERNAL	もっとも外側の輪郭のみ検出
cv2.RETR_CCOMP	階層を考慮し 2 レベルの輪郭を検出
cv2.RETR_TREE	すべての輪郭を検出し階層構造を保持

第 3 引数の method には、輪郭の近似手法を指定します。以下の値を指定します。CHAIN_APPROX_NONE を指定すると輪郭のすべての点を検出し、CHAIN_APPROX_SIMPLE を指定すると不必要な点を削除し必要最低限の点だけを返します。そのため、一般的には、CHAIN_APPROX_SIMPLE を指定することになるでしょう。

定数	意味
cv2.CHAIN_APPROX_NONE	輪郭上のすべての点を保持する
cv2.CHAIN_APPROX_SIMPLE	冗長な点情報を削除して返す

はがきから郵便番号の領域を抽出しよう

輪郭抽出の基本がわかったところで、はがきから郵便番号の番号部分の領域を抽出してみましょう。ここでは、以下のようなはがき画像を対象にします。

▲ 郵便番号の抽出に使うテスト画像

それでは、郵便番号の領域抽出に挑戦してみましょう。以下のようなプログラムを作ります。

▼ detect_zip.py

```
import cv2
import matplotlib.pyplot as plt

# はがき画像から郵便番号領域を抽出する関数
def detect_zipno(fname):
    # 画像を読み込む
    img = cv2.imread(fname)
    # 画像のサイズを求める
    h, w = img.shape[:2]
    # はがき画像の右上のみ抽出する --- (※1)
    img = img[0:h//2, w//3:]

    # 画像を二値化 --- (※2)
    gray = cv2.cvtColor(img, cv2.COLOR_BGR2GRAY)
    gray = cv2.GaussianBlur(gray, (3, 3), 0)
    im2 = cv2.threshold(gray, 140, 255, cv2.THRESH_BINARY_INV)[1]

    # 輪郭を抽出 --- (※3)
    cnts = cv2.findContours(im2,
        cv2.RETR_LIST,
        cv2.CHAIN_APPROX_SIMPLE)[0]

    # 抽出した輪郭を単純なリストに変換 --- (※4)
    result = []
    for pt in cnts:
        x, y, w, h = cv2.boundingRect(pt)
        # 大きすぎる小さすぎる領域を除去 --- (※5)
        if not(50 < w < 70): continue
        result.append([x, y, w, h])
    # 抽出した輪郭が左側から並ぶようソート --- (※6)
    result = sorted(result, key=lambda x: x[0])
    # 抽出した輪郭が近すぎるものを除去 --- (※7)
    result2 = []
    lastx = -100
    for x, y, w, h in result:
        if (x - lastx) < 10: continue
        result2.append([x, y, w, h])
        lastx = x
    # 緑色の枠を描画 --- (※8)
    for x, y, w, h in result2:
        cv2.rectangle(img, (x, y), (x+w, y+h), (0, 255, 0), 3)
    return result2, img

if __name__ == '__main__':
    # はがき画像を指定して領域を抽出
    cnts, img = detect_zipno("hagaki1.png")

    # 画面に抽出結果を描画
    plt.imshow(cv2.cvtColor(img, cv2.COLOR_BGR2RGB))
    plt.savefig("detect-zip.png", dpi=200)
    plt.show()
```

プログラムを実行すると、以下のように、郵便番号のある領域に緑色の枠線が描画され、正しく抽出できていることがわかります。

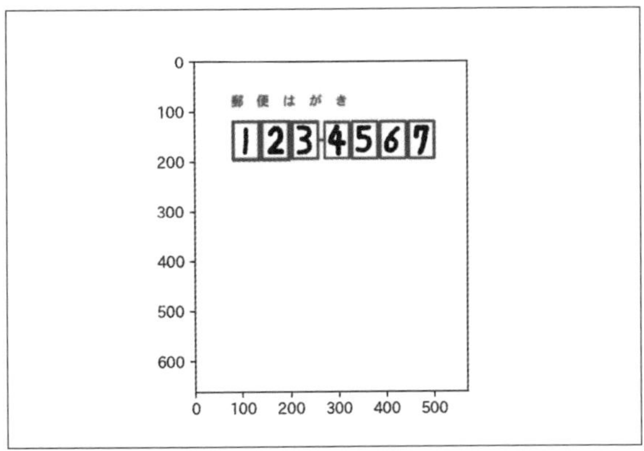

▲ 郵便番号の領域を抽出したところ

プログラムを確認してみましょう。プログラムの (※ 1) の部分では、はがき画像の上半分かつ右側 3 分の 2 の範囲を抽出します。というのも、郵便番号ははがきの右上に位置していることがわかっています。画像すべてに対して輪郭抽出を行うと、切手や左下の枠など不要なゴミ領域を拾ってしまいます。そこで、最初からだいたいの位置に見当をつけて、必要な領域を抽出します。

プログラムの (※ 2) の部分では、画像を二値化します。先ほど紹介したように、グレースケール→ぼかし処理→二値化の処理を行います。

続いて、(※ 3) の部分では、輪郭を抽出します。

(※ 4) の部分では、抽出した輪郭を単純な [X, Y, 幅 , 高さ] のリストに変換します。その際、(※ 5) の部分のように、大きすぎたり小さすぎたりする領域を除去します。

(※ 6) の部分では、抽出した領域を X 方向にソートします。これによって、左側から順に領域を取得できます。ここまでの部分で、基本的な輪郭が抽出できますが、抽出したデータを見ると、郵便番号の枠線の外側と内側で別の輪郭として抽出している部分がありました。そこで、(※ 7) の部分では、重複している輪郭を除去します。

そして最後に、(※ 8) の部分で、緑色の枠を描画します。

抽出した数字画像を判定しよう

ここまでの部分で領域を抽出できたので、数字を読み取りましょう。この部分は、前節で紹介した手書き数字の判定がそのまま利用できます。前節で作成した手書き数字判定モデルの「digits.pkl」(P.146) を使って判定を行います。

前回のプログラム「detect_zip.py」はPythonのモジュールとして使えるようにも作ってありますので、これをモジュールとして保存した上で、以下のプログラムを実行してみましょう。

▼ predict_zip.py

```
from detect_zip import *
import matplotlib.pyplot as plt

# 学習済み手書き数字のデータを読み込む
with open("digits.pkl", "rb") as fp:
    clf = pickle.load(fp)

# 画像から領域を読み込む
cnts, img = detect_zipno("hagaki1.png")

# 読み込んだデータをプロット
for i, pt in enumerate(cnts):
    x, y, w, h = pt
    # 枠線の輪郭分だけ小さくする
    x += 8
    y += 8
    w -= 16
    h -= 16
    # 画像データを取り出す
    im2 = img[y:y+h, x:x+w]
    # データを学習済みデータに合わせる
    im2gray = cv2.cvtColor(im2, cv2.COLOR_BGR2GRAY) # グレースケールに変換
    im2gray = cv2.resize(im2gray, (8, 8)) # リサイズ
    im2gray = 15 - im2gray // 16 # 白黒反転
    im2gray = im2gray.reshape((-1, 64)) # 一次元に変換
    # データ予測する
    res = clf.predict(im2gray)
    # 画面に出力
    plt.subplot(1, 7, i + 1)
    plt.imshow(im2)
    plt.axis("off")
    plt.title(str(res))

plt.show()
```

すると、以下のように表示されます。郵便番号の該当する部分を抽出し、それを手書き文字判定して数字の上に判定した数字を書き込んでいます。

[1] [2] [3] [4] [5] [4] [7]
1234567

▲ 数字の抽出と予測を行ったところ

どうでしょうか。残念ながら6の判定に失敗していますが、だいたい正確に判定できました。6/7=0.8671……で正解していることになります。チューニングすれば、さらに精度を向上させることができますが、本節では郵便番号領域を抽出するのが目的ですので、ここまでにしておきましょう。

ところで、なぜ判定に失敗するのでしょうか。前節の手書き数字の判定の部分に書いたように、数字の学習に使った学習データが少ないことと、文字が大きすぎたり小さすぎたり、また太すぎたり細すぎたり、左右に寄っていたりといった問題が考えられます。

改良のヒント

ここでは、基本的な輪郭抽出の手法について紹介しました。今回見たように、はがきの郵便番号など、一定のフォーマットに沿ったデータであれば、画像から特定の領域を抽出できます。また、ここでは試していませんが、はがきの郵便番号であれば、枠線が赤色であることが多いので、赤色の線だけを残し、その部分だけを抽出すると、より精度が高くなることでしょう。

また、数字の判定に5章のディープラーニングを使うなら、より高い精度を出すことができます。5章の手書き数字の判定（P.298）を参考にしてプログラムを改良すれば、高い精度で判定を行うことができます。

応用のヒント

ここで紹介した輪郭抽出を行えば、画像のなかにある特定の部分を取り出せます。テストの答案用紙の自動採点をしたり、レシートに書かれている価格情報を取り出すなど、さまざまな用途に応用できるでしょう。

この節のまとめ

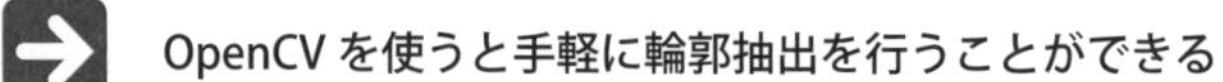

- OpenCV を使うと手軽に輪郭抽出を行うことができる
- 輪郭抽出するには、前処理としてグレースケールに変換し、ぼかし処理を行い、白黒二値化処理を行う
- はがきの郵便番号など、一定のフォーマットがある画像データであれば、場所やサイズの見当をつけて正確な領域を抽出できる

3-5 動画解析 - 動画から熱帯魚が映った場面を検出しよう

画像の次は動画を扱ってみましょう。動画といっても連続する静止画ですので、基本的には画像処理と似ています。ここでは、OpenCV で Web カメラを扱う方法を確認してみましょう。

利用する技術（キーワード）

- OpenCV
- 顔検出
- ライブカメラ/Webカメラ

この技術をどんな場面で利用するのか

- 動画の解析
- 監視カメラ

動画の解析について

OpenCV を使えば、Web カメラからの入力も手軽に行うことができます。そのため、監視カメラを作ったり、道路を横切る車の数を数えたりと、リアルタイムに画像処理を行うことができます。

本節のプログラムを実行する場合は、PC の内蔵カメラ（あるいは USB 接続のカメラ）を接続した PC で実行する必要があります。OpenCV は Raspberry Pi など IoT 機器にもインストール可能で、それらの機器で動画を連続キャプチャー可能なので、ぜひ実機で実行してみてください。

Web カメラの画像をリアルタイムに表示しよう

以下のプログラムは、OpenCV でカメラの映像を取得し、PC のディスプレイに表示するだけのサンプルで、Jupyter Notebook ではなく、コマンドラインから実行します。なお、PC の Web カメラにアクセスしますので、カメラのある機器で試してください。Raspberry Pi などの IoT 機器でも動かすことができます。

▼ camera-sample.py

```
import cv2
import numpy as np

# Web カメラから入力を開始 --- (※ 1)
cap = cv2.VideoCapture(0)
while True:
    # カメラの画像を読み込む --- (※ 2)
    _, frame = cap.read()
    # 画像を縮小表示する --- (※ 3)
    frame = cv2.resize(frame, (500,300))
    # ウィンドウに画像を出力 --- (※ 4)
    cv2.imshow('OpenCV Web Camera', frame)
    # ESC か Enter キーが押されたらループを抜ける
    k = cv2.waitKey(1) # 1msec 確認
    if k == 27 or k == 13: break

cap.release() # カメラを解放
cv2.destroyAllWindows() # ウィンドウを破棄
```

コマンドラインで、プログラムのあるディレクトリーを開き、以下のコマンドを実行します。

```
python camera-sample.py
```

すると、ウィンドウが起動し、そこに Web カメラの画像がリアルタイムに映し出されます。ESC キーか Enter キーを押すとプログラムを終了します。

▲ PC の Web カメラの画像が取得できます

プログラムを確認してみます。(※1)の部分では、VideoCapture(0)で標準のWebカメラを利用する準備をします。このプログラムでは、繰り返し画像を読み込むことで、動画をウィンドウに出力します。

プログラムの(※2)の部分で、read()メソッドで画像を読み出します。ここでは、それほど大きな画像は必要ないので、(※3)の部分で、resize()関数を使って画像を縮小表示します。

(※4)の部分で、imshow()関数を利用して、ウィンドウに画像を出力します。その後、waitKey()関数でそのとき押されているキーを取得し、ESCかEnterキーが押されていれば、ループを終了します。

カメラ画像から赤色成分だけを表示してみよう

Webカメラから取得した画像は、これまでの画像処理と同じく、NumPyの配列形式(ndarray)の画像データとなっています。そのため、画像をリアルタイムに解析して処理することが可能です。ここでは画像データから、青色成分と緑色成分をカットして、カメラに写った赤色の部分だけを画面に出力するようにしてみましょう。

プログラムは以下のようになります。

▼ red_camera.py

```
import cv2
import numpy as np

# Webカメラから入力を開始
cap = cv2.VideoCapture(0)
while True:
    # 画像を取得
    _, frame = cap.read()
    # 画像を縮小表示
    frame = cv2.resize(frame, (500,300))
    # 青色と緑色の成分を0に (NumPyのインデックスを利用)---(※1)
    frame[:, :, 0] = 0 # 青色要素を0
    frame[:, :, 1] = 0 # 緑色要素を0
    # ウィンドウに画像を出力
    cv2.imshow('RED Camera', frame)
    # Enterキーが押されたらループを抜ける
    if cv2.waitKey(1) == 13: break

cap.release() # カメラを解放
cv2.destroyAllWindows() # ウィンドウを破棄
```

コマンドラインから実行すると、この紙面ではわかりませんが、真っ赤なカメラ画像が表示されます。Enterキーを押すとプログラムを終了します。

▲ カメラ画像で赤色成分だけを表示したところ（色はプログラムで確認してください）

プログラムのポイントは、(※ 1) の部分です。NumPy のインデックス機能を利用して、すべての画素で青色要素と緑色要素の成分を 0 に設定します。これにより、RGB の R(赤色) の値のみ画像に表示しています。こうした NumPy のインデックスを利用した画素の操作は高速です。

HSV 色空間を利用した色の検出

しかし、これだと赤い部分だけ表示しているという感じはあまりありません。そこで、赤色の部分だけを抽出して表示するようにしてみましょう。そのためには、HSV 色空間を使うと良いでしょう。HSV 色空間では、色相 (hue)・彩度 (saturation)・明度 (value brightness) の 3 つのパラメーターで色を表現する方式です。RGB 色空間は、赤緑青の原色による色の組み合わせで色を表現しますので、色の変化がイメージしにくいものです。しかし HSV 色空間では、彩度や明度を用いて色を調整するので、感覚的に色を指定できます。色相は 360 度の円形で、右回りに赤→緑→青→赤のように色の円で表現します。

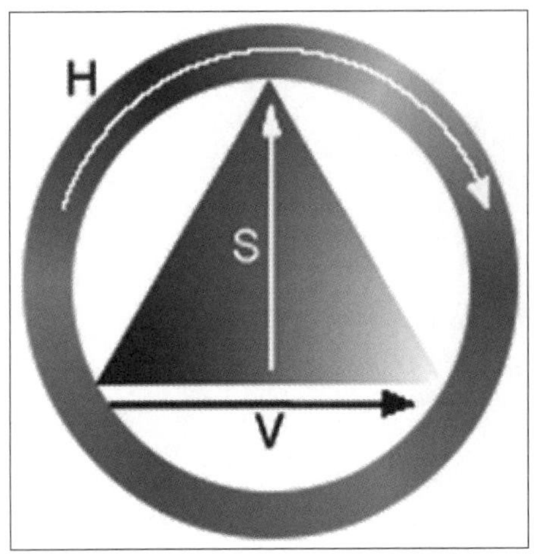

▲ HSV 色空間 - Wikipedia より

以下のプログラムは、色相で赤色っぽい部分を取り出して白色で表示するプログラムです。

▼ red_camera_hsv.py

```
import cv2
import numpy as np

# Webカメラから入力を開始
cap = cv2.VideoCapture(0)
while True:
    # 画像を取得して縮小する
    _, frame = cap.read()
    frame = cv2.resize(frame, (500,300))
    # 色空間をHSVに変換 --- (※1)
    hsv = cv2.cvtColor(frame, cv2.COLOR_BGR2HSV_FULL)
    # HSVを分割する --- (※2)
    h = hsv[:, :, 0]
    s = hsv[:, :, 1]
    v = hsv[:, :, 2]
    # 赤色っぽい色を持つ画素だけを抽出 --- (※3)
    img = np.zeros(h.shape, dtype=np.uint8)
    img[((h < 50)(h > 200)) & (s > 100)] = 255
    # ウィンドウに画像を出力 --- (※4)
    cv2.imshow('RED Camera', img)
    if cv2.waitKey(1) == 13: break

cap.release() # カメラを解放
cv2.destroyAllWindows() # ウィンドウを破棄
```

プログラムをコマンドラインから実行すると、以下のように表示されます。

▲ 赤っぽいところを白く表示してみたところ

プログラムを見てみましょう。(※ 1) の部分で色空間を HSV に変換し、(※ 2) の部分で h/s/v の各要素に分割します。そして、(※ 3) の部分で赤っぽい色を持つ画素を白 (255) で塗りつぶします。そして、塗りつぶした画像を (※ 4) でウィンドウに表示します。

プログラムの (※ 3) の部分で、パラメーターを調整することで、特定の色を持つ領域を選別できます。

このように、カメラ画像をリアルタイムに解析して、出力結果を自由にカスタマイズすることもできます。ヒントとしては、前節の輪郭抽出のテクニックと組み合わせるなら、赤っぽい部分だけを輪郭抽出することが可能となります。

画面に動きがあった部分を検出しよう

動画は複数画像の連続です。そのため、各フレームの差分を調べることで、画面に起きた変化を検出できます。画像の差分を調べるには、cv2.absdiff() 関数を利用します。プログラムを見てみましょう。

▼ diff_camera.py

```
import cv2

cap = cv2.VideoCapture(0)
img_last = None # 前回の画像を記憶する変数 --- (※1)
green = (0, 255, 0)

while True:
    # 画像を取得
    _, frame = cap.read()
    frame = cv2.resize(frame, (500, 300))
    # 白黒画像に変換 --- (※2)
    gray = cv2.cvtColor(frame, cv2.COLOR_BGR2GRAY)
```

```
    gray = cv2.GaussianBlur(gray, (9, 9), 0)
    img_b = cv2.threshold(gray, 100, 255, cv2.THRESH_BINARY)[1]
    # 差分を確認する
    if img_last is None:
        img_last = img_b
        continue
    frame_diff = cv2.absdiff(img_last, img_b) # 画像ごとの差分を調べる --- (※3)
    cnts = cv2.findContours(frame_diff,
            cv2.RETR_EXTERNAL,
            cv2.CHAIN_APPROX_SIMPLE)[0]
    # 差分があった点を画面に描く --- (※4)
    for pt in cnts:
        x, y, w, h = cv2.boundingRect(pt)
        if w < 30: continue # 小さな変更点は無視
        cv2.rectangle(frame, (x, y), (x+w, y+h), green, 2)
    # 今回のフレームを保存 --- (※5)
    img_last = img_b
    # 画面に表示
    cv2.imshow("Diff Camera", frame)
    cv2.imshow("diff data", frame_diff)
    if cv2.waitKey(1) == 13: break
cap.release()
cv2.destroyAllWindows()
```

コマンドラインから実行すると、以下のように動きのあった部分を検出し、緑色の四角で囲って表示します。以下の画像は、カメラにぬいぐるみを写し、左右に動かしたところです。

▲ ぬいぐるみをカメラの前で左右に動かしたところ

画面で動きがあった部分を検出する

▲ 動きがある部分を緑の四角で囲む

プログラムを確認してみましょう。プログラムの(※1)の部分で変数img_lastを初期化しています。この変数に１つ前の画像を記録しておきます。

(※2)の部分では、比較をしやすくするために白黒画像に変換しておきます。その際、グレースケールに変換して、ぼかし処理をかけた上で白黒二値化しておきます。

(※3)の部分では、cv2.absdiff()関数で画像ごとの差分を調べます。

(※4)の部分では、cv2.findContours()関数で輪郭抽出した結果に緑色の長方形を描画します。

そして、最後(※5)の部分で、変数img_lastに画像を記録します。

以下は、cv2.absdiff()関数の結果を表示したものですが、動きがあった部分が濃い白い線で表示されるのがわかります。

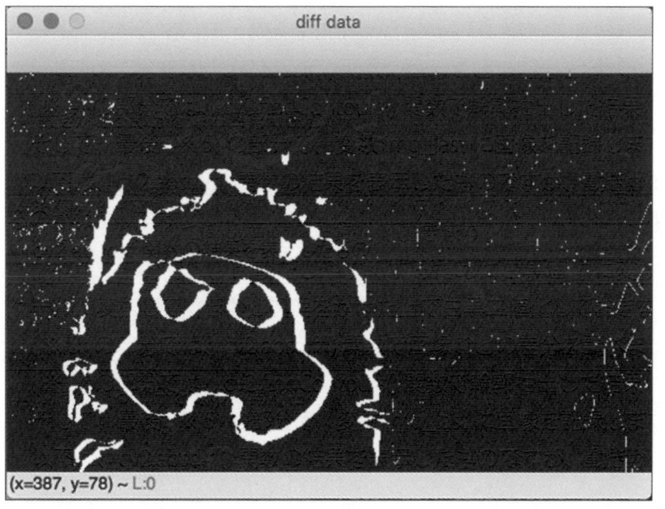

▲ cv2.absdiff関数の結果を表示したもの

また、監視カメラのような用途では、画面に大きな動きがあったときに、画像を保存し、そこに何が映っているかを判定できます。顔検出などと組み合わせれば、訪問者の顔を検出して保存しておいて、機械学習で誰が来たのか判定するという用途にも使えるでしょう。

動画ファイルの書き出し

OpenCV で入力した画像を連続して書き込むことで、動画ファイルを作成することが可能です。以下は、Web カメラで入力した動画を記録するプログラムです。

▼ save-video.py

```
import cv2
import numpy as np

# カメラからの入力を開始
cap = cv2.VideoCapture(0)
# 動画書き出し用のオブジェクトを生成
fmt = cv2.VideoWriter_fourcc('m','p','4','v')
fps = 20.0
size = (640, 360)
writer = cv2.VideoWriter('test.m4v', fmt, fps, size) # --- (※1)

while True:
    _, frame = cap.read() # 動画を入力
    # 画像を縮小
    frame = cv2.resize(frame, size)
    # 画像を出力 --- (※2)
    writer.write(frame)
    # ウィンドウ上にも表示
    cv2.imshow('frame', frame)
    # Enter キーが押されたらループを抜ける
    if cv2.waitKey(1) == 13: break

writer.release()
cap.release()
cv2.destroyAllWindows() # ウィンドウを破棄
```

コマンドラインからプログラムを実行すると記録が開始されます。そして、Enter キーを押すと録画を停止し、プログラムが終了します。

▲ 録画した動画を再生しているところ

プログラムを確認してみましょう。プログラムの (※ 1) では、cv2.VideoWriter で動画書き出し用のオブジェクトを得ます。第 1 引数にはファイル名、第 2 引数の fmt には動画の書き出しフォーマットを指定します。ここでは、MPEG-4 Video を表す 4 文字の動画コーデック (mp4v) を 1 文字ずつ指定しています。第 3 引数は FPS(1 秒間のフレーム数) を、第 4 引数は動画の画面サイズを指定します。

そして、プログラムの (※ 2) の部分にあるように、繰り返し write() メソッドを使って書き出す画像を指定します。

動画から熱帯魚が映った場面を抽出しよう

ここまでの部分で、動画の基本的な処理方法を紹介しました。応用編として、海のなかを撮影した動画の中から、熱帯魚が映っている場面を抽出するプログラムを作ってみましょう。本書のサンプルプログラムに「fish.mp4」という動画ファイルがあるので、これを使ってみましょう。

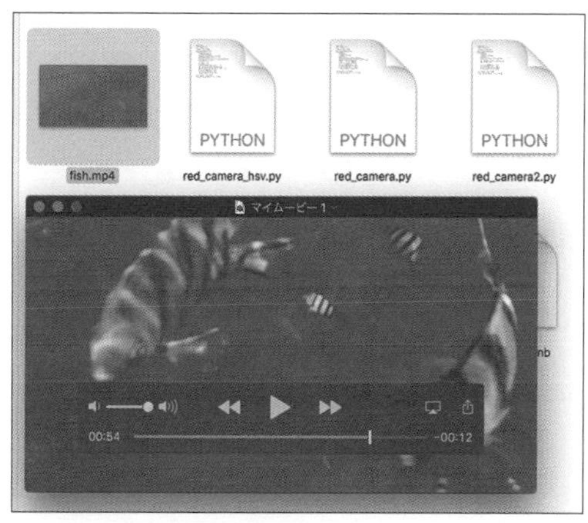

▲ 海のなかを撮影した動画

熱帯魚は右へ左へと動き回るので、先ほど試したように、cv2.absdiff() 関数を使って前のフレームとの差分を取れば、動いている部分、つまり、熱帯魚の可能性がある部分を抽出できます。

以下のプログラムを実行すると、動画の各フレームを調べ、動きがあった部分を <exfish> というディレクトリーに抽出して JPEG 画像として保存します。

▼ fishvideo_extract_diff.py

```
import cv2, os

img_last = None # 前回の画像
no = 0 # 画像の枚数
save_dir = "./exfish" # 保存ディレクトリー名
os.mkdir(save_dir) # ディレクトリーを作成

# 動画ファイルから入力を開始 --- (※1)
cap = cv2.VideoCapture("fish.mp4")
while True:
    # 画像を取得
    is_ok, frame = cap.read()
    if not is_ok: break
    frame = cv2.resize(frame, (640, 360))
    # 白黒画像に変換 --- (※2)
    gray = cv2.cvtColor(frame, cv2.COLOR_BGR2GRAY)
    gray = cv2.GaussianBlur(gray, (15, 15), 0)
    img_b = cv2.threshold(gray, 127, 255, cv2.THRESH_BINARY)[1]
    # 差分を確認する
    if not img_last is None:
        frame_diff = cv2.absdiff(img_last, img_b) # --- (※3)
        cnts = cv2.findContours(frame_diff,
            cv2.RETR_EXTERNAL,
            cv2.CHAIN_APPROX_SIMPLE)[0]
        # 差分があった領域をファイルに出力 --- (※4)
        for pt in cnts:
            x, y, w, h = cv2.boundingRect(pt)
            if w < 100 or w > 500: continue # ノイズを除去
            # 抽出した領域を画像として保存
            imgex = frame[y:y+h, x:x+w]
            outfile = save_dir + "/" + str(no) + ".jpg"
            cv2.imwrite(outfile, imgex)
            no += 1
    img_last = img_b
cap.release()
print("ok")
```

抽出した画像は、以下のようになります。狙い通り、熱帯魚の画像をたくさん抽出します。ただし、抽出した画像を見ると、熱帯魚以外のたくさんの画像を抽出してしまっています。

1620.jpg 1621.jpg 1622.jpg 1623.jpg 1624.jpg 1625.jpg
1626.jpg 1627.jpg 1628.jpg 1629.jpg 1630.jpg 1631.jpg
1632.jpg 1633.jpg 1634.jpg 1635.jpg 1636.jpg 1637.jpg

▲ たくさんの熱帯魚を抽出できた

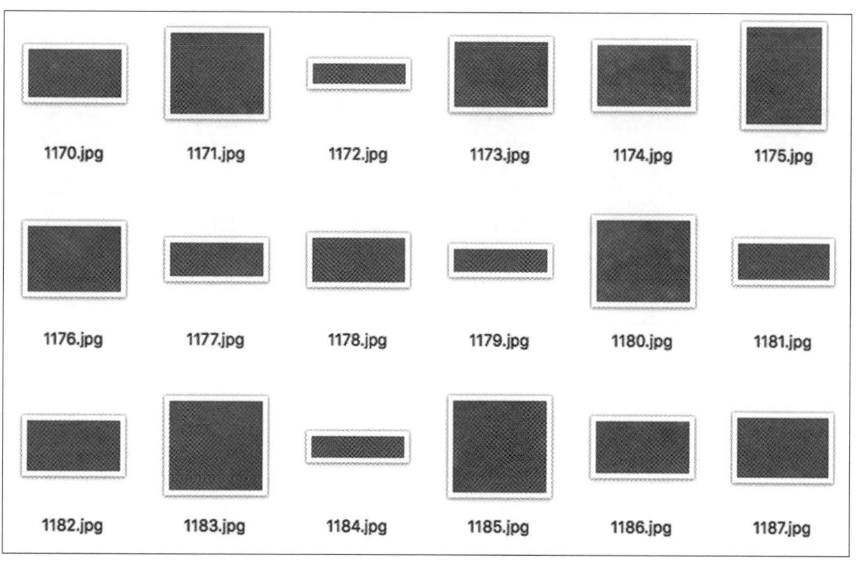

▲ ただし魚以外もたくさん抽出してしまう

熱帯魚以外何が映っているのか確認すると、海のなかを撮影した動画なので、魚以外にも水泡や海底などが映っていました。

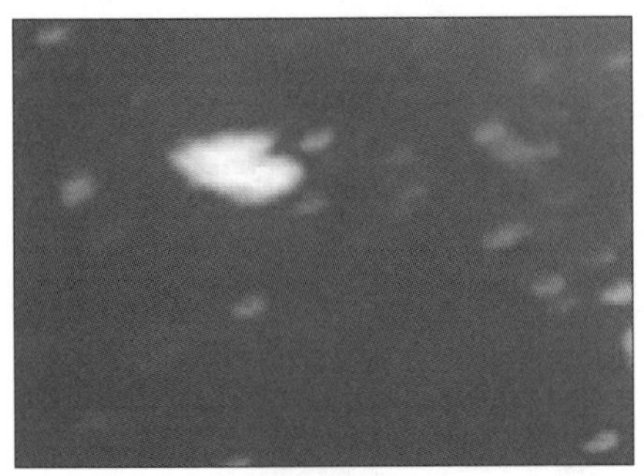

▲ 動いているが熱帯魚ではないもの

抽出結果はさておき、プログラムを確認してみましょう。プログラムの(※1)の部分では、動画ファイル「fish.mp4」から入力を行います。OpenCVでは、Webカメラだけではなく、動画ファイルから読み込んだ画像を取り出すことが可能です。これまで、VideoCapture()の引数には0を与えてきましたが、ここに動画ファイルのファイル名を指定することで、カメラではなく動画ファイルから入力を得ることができます。

続いて(※2)の部分では、画像を白黒画像に変換します。

(※3)の部分では、前回のフレームとの差分を抽出します。

(※4)の部分で、変化のあった領域をJPEG画像として保存します。

機械学習で動画に熱帯魚が映っているベストな場面を見つけよう

関係ない画像を1から10まで手作業で分けるのはたいへんです。そこで、先ほど動画から取り出した画像で、熱帯魚が映っていたものと映っていないものを300枚ほど手動で振り分けておいて、機械学習にかけてみましょう。これによって、動画にたくさん熱帯魚が映っている1枚、つまり、ベストな画像を取り出すことができます。

熱帯魚を学習させよう

まずは、学習用の画像を準備しましょう。熱帯魚の画像を150枚と、映っていなかった画像を150枚をディレクトリーに振り分けましょう。先ほど、動画から取り出した画像が<exfish>ディレクトリーに保存されています。この画像を振り分けて、魚が映っている画像を<fish>ディレクトリーに、魚が映っていない画像を<nofish>ディレクトリーに保存しましょう。

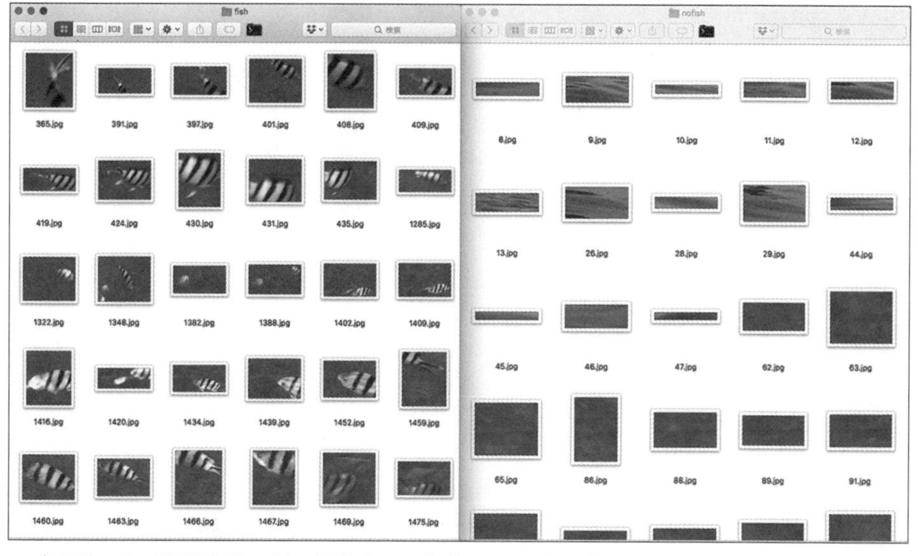

▲ 魚の映っている画像と映ってない画像を145枚ずつフォルダーに振り分けたところ

保存したら、以下のプログラムを実行して、画像を学習させます。Jupyter Notebookで実行する場合は、Jupyterの実行ディレクトリーに、fish/nofishディレクトリーを配置してください。

▼ fish_train.py

```
import cv2
import os, glob, pickle
from sklearn.model_selection import train_test_split
from sklearn import datasets, metrics
from sklearn.ensemble import RandomForestClassifier
from sklearn.metrics import accuracy_score

# 画像の学習サイズやパスを指定
image_size = (64, 32)
path = os.path.dirname(os.path.abspath(__file__))
path_fish = path + '/fish'
path_nofish = path + '/nofish'
x = [] # 画像データ
y = [] # ラベルデータ

# 画像データを読み込んで配列に追加 --- (※1)
def read_dir(path, label):
    files = glob.glob(path + "/*.jpg")
    for f in files:
        img = cv2.imread(f)
        img = cv2.resize(img, image_size)
        img_data = img.reshape(-1, ) # 一次元に展開
        x.append(img_data)
        y.append(label)
```

```
# 画像データを読み込む
read_dir(path_nofish, 0)
read_dir(path_fish, 1)

# データを学習用とテスト用に分割する --- (※2)
x_train, x_test, y_train, y_test = train_test_split(x, y, test_size=0.2)

# データを学習 --- (※3)
clf = RandomForestClassifier()
clf.fit(x_train, y_train)

# 精度の確認 --- (※4)
y_pred = clf.predict(x_test)
print(accuracy_score(y_test, y_pred))

# データを保存 --- (※5)
with open("fish.pkl", "wb") as fp:
    pickle.dump(clf, fp)
```

プログラムを実行してみましょう。すると、魚の映っている画像と、映っていない画像を学習し、分類精度を表示します。また、学習済みデータを「fish.pkl」という名前で保存します。以下は、コマンドラインから実行したところですが、0.93...（93%）と比較的良い数値を得ることができました。

```
$ python fish_train.py
0.931034482759
```

プログラムを確認してみましょう。プログラムの(※1)では画像データを読み込んで配列に追加する関数read_dir()を定義します。ここでは、指定されたディレクトリーにあるJPEG画像をデータに追加します。画像データを読み込み、画像をリサイズして、リスト型の変数xとyに追加します。機械学習では、学習するデータは同じサイズである必要があります。そのため、今回学習対象となる画像データはさまざまなサイズですが、すべてを64×32ピクセルにリサイズしてからデータに追加します。ここで、正方形にせず64×32ピクセルとしたのは、画像データを確認し、横長の画像が多かったためです。

プログラムの(※2)では、データをシャッフルして学習用とテスト用に分割します。

(※3)ではデータを学習します。ここでは、学習アルゴリズムにランダムフォレストを利用しました。

(※4)では、学習データの精度を確認し表示します。

(※5)の部分では、学習済みデータを「fish.pkl」という名前で保存します。

動画を解析しよう

それでは、実際の動画ファイルから熱帯魚のたくさん映った場面を抽出するプログラムを作ってみましょう。このプログラムは、動画ウィンドウを表示しますので、コマンドラインから実行してみてください。プログラムが魚と判定した領域に枠を表示します。

▼ fishvideo_find.py

```
import cv2, os, copy, pickle

# 学習済みデータを取り出す
with open("fish.pkl", "rb") as fp:
    clf = pickle.load(fp)
output_dir = "./bestshot"
img_last = None # 前回の画像
fish_th = 3 # 画像を出力するかどうかのしきい値
count = 0
frame_count = 0
if not os.path.isdir(output_dir): os.mkdir(output_dir)

# 動画ファイルから入力を開始 --- (※1)
cap = cv2.VideoCapture("fish.mp4")
while True:
    # 画像を取得
    is_ok, frame = cap.read()
    if not is_ok: break
    frame = cv2.resize(frame, (640, 360))
    frame2 = copy.copy(frame)
    frame_count += 1
    # 前フレームと比較するために白黒に変換 --- (※2)
    gray = cv2.cvtColor(frame, cv2.COLOR_BGR2GRAY)
    gray = cv2.GaussianBlur(gray, (15, 15), 0)
    img_b = cv2.threshold(gray, 127, 255, cv2.THRESH_BINARY)[1]
    if not img_last is None:
        # 差分を得る
        frame_diff = cv2.absdiff(img_last, img_b)
        cnts = cv2.findContours(frame_diff,
            cv2.RETR_EXTERNAL,
            cv2.CHAIN_APPROX_SIMPLE)[0]
        # 差分領域に魚が映っているか調べる
        fish_count = 0
        for pt in cnts:
            x, y, w, h = cv2.boundingRect(pt)
            if w < 100 or w > 500: continue # ノイズを除去
            # 抽出した領域に魚が映っているか確認 --- (※3)
            imgex = frame[y:y+h, x:x+w]
            imagex = cv2.resize(imgex, (64, 32))
            image_data = imagex.reshape(-1, )
            pred_y = clf.predict([image_data]) # --- (※4)
            if pred_y[0] == 1:
                fish_count += 1
                cv2.rectangle(frame2, (x, y), (x+w, y+h), (0,255,0), 2)
```

```
        # 魚が映っているか？ --- (※5)
        if fish_count > fish_th:
            fname = output_dir + "/fish" + str(count) + ".jpg"
            cv2.imwrite(fname, frame)
            count += 1
    cv2.imshow('FISH!', frame2)
    if cv2.waitKey(1) == 13: break
    img_last = img_b
cap.release()
cv2.destroyAllWindows()
print("ok", count, "/", frame_count)
```

プログラムを実行すると <bestshot> というディレクトリーが作成され、そこに熱帯魚がたくさん映った場面が保存されます。

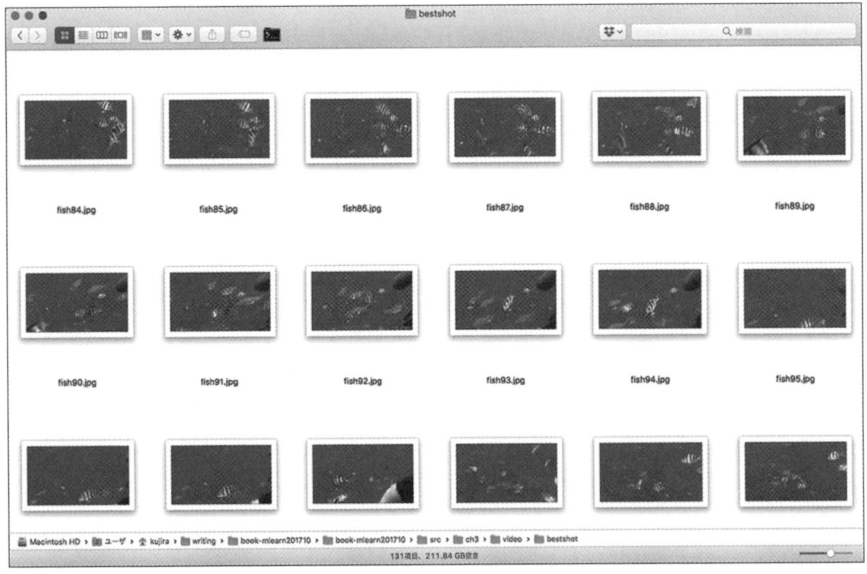

▲ 熱帯魚がたくさん映った場面を保存したところ

実行してみるとわかりますが、場面によっては熱帯魚と海底の岩を誤判定するものもあります。しかし、ある程度は熱帯魚を判定して、取り出せていると感じるのではないでしょうか。サンプルとして用意した動画は、1分ほどの短い動画ですが、画像枚数にすると1990枚にもなります。もし、これが30分にもおよぶ動画であれば、6万枚近い画像を確認しなければなりません。ですから、機械学習を利用して、魚がたくさん映っている画像を自動で判定できれば、画像を目視するという労力を大きく削減できます。

さて、プログラムを確認してみましょう。プログラムの (※ 1) の部分では、動画ファイルから入力を得るように指定します。

(※ 2) 以降の部分では、前回のフレームと今回のフレームを比較するための処理を行います。詳しくは、1 つ前のプログラムの解説を確認してください。

(※ 3) の部分では、差分領域を抽出し、1 つずつの領域に対して、熱帯魚が映っているかどうかを機械学習で判定します。魚が映っていたと判定されると、その領域に緑色で長方形を描画します。

(※ 4) の部分では、画像データを与えて、魚が映っているかどうかを判定します。

そして、(※ 5) の部分で、魚がしきい値 (3 匹) 以上映り込んでいたと判定されると、ディレクトリー <bestshot> に画像を保存します。

改良のヒント

ここでは、海の中の動画に対して、熱帯魚が映っているかどうかを判定してみました。熱帯魚は動き回るため、動画の差分を確認する方法で領域を抽出し、その上でさらに機械学習を適用して、魚が映っているかどうかを調べました。本節では差分で領域を抽出しましたが、人の顔だったり、特定の色を持つ物体など特徴があれば、差分を出す必要はないので、フレームそのものに対して、抽出処理を行うこともできるでしょう。

応用のヒント

保存した動画ではなく、Web カメラでもリアルタイムに処理できるので、監視カメラや工場ラインの監視など、さまざまな場面で応用できるでしょう。

 column

OpenCV と NumPy について

OpenCV で画像を読み込む関数 imread() では、読み込んだ画像データは、数値演算ライブラリー「NumPy」の配列形式 (ndarray 型) となります。改めて紹介するまでもなく、NumPy というのは、強力な数値計算ライブラリーです。NumPy を使えば、多次元の配列を手軽に操作できます。さらに、OpenCV はさまざまなプログラミング言語で利用できるので、NumPy と一緒に使えば強力な OpenCV の機能を使えるだけでなく、NumPy による強力な行列演算機能も使うことができるのです。まさに、鬼に金棒です。そこで、OpenCV と NumPy を上手に連携させて使う方法を、改めてまとめてみます。

●読み込んだ画像は NumPy で操作可能

本文中でも紹介しましたが、OpenCV の imread() 関数で画像データを読み込むと、imread() 関数の戻り値は numpy.ndarray 型となります。
Jupyter Notebook で試してみましょう。

```
import cv2
img = cv2.imread("test.png")
print(type(img))
```

プログラムを実行すると、以下のように表示されます。つまり、imread() 関数で読み込んだ画像は、NumPy の各種機能を利用してフィルター処理できます。

```
<class 'numpy.ndarray'>
```

●ネガポジ反転してみよう

NumPy によるフィルター処理の例として、画像をネガポジ反転するプログラムを作ってみましょう。OpenCV+Python の威力を実感できます。

▼ negaposi.py

```
import matplotlib.pyplot as plt
import cv2

# 画像を読み込む
img = cv2.imread("test.jpg")
# ネガポジ反転
img = 255 - img
# 画像を表示
plt.imshow(cv2.cvtColor(img, cv2.COLOR_BGR2RGB))
plt.show()
```

以下がプログラムを実行したところです。ネガポジ反転する処理は、なんと 1 行で「img= 255 -img」と書くだけです。と言うのも、各ピクセル値は青緑赤で表されますが、各要素が 0 から 255 までの数値で表されます。NumPy を使えばそのすべての要素に対して、演算を行うことができるのです。

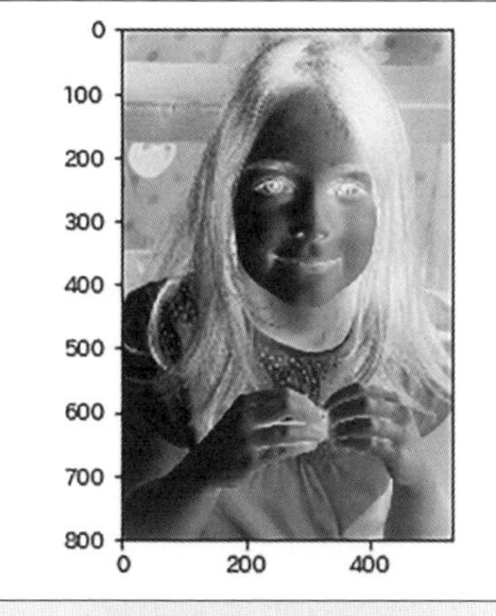

▲ ネガポジ反転して表示したところ

●グレースケールに変換しよう

機械学習を実践する際に、色情報を落としてグレースケールで処理したいという場合もよくあります。画像をグレースケールに変換する場合も、cv2.cvtColor() 関数を利用します。以下のプログラムは、カラー画像をグレースケールに変換して表示します。

▼ gray.py

```
import matplotlib.pyplot as plt
import cv2

# 画像を読み込む
img = cv2.imread("test.jpg")
# 色空間をグレースケールに変換
img = cv2.cvtColor(img, cv2.COLOR_BGR2GRAY)

# 画像を表示
plt.imshow(img, cmap="gray")
plt.axis("off")
plt.show()
```

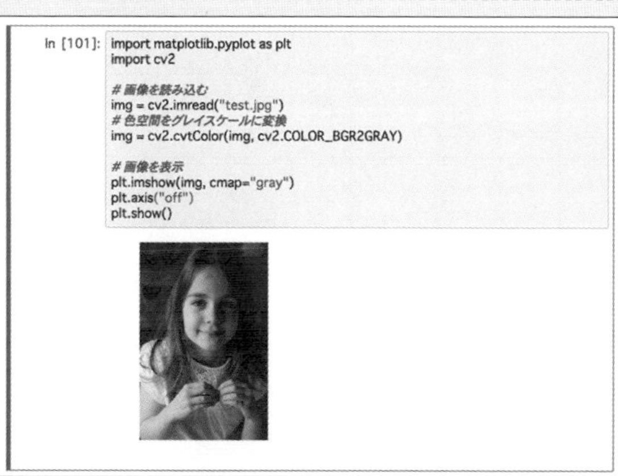

▲ 画像をグレースケールに変換して表示したところ

色空間の変換を行う cv2.cvtColor() 関数の第 2 引数には、以下のパラメーターを指定できます。なお、OpenCV は 150 種類以上の色空間の変換を用意しています。以下に、よく使う定数を表にまとめてみました。

定数	効果
cv2.COLOR_BGR2GRAY	BGR カラー画像をグレースケールに変換
cv2.COLOR_RGB2BGR	RGB カラー画像を BGR カラー画像に変換
cv2.COLOR_BGR2YCrCb	BGR カラー画像を YCrCb に変換
cv2.COLOR_BGR2HS	BGR カラー画像を HSV に変換

なお、すべての定数を列挙したいときは、Jupyter Notebook で、以下のプログラムを実行すれば全定数を列挙して表示できます。

```
import cv2
[i for i in dir(cv2) if i.startswith('COLOR_')]
```

```
In [104]: import cv2
          [i for i in dir(cv2) if i.startswith('COLOR_')]

Out[104]: ['COLOR_BAYER_BG2BGR',
           'COLOR_BAYER_BG2BGRA',
           'COLOR_BAYER_BG2BGR_EA',
           'COLOR_BAYER_BG2BGR_VNG',
           'COLOR_BAYER_BG2GRAY',
           'COLOR_BAYER_BG2RGB',
           'COLOR_BAYER_BG2RGBA',
           'COLOR_BAYER_BG2RGB_EA',
           'COLOR_BAYER_BG2RGB_VNG',
           'COLOR_BAYER_GB2BGR',
           'COLOR_BAYER_GB2BGRA',
           'COLOR_BAYER_GB2BGR_EA',
           'COLOR_BAYER_GB2BGR_VNG',
           'COLOR_BAYER_GB2GRAY',
           'COLOR_BAYER_GB2RGB',
           'COLOR_BAYER_GB2RGBA',
           'COLOR_BAYER_GB2RGB_EA',
           'COLOR_BAYER_GB2RGB_VNG',
           'COLOR_BAYER_GR2BGR',
```

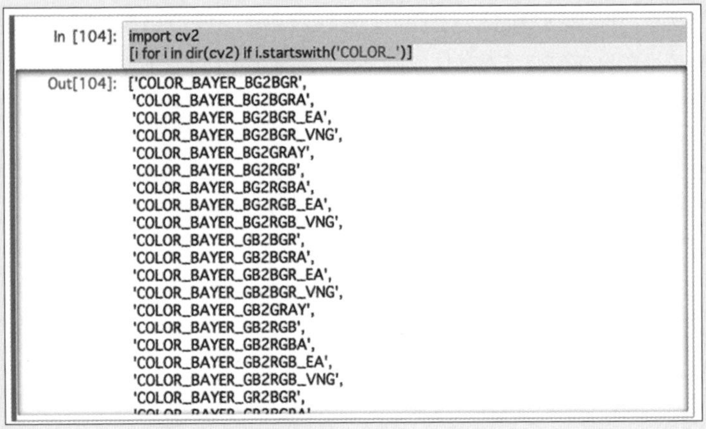

▲ すべてのカラー定数を列挙したところ

画像の反転回転処理について

OpenCV にはさまざまなフィルターが用意されています。フィルターをうまく使えば、効率的に画像処理を行うことができます。また、画像の反転や回転も可能です。ここでは機械学習で必要になりそうな反転・回転の方法についてまとめてみました。

後ほど詳しく紹介しますが、機械学習は学習データを割り増しすることで、精度を高めることができるので、これらの処理はとくに重要になります。

●左右反転と上下反転

「cv2.flip()」を利用すると画像の左右反転、上下反転を行うことができます。

```
import matplotlib.pyplot as plt
import cv2
# 画像を読み込む
img = cv2.imread("test.jpg")
# 元画像を左側に表示
plt.subplot(1, 2, 1)
plt.imshow(cv2.cvtColor(img, cv2.COLOR_BGR2RGB))
# 画像を左右反転
plt.subplot(1, 2, 2)
img2 = cv2.flip(img, 1)
plt.imshow(cv2.cvtColor(img2, cv2.COLOR_BGR2RGB))
plt.show()
```

Jupyter Notebook で実行すると、以下のように表示されます。

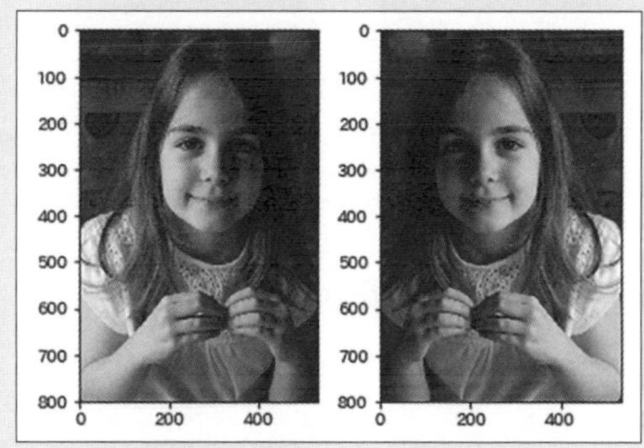

▲ 左右反転をしてみたところ

cv2.flip() は以下のように行います。

[書式] 画像の反転
cv2.flip(画像データ , 反転方向)

反転方向に0を与えると上下反転、1を与えると左右反転となります。以下の画像は、反転方向に0を与えた場合の実行例です。

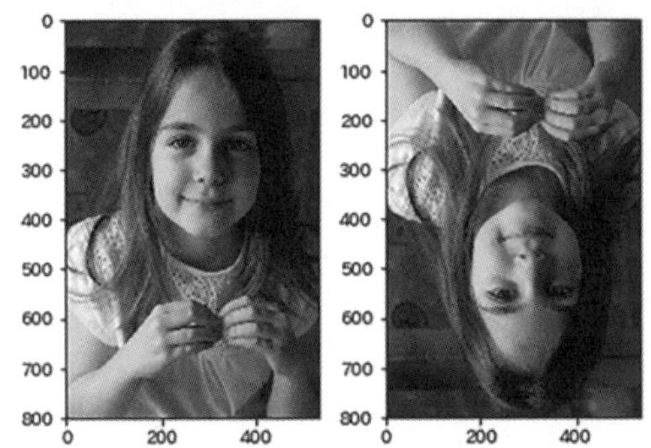

▲ 上下反転してみたところ

●画像の回転

画像の回転を行うには、いろいろなやり方があります。本文の顔検出の項では、画像の回転にscipyのndimageモジュールを利用する方法を紹介しましたが、OpenCVで画像回転を行う場合には、以下のように行います。

```
import matplotlib.pyplot as plt
import cv2
# 画像を読み込む
img = cv2.imread("test.jpg")
# 画像サイズの取得 --- (※1)
h, w, colors = img.shape
size = (w, h)
# 画像の中心位置を取得 --- (※2)
center = (w // 2, h // 2)

# 回転変換行列の取得 --- (※3)
angle = 45
scale = 1.0
matrix = cv2.getRotationMatrix2D(center, angle, scale)
# アフィン変換 --- (※4)
img2 = cv2.warpAffine(img, matrix, size)

# 元画像を左側に表示
plt.subplot(1, 2, 1)
plt.imshow(cv2.cvtColor(img, cv2.COLOR_BGR2RGB))
# 回転画像を右側に表示
plt.subplot(1, 2, 2)
plt.imshow(cv2.cvtColor(img2, cv2.COLOR_BGR2RGB))
plt.show()
```

プログラムを実行すると、以下のように反時計回りに 45 度回転した画像を表示します。

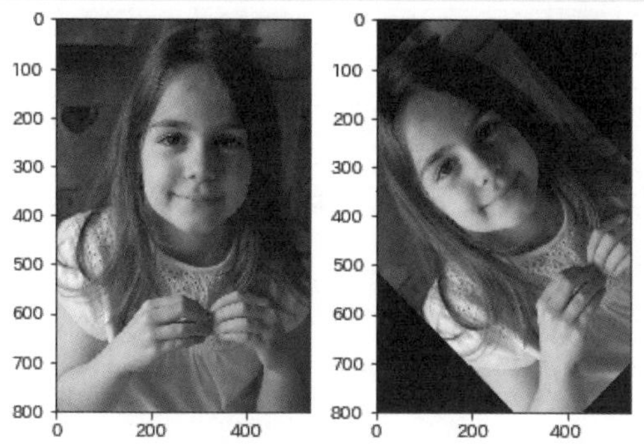

▲ 反時計回りに 45 度回転させてみたところ

●画像の回転

プログラムを見てみましょう。(※ 1) の部分では、画像サイズの取得を行います。imread() で読み込んだ nympy.ndarray 型のデータでは、shape プロパティに、タプルで (画像高さ , 画像幅 , 色の深さ) が入っています。

プログラムの (※ 2) の部分では、画像の中心位置を取得します。画像の幅と高さを 2 で割れば中心位置となります。

(※ 3) の部分では、getRotationMatrix2D() 関数を利用して二次元回転変換行列を生成し、(※ 4) の部分で warpAffine() 関数を利用して実際にアフィン回転の処理を行います。

このとき、cv2.getRotationMatrix2D() では、以下の書式で回転変換行列を取得します。

[書式] 回転変換行列を取得
```
matrix = cv2.getRotationMatrix2D( 中心点 , 回転角度 , 拡大率 )
```

中心点は (x,y) のタプル (touple) を指定し、角度には、0 度から 360 度までを指定します。拡大率は 1.0 で等倍、1.0 より大きな値を指定すると拡大されます。

この節のまとめ

- OpenCV を使うと、Web カメラからの画像をリアルタイムに処理できる
- 動画ファイルも Web カメラとほぼ同じ手順で処理できる
- 動画ではフレームの差分を確認することで、どこに動きがあったかを検出できる
- 機械学習を利用して、動画から任意の場面を検出できる

第 4 章

自然言語処理

自然言語の処理方法を学びます。世界各国の言語の判定や、日本語の文章をどのように分析したら良いのか、形態素解析とそのツールについても学びます。また、自然言語解析ライブラリーの Word2Vec などのツールの使い方や、スパム判定の方法などを紹介します。

4-1 言語判定をしてみよう

機械学習を用いた自然言語処理の始めに、言語判定を行ってみましょう。

利用する技術（キーワード）

- NaiveBayesアルゴリズム
- Unicodeのコードポイント

この技術をどんな場面で利用するのか

- 言語判定

言語判定について

「言語判定」とは、与えられた文章が何語 (日本語、英語など) で書かれているかを判定することです。この言語判定の技術は、さまざまなところで用いられています。たとえば、最近のブラウザーでは、訪問したWebサイトが英語だった場合、自動的に日本語に翻訳したページを表示してくれます。その際、英語を日本語に翻訳していますという通知を表示してくれるので翻訳されたものだとわかります。

▲ 英語の Wikipedia ページを日本語に翻訳して表示しているところ

これは、表示したWebページが英語であることを判別し、その後、翻訳機を通して英語から日本語に翻訳してくれているのです。しかし、どのようにして言語判定を行っているのでしょうか。ここでは、この言語判定を機械学習で行ってみましょう。

言語判定を機械学習で行ってみよう

一般的に、言語によって使われている文字の種類が違います。文章を見て、ひらがなと漢字が使われていれば、それが「日本語」であるとわかりますし、ハングル文字が使われていれば、韓国語であることがわかります。しかし、英語とスペイン語など、同じアルファベットの文字が使われている場合は、文字の利用頻度を確認するとそこから言語を判定できます。

たとえば、英語で一番よく使われるのは「E」でもっとも使われない文字は「Z」です。以下は、英語の文章における出現頻度をグラフにしたものです。こうした出現頻度は言語によって異なることが知られています。そこで、ここでは文章を構成する文字に注目し、文章で使われている文字とその頻度から言語を判定してみましょう。

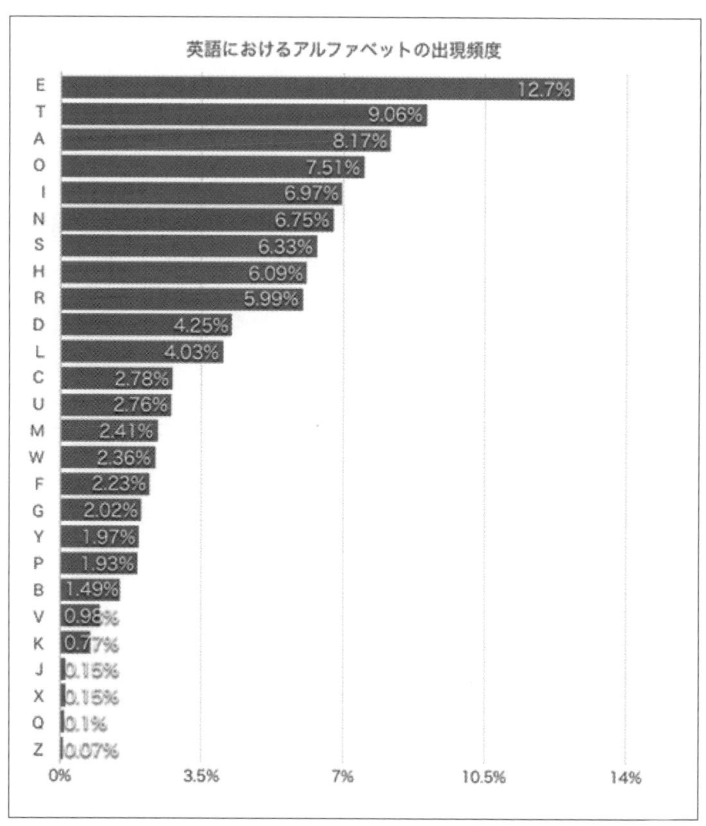

▲ 英語の文章における各文字の出現頻度

言語判定に Unicode のコードポイントを利用してみよう

それでは、与えられた文章が何語かを判定する、教師あり学習の機械学習プログラムを作成してみましょう。使われている文字の違いや、文字の使用頻度を、どのように調べることができるでしょうか。ここでは、Unicode のコードポイントを利用してみましょう。具体的には、以下の方法を用います。

- **Unicode のコードポイントをアドレスとする配列を用意する。今回は 0 番地 ~ 65535(FFFF) 番地までを使用**
- **配列の各要素は、対応する Unicode のコードポイントの出現回数を表すものとする。初期化時はすべて 0 にする**
- **文章中の各文字を Unicode のコードポイントに変換し、上記配列の対応するアドレスの出現回数をインクリメントする**

このような配列をたくさん準備して、それぞれが何語かを学習させれば、機械学習で言語判定を行えそうですね。

アルゴリズムを選択しよう

アルゴリズムチートシートを見てみると、LinearSVC アルゴリズムでは上手に分類できない場合で、かつテキストデータの場合、NaiveBayes(ナイーブベイズ) を利用することが推奨されています。LinearSVC アルゴリズムはすでに前節で利用したことがありますので、本節では、NaiveBayes を利用してみましょう。また、scikit-learn では 3 種類の NaiveBayes 分類器が用意されていますが、ここではシンプルに利用できる GaussianNB を利用してみましょう。

利用されている文字が異なる言語を判定してみよう

最初に、言語判定を行う機械学習プログラムとして、利用されている文字が異なる言語を判定してみましょう。具体的には、日本語、英語、タイ語の言語判定を行うプログラムを作成します。

まずは、Jupyter Notebook で新規ノートブックを作りましょう。画面右上の [New > Python3] で新規ノートブックが作成できます。そして、以下のプログラムを記述しましょう。

▼ lang.py

```
import numpy as np
from sklearn.naive_bayes import GaussianNB
from sklearn.metrics import accuracy_score

# Unicode のコードポイント頻度測定 --- (※ 1)
def count_codePoint(str):
    # Unicode のコードポイントをアドレスとする配列を用意 --- (※ 2)
    counter = np.zeros(65535)

    for i in range(len(str)):
        # 各文字を Unicode のコードポイントに変換 --- (※ 3)
        code_point = ord(str[i])
        if code_point > 65535 :
            continue
        # 対応するアドレスの出現回数をインクリメント --- (※ 4)
        counter[code_point] += 1

    # 各要素を文字数で割って正規化 --- (※ 5)
    counter = counter/len(str)
    return counter

# 学習用データの準備
ja_str = 'これは日本語の文章です。'
en_str = 'This is English Sentences.'
th_str = 'นี่เป็นประโยคภาษาไทย'

x_train = [count_codePoint(ja_str),count_codePoint(en_str),count_codePoint(th_
str)]
y_train = ['ja','en','th']

# 学習する --- (※ 6)
clf = GaussianNB()
clf.fit(x_train, y_train)

# 評価用データの準備
ja_test_str = 'こんにちは'
en_test_str = 'Hello'
th_test_str = 'สวัสดี'

x_test = [count_codePoint(en_test_str),count_codePoint(th_test_str),count_
codePoint(ja_test_str)]
y_test = ['en', 'th', 'ja']

# 評価する --- (※ 7)
y_pred = clf.predict(x_test)
print(y_pred)
print("正解率 = " , accuracy_score(y_test, y_pred))
```

では、Jupyter Notebook からプログラムを実行してみましょう。Run ボタンを押すと、以下のような結果が表示されます。

```
['en' 'th' 'ja']
正解率 =  1.0
```

正解率は実行ごとに変化しますが、ここでは 100% となっていますので、言語判定を正しく行えていると評価できるでしょう。

それでは、プログラムを確認してみましょう。

(※ 1) の部分では、Unicode のコードポイントの頻度を測定する関数を宣言しています。

(※ 2) の部分では、Unicode のコードポイントをアドレスとする配列を用意し、初期化しています。配列の初期化には、np.zeros() メソッドを利用しています。np.zeros() メソッドは、要素数を指定するとすべて 0 で初期化した配列を返します。

(※ 3) の部分では、各文字を Unicode のコードポイントに変換しています。Unicode のコードポイントへの変換は、ord() メソッドで行うことができます。

(※ 4) の部分では、対応するアドレスの出現回数をインクリメントしています。

(※ 5) の部分では、各要素を文字数で割って正規化しています。

(※ 6) の部分では、GaussianNB を利用した分類器を作成します。そして、fit() メソッドで学習用データを学習します。

(※ 7) の部分では、評価用データを用いて予測を行い、予測結果と正解ラベルを比べて正解率を計算し、結果を画面に出力しています。これまでと同様、予測には predict() メソッド、正解率の計算には accuracy_score() メソッドを利用しています。

このように、利用されている文字が異なる言語については、機械学習によって言語判定が行えることがわかりました。

利用されている文字が同じ言語を判定してみよう

では次に、利用されている文字が同じ言語についても確認してみましょう。具体的には、ラテン文字（Latin Alphabet）を利用している、英語、スペイン語、ドイツ語の言語判定を行うプログラムを作成しましょう。

利用されている文字が同じ場合、利用するデータに関して、もう少し大きいものを準備する必要があります。文字の使用頻度を、ある程度明確にする必要があるからです。ここでは、Wikipedia の各言語のデータを利用してみましょう。

具体的には、Wikipedia から収集した各言語のデータを「(言語コード)_(任意の名前).txt」で保存します。これを学習用に 3 つずつ（サンプルプログラムの「src/ch4/lang/train」）、評価用に 1 つずつ（サンプルプログラムの「src/ch4/lang/test」）の合計 12 個のファイルを準備しました。

言語	言語コード
英語	en
スペイン語	es
ドイツ語	de

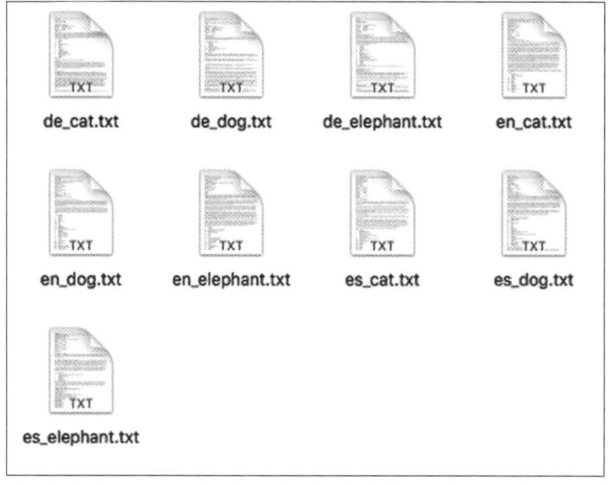

▲ 学習用データの一覧

まず、これらのファイルを Jupyter Notebook からアップロードしてみましょう。最初に学習用データと評価用データを配置するフォルダーを作成します。画面右上の [New > Folder] で「Untitled Folder」という名前の新規フォルダーが作成できます。

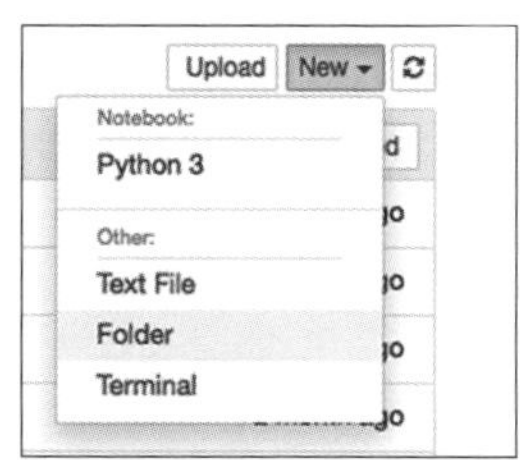

▲ 新規フォルダーの作成

その後、「Untitled Folder」を選択し、画面左上の [Rename] ボタンを押して、フォルダー名を変更します。学習用データのフォルダーは「train」、評価用データのフォルダーは「test」としましょう。

▲ フォルダー名の変更

次に、学習用データと評価用データをアップロードしましょう。「train」または「test」フォルダーを開き、画面右上の [Upload] ボタンを押してファイルを選択します。

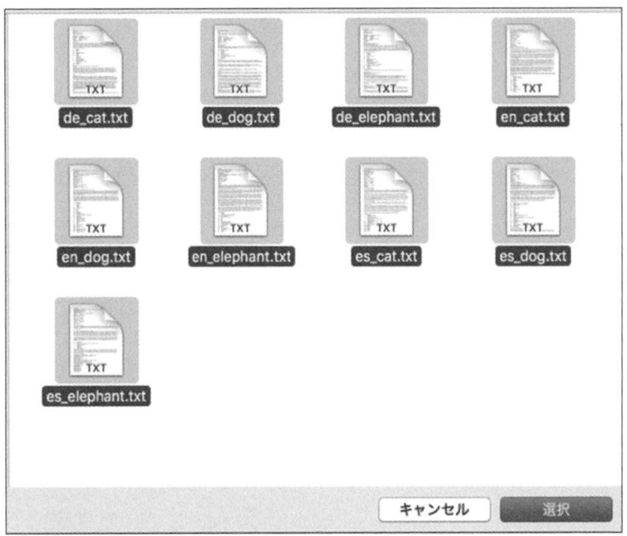

▲ 学習用データを選択しているところ

その後、ファイルごとに [Upload] ボタンを押します。

▲ 学習用データアップロードするところ

学習用データと評価用データがアップロードできたら、さっそく言語判定プログラムを作成してみましょう。Jupyter Notebook で新規ノートブックを作ります。フォルダーをルートに戻したのち、画面右上の [New > Python 3] で新規ノートブックが作成できます。そして、以下のプログラムを記述しましょう。

▼ lang2.py

```
import numpy as np
from sklearn.naive_bayes import GaussianNB
from sklearn.metrics import accuracy_score
import glob

# Unicodeのコードポイント頻度測定
def count_codePoint(str):
    # Unicodeのコードポイントをアドレスとする配列を用意
    counter = np.zeros(65535)

    for i in range(len(str)):
        # 各文字をUnicodeのコードポイントに変換
        code_point = ord(str[i])
        if code_point > 65535 :
            continue
        # 対応するアドレスの出現回数をインクリメント
        counter[code_point] += 1

    # 各要素を文字数で割って正規化
    counter = counter/len(str)
    return counter

# 学習データの準備 --- (※1)
index = 0
x_train = []
y_train = []
for file in glob.glob('./train/*.txt'):
    # 言語情報を取得し、ラベルに設定 --- (※2)
    y_train.append(file[8:10])

    # ファイル内の文字列を連結後、Unicodeのコードポイントの頻度を測定し、入力データに設定
--- (※3)
    file_str = ''
    for line in open(file, 'r'):
        file_str = file_str + line
    x_train.append(count_codePoint(file_str))

# 学習する
clf = GaussianNB()
clf.fit(x_train, y_train)

# 評価データの準備 --- (※4)
index = 0
x_test = []
y_test = []
for file in glob.glob('./test/*.txt'):
    # 言語情報を取得し、ラベルに設定
    y_test.append(file[7:9])

    # ファイル内の文字列を連結後、Unicodeのコードポイントの頻度を測定し、入力データに設定
    file_str = ''
    for line in open(file, 'r'):
```

```
        file_str = file_str + line
    x_test.append(count_codePoint(file_str))

# 評価する
y_pred = clf.predict(x_test)
print(y_pred)
print(" 正解率 = " , accuracy_score(y_test, y_pred))
```

では、Jupyter Notebook からプログラムを実行してみましょう。Run ボタンを押すと、以下のような結果が表示されます。

```
['es' 'en' 'de']
正解率 =  1.0
```

正解率は実行ごとに変化しますが、ここでは 100% となっていますので、言語判定を正しく行えていると評価できるでしょう。

それでは、プログラムを確認してみましょう。

(※ 1) の部分では、学習データの最初の準備として、データの初期化後、train フォルダー配下のテキストファイルの一覧を取得しています。ファイルの一覧取得には、glob() メソッドを利用しています。

(※ 2) の部分では、ファイル名から言語情報を取得し、ラベルに設定しています。file 変数の中身は、「./train/de_dog.txt」のようにファイルパスとなっていますので、9 文字目 (0 番地から始まるので 8 を指定) から 10 文字目までを切り取っています。

(※ 3) の部分では、ファイル中の文字列を読み込んだ後、count_codePoint() メソッドを実行し、Unicode のコードポイントの出現頻度によりベクトル化しています。

(※ 4) の部分では、学習データの準備時と同様の方法で、評価データの準備をしています。file 変数の中身が今後は「./test/de_lion.txt」のようになります。言語情報を取得する際、文字列の切り取りを行う位置が異なりますので、気をつけてください。

このように、使用されている文字が同じ言語についても、機械学習によって言語判定が行えることがわかりました。

応用のヒント

実のところ、言語判定のプログラムを実装する機会は少ないかもしれません。しかし、Unicode のコードポイントの出現頻度を利用する手法は、他の場面に活用できます。

たとえば同じ日本語でも、人によって利用する単語や文字種類の割合が異なりますので、句読点やひらがな・カタカナ・漢字の種類や出現率を数えることにより、記述者判定を行うなど、広い範囲で応用できるでしょう。

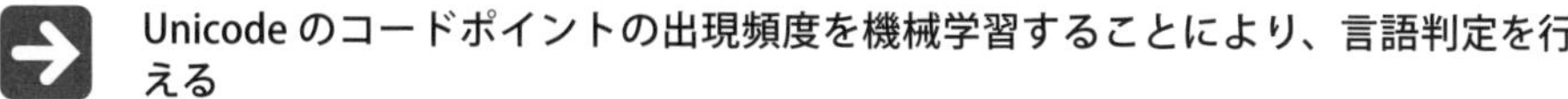

この節のまとめ

- Unicode のコードポイントの出現頻度を機械学習することにより、言語判定を行える
- 言語判定には、NaiveBayes アルゴリズムを利用できる
- Unicode のコードポイントの出現頻度を機械学習する手法は、他の判定に活用できる

4-2 文章を単語に分割してみよう

この節では、自然言語処理を行う上で、欠かせない技術である形態素解析（文章を単語に分割する手法）について紹介します。

利用する技術（キーワード）

- 形態素解析
- MeCab
- mecab-ipadic-NEologd

この技術をどんな場面で利用するのか

- 日本語の自然言語処理

形態素解析について

形態素解析（morphological analysis）とは、対象言語の文法辞書や、単語辞書（品詞情報などが付与された単語一覧）に基づいて、意味を持つ最小単位（形態素）に文章を分割し、各形態素に品詞情報などを付与することです。形態素解析は、さまざまな分野で用いられており、自然言語処理を利用した機械学習を行う上でも、欠かせない技術となっています。

英語における形態素解析は、それほど難しいものではありません。なぜなら、ほとんどの箇所で単語と単語の区切りが明確だからです。そのため、例外となるit'sやdon'tなどの特定の単語をit isやdo notに変化させるという簡単なルールに従って変換すれば、容易に形態素に分解できます。

しかし日本語は、単語と単語の区切りが明確ではないなど、複雑であるため、形態素解析を行うことが容易ではなく、さまざまな研究がなされてきました。そのおかげで、世のなかにはすでに多くの形態素解析のライブラリーが、オープンソースで公開されています。

そこで本節では、代表的な日本語の形態素解析ライブラリーである「MeCab」と、MeCabと共に使う単語辞書で最近注目を集めている「mecab-ipadic-NEologd(メカブアイピーエーディックネオログディー)」を用いて形態素解析を行ってみましょう。

MeCabについて

日本語の形態素解析を行うにあたり、多くの人が定番のツールとして思い浮かべるのが「MeCab」です。MeCabはGoogle日本語入力の開発者の一人である工藤拓さんによって開発されました。MeCabという名前は、開発者の好物「和布蕪（めかぶ）」から取られたそうです。

MeCabは、パラメーター推定にCRF（Conditional Random Fields）を用いており、解析精度が高く、実行速度も速いため、知名度が高く、さまざまな場面で利用されています。さらに、MeCabは、JavaやC#など、さまざまなプログラム言語からも利用でき、本書でたびたび用いているPythonからも利用できます。

PythonでMeCabを利用する方法については、本書巻末のAppendixで紹介していますので、そちらを参考にしてください。

▲ MeCabのWebサイト

MeCabのWebサイト
[URL] `https://taku910.github.io/mecab/`

それではさっそく、MeCabを利用して、簡単な形態素解析を行ってみましょう。

まずは、Jupyter Notebook で新規ノートブックを作りましょう。画面右上の [New > Python 3] で新規ノートブックが作成できます。そして、以下のプログラムを記述しましょう。

▼ Morphological_Analysis.py

```
import MeCab
# MeCab オブジェクトの生成 --- (※1)
tagger = MeCab.Tagger()
# 形態素解析 --- (※2)
result = tagger.parse("メイが恋ダンスを踊っている。")
print(result)
```

では、Jupyter Notebook からプログラムを実行してみましょう。メニューから [Cell > Run Cell] のボタンを押すと、以下のような結果が表示されます。

▲ MeCab で簡単な形態素解析を行ったところ

実行結果を詳しく確認してみましょう。

```
メイ　名詞，一般，*,*,*,*,*
が　　助詞，格助詞，一般，*,*,*，が，ガ，ガ
恋　　名詞，一般，*,*,*,*，恋，コイ，コイ
ダンス 名詞，サ変接続，*,*,*,*，ダンス，ダンス，ダンス
を　　助詞，格助詞，一般，*,*,*，を，ヲ，ヲ
踊っ　動詞，自立，*,*，五段・ラ行，連用タ接続，踊る，オドッ，オドッ
て　　助詞，接続助詞，*,*,*,*，て，テ，テ
いる　動詞，非自立，*,*，一段，基本形，いる，イル，イル
。　　記号，句点，*,*,*,*,。，。，。
EOS
```

このように、文章を形態素解析できました。１単語１行で表されており、各行のフォーマットは以下の通りです。

```
表層形\t品詞，品詞細分類１，品詞細分類２，品詞細分類３，活用型，活用形，原形，読み，発音
```

それでは、プログラムを確認してみましょう。(※1)の部分では、MeCab.Taggerオブジェクトを生成しています。生成には、Tagger()コンストラクターを利用します。Tagger()コンストラクターには、いくつかのオプションが用意されています。たとえば、「-Oオプション」を指定すると出力フォーマットを変更することもできます。具体的には、「Tagger('-Owakati')」とすると、分かち書きされた結果を出力できます。

(※2)の部分では、parse()メソッドを利用して、形態素解析をしています。parse()メソッドは、指定された文字列を形態素解析し、Tagger()コンストラクターで指定された出力フォーマットで結果を文字列で返します。

このように、MeCabを利用すると、非常にシンプルな使い方で形態素解析ができます。しかし、上記結果をよく見てみると、「恋ダンス」が「恋」と「ダンス」の２つに分割されています。分割されてしまう１つの原因は、MeCabが形態素解析に利用している単語辞書に「恋ダンス」という新しい単語が含まれていないためです。

MeCabは、形態素解析を行うにあたり、単語辞書を用いており、IPADIC(アイピーエーディック)やUniDic(ユニディック)という単語辞書がよく用いられます。しかし、IPADICやUniDicは、現在ほぼ更新されていない状態のため、新しい単語が含まれていません。

結果として「恋ダンス」のように、現在では１つの単語として認識してほしい語が、２つに分割されてしまうのです。そこで、「mecab-ipadic-NEologd」という新しい単語に強い辞書を使ってみましょう。

mecab-ipadic-NEologdについて

「mecab-ipadic-NEologd」は、新しい語や固有表現を追加することでIPADICを拡張したMeCab用のシステム辞書で、以下のような特徴があります。

- **辞書の更新を毎週2回以上実施**
- **はてなキーワードのダンプデータやニュース記事など、Web上の新しい言語資源から単語を抽出し、辞書を作成**

そのため、mecab-ipadic-NEologdを使用することで、新しい単語に対応した解析を行うことができます。mecab-ipadic-NEologdを利用する方法については、Appendix（P.384）をご参照ください。ではさっそく「mecab-ipadic-NEologd」を利用して、形態素解析を行ってみましょう。先ほどのプログラムを以下のように変更しましょう。

▼ Morphological_Analysis2.py

```
import MeCab
# mecab-ipadic-NEologd辞書を指定して、MeCabオブジェクトを生成 --- (※1)
tagger = MeCab.Tagger("-d /var/lib/mecab/dic/mecab-ipadic-neologd")
# 形態素解析
result = tagger.parse("メイが恋ダンスを踊っている。")
print(result)
```

では、Jupyter Notebookからプログラムを実行してみましょう。実行ボタンを押すと、以下のような結果が表示されます。

```
メイ	名詞,固有名詞,人名,一般,*,*,M.A.Y,メイ,メイ
が	助詞,格助詞,一般,*,*,*,が,ガ,ガ
恋ダンス	名詞,固有名詞,一般,*,*,*,恋ダンス,コイダンス,コイダンス
を	助詞,格助詞,一般,*,*,*,を,ヲ,ヲ
踊っ	動詞,自立,*,*,五段・ラ行,連用タ接続,踊る,オドッ,オドッ
て	助詞,接続助詞,*,*,*,*,て,テ,テ
いる	動詞,非自立,*,*,一段,基本形,いる,イル,イル
。	記号,句点,*,*,*,*,。,。,。
EOS
```

表層形に「恋ダンス」が登場していますね。「恋ダンス」を1つの単語として解析することができました。それでは、プログラムを確認してみましょう。変更点は(※1)の部分のみです。

（※1）の部分で「mecab-ipadic-NEologd」辞書を指定してMeCabオブジェクトを生成しています。MeCabで利用するシステム辞書を変更するには「-dオプション」を指定し、辞書ファイルが保存されているパスを指定します。詳細は割愛しますが、MeCabでは、大きく分けて「システム辞書」と「ユーザー辞書」という2つの辞書が利用できます。システム辞書を変更したいときは「-dオプション」、ユーザー辞書を利用したいときは「-uオプション」を指定します。「mecab-ipadic-NEologd」は、IPADICを拡張したMeCab用のシステム辞書なので、ここでは「-dオプション」を指定しています。

ストップワードを除去しよう

ストップワード（stop word）とは、あまりにも利用頻度が高い言葉であるために、処理対象外とする単語のことです。たとえば、助詞や助動詞など（「が」「の」「です」「ます」など）がそれに該当します。

どのような場面で、ストップワードを除去する処理を利用できるのでしょうか。たとえば、形態素解析した結果を機械学習させて文章の意図を判定する場合、利用頻度が高いにも関わらず、意図の判定に利用できない単語は除外しておくほうが判定精度を向上できるでしょう。

ストップワードの除去には、さまざまな方式がありますが、ここでは形態素解析結果の品詞情報を利用して除去してみましょう。先ほどのプログラムを以下のように変更しましょう。

▼ Morphological_Analysis3.py

```
import MeCab
tagger = MeCab.Tagger("-d /var/lib/mecab/dic/mecab-ipadic-neologd")
tagger.parse("")
# 形態素解析結果をリストで取得 --- (※1)
node = tagger.parseToNode("メイが恋ダンスを踊っている。")

result = []
while node is not None:
    # 品詞情報取得 --- (※2)
    hinshi = node.feature.split(",")[0]
    if  hinshi in ["名詞"]:
        # 表層形の取得 --- (※3)
        result.append(node.surface)
    elif hinshi in ["動詞", "形容詞"]:
        # 形態素情報から原形情報を取得 --- (※4)
        result.append(node.feature.split(",")[6])
    node = node.next

print(result)
```

では、Jupyter Notebookからプログラムを実行してみましょう。Runボタンを押すと、以下のような結果が表示されます。

```
['メイ', '恋ダンス', '踊る', 'いる']
```

「が」や「を」などのストップワードを除去できました。それでは、プログラムを確認してみましょう。

(※1)の部分では、parseToNode()メソッドを利用して、形態素解析結果を取得しています。parse()メソッドは、結果が文字列で返されたのに対し、parseToNode()メソッドは、MeCab.Nodeクラスオブジェクトを返します。

(※2)の部分では、feature()メソッドを利用して品詞情報を取得しています。feature()メソッドでは、単語の表層形以外の情報を文字列で取得できます。

(※3)の部分では、品詞が名詞の場合に、surface()メソッドを利用して表層形を取得しています。

(※4)の部分では、品詞が動詞や形容詞の場合に、feature()メソッドを利用して原形情報を取得しています。品詞が動詞のや形容詞の場合、送り仮名などに違いが出るため、ストップワードの除去とは関係していませんが、原形を取得することで正規化をしています。

このように、名詞、動詞、形容詞の場合のみ出力することで、ストップワードを除去できました。

改良のヒント

本節では、単語辞書として「mecab-ipadic-NEologd」を利用しましたが、業務で使う場合「mecab-ipadic-NEologd」にすら存在しない、会社特有の単語などを扱いたい場合もあるでしょう。そのような場合は、MeCabのシステム辞書やユーザー辞書に自分で単語を追加することで対応できます。

また、本節では動詞や形容詞の場合に、原形を取得する単語の正規化をしています。加えて、形態素解析を行う前に、利用する辞書に応じた単語の正規化処理（全角/半角や大文字小文字などの文字種の統一、英語表記とカタカナ表記の統一など）を行い、つづりや表記ゆれを吸収することにより、形態素解析の精度と機械学習の判定精度を向上することが可能になるでしょう。

この節のまとめ

- 日本語の文章解析をするには「形態素解析」を行う必要がある
- 「MeCab」を利用すると、Python で日本語の形態素解析を手軽に行うことができる
- 「mecab-ipadic-NEologd」を利用することで、新しい単語に対応した解析を行える
- ストップワードを除去することで判定精度を向上できる
- 文字列の正規化処理をすることでも判定精度を向上できる

4-3 単語の意味をベクトル化してみよう

形態素解析によって文章を各単語に分割した次のステップとして、各単語をベクトル化してみましょう。

利用する技術（キーワード）

- Word2Vec
- gensim

この技術をどんな場面で利用するのか

- 分割した単語をベクトル化するとき

単語ベクトルについて

単語ベクトルを用いると、「単語の意味を計算すること」や「単語の類似度を計算すること」ができるようになります。

たとえば下記のようなイメージです。

「王」－「男」＋「女」＝「女王」

具体的には単語同士のベクトル（距離と方向）が「男と王」「女と女王」でそれぞれ類似しているために、上記のような計算が成り立ちます。このように単語をベクトル化することで、単語間の、ひいては文章の「意味的な関係を表現」できるようになるでしょう。

単語をベクトル化するという見方に対し、単語に意味ベクトルを埋め込むという見方もあり、「Word Embeddings」と呼ばれることもあります。この本ではベクトル化という表現を使います。

ベクトルというと 2 次元や 3 次元であれば現実の空間で表現できるので理解しやすいですが、単語ベクトルは通常 100 〜 200 次元くらいのベクトルを扱います。このように多次元のベクトルを扱うことで単語の意味という複雑な情報を表現できます。

単語のベクトル化をしてみよう

Word2Vecについて

Word2Vecは当時Googleの研究者だったトマス・ミコロフ氏が提案した手法で、ディープラーニングの技術を利用して単語をベクトル化する技術です。
大量の文章から学習し、単語をベクトル化します。
学習内容を簡単にまとめると、以下の点をひたすら繰り返して単語の意味を推測します。

●単語はその周りにある単語と関係がある

実際には大量の文章を学習させる必要がありますが、簡単な例を挙げます。

テキスト１：リンゴを食べる
テキスト２：オレンジを食べる

この場合、リンゴとオレンジは似たものだと考えられ、またどちらも食べるという単語と関係があると考えられます。
つまり以下のようなケースも発生します。

テキスト１：ブドウが好き
テキスト２：ブドウが嫌い

この場合、好きと嫌いは似た意味を持つと考えられてしまいます。
このように反対の意味を持ちながら同じように使われてしまう単語が近いベクトルを持つというのはWord2Vecの数少ない弱点と言えるでしょう。
Word2Vecにはアルゴリズムが２つあります。

●Skip-gram

●CBOW

それぞれの説明は割愛しますが簡単に特徴をまとめると、Skip-gramは精度が高く速度が遅い。CBOWはその逆（とはいえ精度が低くて使えないというわけではない）と言えます。
今回はお試しですので、速度の速いCBOWを使います。

コーパスについて

Word2Vecを使うには目的に合わせて適切な文章を学習させる必要があります。

たとえば数十年前の文章を学習させたモデルに「やばい」を計算させると、「危険」に近い意味しかなかったと思いますが、最近の若者が書いた文章を学習させたモデルに「やばい」を計算させると「危険」だけでなく「賞賛」や「歓喜」に近い意味も持つと判定されるでしょう。

どちらが正しいという話ではなく、何が自分の目的に合うかを考慮して「学習させる文章」を選ぶ必要があります。

今回は誰にでも無料で手に入る大量のテキストが望ましいので、Wikipediaを利用したいと思います。また、モデルを作成するために、分かち書きデータが必要です。

今お読みになっているこの文章も含め膠着（こうちゃく）言語である日本語の文章はたいてい単語同士がくっついています。Word2Vecはすでに分かち書きになっている単語を読み込んで学習する理論なので、前述した形態素解析をして分かち書きデータを用意しましょう。

そのような「モデルを作成するための大量の分かち書きデータ」を含め、「コンピューターによる検索が可能な大量の言語データ」のことをコーパスと呼びます。

コーパスを作成しよう

Wikipediaの日本語全文データは以下URLからダウンロードできます。

```
[URL]
https://dumps.wikimedia.org/jawiki/latest/jawiki-latest-pages-articles.xml.bz2
```

ここからダウンロードしたファイルはXML形式ですが、学習させるのにXMLのタグは邪魔なのでwp2txtというRuby製のツールを利用してテキストに変換します。

整理すると以下のステップで分かち書きデータを準備します。

全文データダウンロード → ダウンロードしたXMLをテキスト化 → テキストを形態素解析して分かち書き化

以下はDockerの場合のコマンドです。各ステップで数十分以上かかります。

```
●Wikipedia全文データダウンロードと展開
$ curl https://dumps.wikimedia.org/jawiki/latest/jawiki-latest-pages-articles.
xml.bz2 -o jawiki-latest-pages-articles.xml.bz2
$ bzip2 -d jawiki-latest-pages-articles.xml.bz2

●wp2txtをインストール（実行にはRuby2.3が必要）
$ apt-get install ruby2.3-dev
$ gem install wp2txt

●wp2txtを使ってXMLファイルをテキストファイルに変換
$ wp2txt --input-file ./jawiki-latest-pages-articles.xml

●分解されたテキストファイルを1つにまとめる
$ cat jawiki-latest-pages-articles-* > wiki.wp2txt

●1つにまとめたテキストファイルをMeCabを使って分かち書きにする
$ mecab -b 100000 -Owakati wiki.wp2txt -o wiki_wakati.txt
```

自然言語処理ライブラリーのgensimについて

完成したコーパスで学習してモデルを作成しましょう。PythonでWord2Vecを実行するには、自然言語処理ライブラリーとして有名な「gensim」を利用します。gensimのインストールについては、本書の巻末Appendixで紹介していますので、そちらを参照してください。

ちなみに、gensimを使うと、Word2Vecのような単語のベクトル化ができたり、文章をジャンル分けするトピック分析をしたりと、自然言語処理に役立ちます。

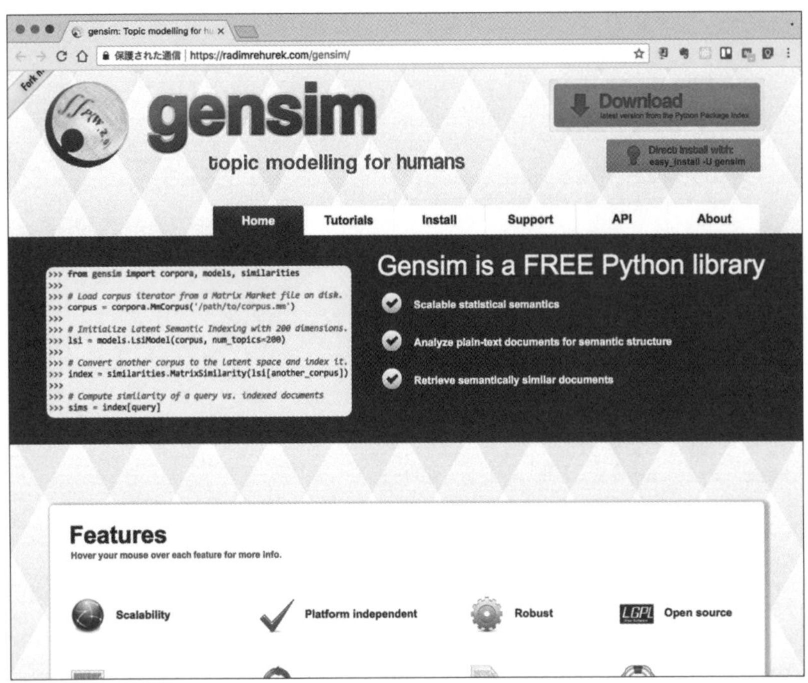

▲ gensim の Web サイト

gensim
[URL] https://radimrehurek.com/gensim/

モデルを作成しよう

それでは、モデルを作成しましょう。Jupyter Notebook で下記のプログラムを記述してください。

▼ Word2Vec.py

```
from gensim.models import word2vec
# コーパスの読み込み --- （※1）
sentences = word2vec.Text8Corpus('./wiki_wakati.txt')
# モデルの作成 --- （※2）
model = word2vec.Word2Vec(sentences, sg=0, size=100, window=5, min_count=5)
# モデルの保存 --- （※3）
model.save("./wiki.model")
```

このプログラムは実行に数時間かかります。なかなか終わらなくても異常ではないので中断したりせず、気長にお待ちください。

(※1) の部分では分かち書きファイルを読み込んでコーパスとして利用できるようにしています。

(※2) の部分ではモデルを作成しています。パラメーターは以下のような意味を持ちます。

- **sg：Word2Vec で使うアルゴリズムを選択します。1=Skip-gram, 0=CBOW**
- **size：ベクトルの次元を設定します。だいたい 100 ～ 200 くらいを設定するのが一般的ですが、多いほどモデル作成の時間が増加します**
- **window：学習する単語の前後数。小さすぎると関連づけがされにくくなります。たとえば window=3 で「オレンジは甘くて丸くて皮のある食べ物です」を学習するとオレンジという単語と食べ物という単語は関連しなくなります**

(※ 3) の部分では作成したモデルをファイルに保存しています。以降はモデルを読み込んですぐに計算ができることになります。

モデルを使って計算してみよう

まずは類義語を調べてみましょう。下記のプログラムを Jupyter Notebook で実行してみてください。

上のプログラムと同じなので、プログラム名とソースを入れ替えます。

▼ similar.py

```
from gensim.models import word2vec
model = word2vec.Word2Vec.load("./wiki.model")
results = model.wv.most_similar(positive=['業務'])
for result in results:
    print(result)
tagger = MeCab.Tagger("-d /var/lib/mecab/dic/mecab-ipadic-neologd")
tagger.parse("")
```

```
('事業', 0.7518638968467712)
('サービス', 0.7143329381942749)
('配送', 0.6904172897338867)
('受託', 0.6787476539611816)
('アフターサービス', 0.6742919087409973)
('窓口', 0.673119068145752)
('取扱い', 0.6708382368087769)
('取扱', 0.669653594493866)
('カスタマーサービス', 0.6683241128921509)
('取り扱い', 0.6669950485229492)
```

だいたい上記のような結果が出ると思います。なるほど近い言葉が挙げられているように思えますね。

続いて冒頭にも出てきた計算 (王ー男＋女＝女王) をしてみましょう。足し算したいものは positive のなかに、引き算したいものは negative のなかに書きます。

▼ similar2.py

```
from gensim.models import word2vec
model = word2vec.Word2Vec.load("./wiki.model")
results = model.wv.most_similar(positive=['王','女'], negative=['男'])
for result in results:
    print(result)
```

```
('女王', 0.7063565254211426)
('太子', 0.677959680557251)
('ホンタイジ', 0.6689224243164062)
('大王', 0.6599774956703186)
('皇后', 0.6525470614433289)
('后', 0.6483410596847534)
('王妃', 0.6481493711471558)
('熙宗', 0.6461809873580933)
('粛親', 0.6460447907447815)
('ドルゴン', 0.6423163414001465)
```

実行結果を見ると、期待した女王は出てきているものの、予想もつかなかった結果が多く出ているように思います。これは学習のためのコーパスを工夫するなど改善の余地があります。

このようなケースはどうでしょうか。たとえばサポートセンターの業務改善をすることにしました。メールやチャットで受け付けた文章が「至急」な内容であればプライオリティを上げて対応したいとします。従来の方法であれば、人間が「至急」に近い言葉をリストアップし、それが文章に含まれるか機械的に判定できましたが、リストアップされていない言葉で至急を伝えようとしていたり、遠回しな表現だったりしたらどうでしょうか。

メールなどで受け付けた文章を形態素解析にかけ、Word2Vecで「至急」との類似度を調べるという方法に置き換えてみましょう。

▼ similar3.py

```
import MeCab
from gensim.models import word2vec

# Word2VecのmodelとMeCabの用意
model = word2vec.Word2Vec.load("./wiki.model")
tagger = MeCab.Tagger("-d /var/lib/mecab/dic/mecab-ipadic-neologd")
tagger.parse("")
```

```
# 渡されたテキストに含まれる各単語と「至急」の類似度を表示する
def print_emargency(text):
    print(text)
    # 渡されたテキストを形態素解析
    node = tagger.parseToNode(text)
    while node is not None:
        # ストップワードを除く
        fields = node.feature.split(",")
        if fields[0] == '名詞' or fields[0] == '動詞' or fields[0] == '形容詞':
            # 至急との類似度を表示する
            print(model.wv.similarity(node.surface, '至急'))
        node = node.next

print_emargency("PC が起動しなくなりました。急いでいます。")
print_emargency("使い方がよくわかりません。")
```

```
PC が起動しなくなりました。急いでいます。
-0.10604962
0.15743226
0.1970364
0.14797042
0.3815622
0.029797865
使い方がよくわかりません。
0.08714909
0.11691067
```

1 つ目の文章のほうに、大きめの数字（高い類似度）があります。おそらく「急いで」のところでしょうか。

このように得られた数字を集計し、最大値や平均値を取ることで推測できます。

応用のヒント

今回は Wikipedia の文章を学習させましたが、テキストの集合であればなんでも学習させることができるでしょう。

たとえば標準語と方言の類似度を調べることもできます。

```
今日は寒いから暖かい格好をしてね
今日はしばれるから暖かい格好をしてね
```

このようなコーパスがあれば「寒い」と「しばれる（北海道弁）」の意味が類似していることがわかります。

また、コーパスの工夫も必要ですが、他の機械学習同様、モデル作成時のパラメーターによるチューニングが結果に対して影響を及ぼします。scikit-learnのようなグリッドサーチの仕組みはないので、時間をかけて試すか、独自の仕組みを考える必要があります。

この節のまとめ

- gensimモジュールを使うことで、単語のベクトル化、文章のジャンル分けなどの処理を行うことができる
- Word2Vecによりベクトル化した単語の情報は、さらに他の機械学習や計算により利用できる
- 単語のベクトル化は自然言語処理の幅を大きく広げる

4-4 文章を分類してみよう

Word2Vec を発展させた技術、Doc2Vec を使って文章を分類してみましょう。ここでは Doc2Vec を使って、類似する文章を調べるプログラムを作ります。

利用する技術（キーワード）

- Doc2Vec
- gensim

この技術をどんな場面で利用するのか

- 文章の分類
- 類似する文章の検索

Doc2Vec について

Doc2Vec は Word2Vec を発展させたもので、任意の長さの文章をベクトル化できます。Word2Vec より複雑な計算をするので、より多くのメモリーが必要になります。前節のように Wikipedia を学習させるとたいていのパソコンではメモリー不足で落ちることになります。

Doc2Vec も前節で紹介した「gensim」にて利用できます。なお、Doc2Vec にも「dmpw」と「DBOW」の 2 つのアルゴリズムがあります。dmpw は精度重視、DBOW が速度重視となります。今回もお試しなので DBOW を使いたいと思います。

文章を分類してみよう

ここでは Doc2Vec の威力を確認するため、「ある文章は誰の作品か」ということを分類（推測）するプログラムを作ってみましょう。そのために「青空文庫」にあるテキストを利用します。青空文庫には、著作権が消滅した多くの作品が公開されており、ZIP 形式でダウンロードできます。

そこでこれから、2 つのプログラムを作ります。最初に作るのは、ZIP ファイルをダウンロードして、文学作品を読み込んで学習し、学習した結果を「aozora.model」というファイルに保存するプログラムです。そしてもう 1 つのプログラムは、学習結果を読み込んで、新たな作品を用いて類似する作品を調べるというプログラムです。

モデルを作成しよう

それでは、モデルを作成しましょう。Jupyter Notebookで下記のプログラムを記述してください。

▼ create_model.py

```
import zipfile
import os.path
import urllib.request as req
import MeCab
from gensim import models
from gensim.models.doc2vec import TaggedDocument

# MeCabの初期化
mecab = MeCab.Tagger()
mecab.parse("")

# 学習対象とする青空文庫の作品リスト --- (※1)
list = [
    {"auther":{
        "name":"宮澤 賢治",
        "url":"https://www.aozora.gr.jp/cards/000081/files/"},
     "books":[
        {"name":"銀河鉄道の夜","zipname":"43737_ruby_19028.zip"},
        {"name":"注文の多い料理店","zipname":"1927_ruby_17835.zip"},
        {"name":"セロ弾きのゴーシュ","zipname":"470_ruby_3987.zip"},
        {"name":"やまなし","zipname":"46605_ruby_29758.zip"},
        {"name":"どんぐりと山猫","zipname":"43752_ruby_17595.zip"},
    ]},
    {"auther":{
        "name":"芥川 竜之介",
        "url":"https://www.aozora.gr.jp/cards/000879/files/"},
     "books":[
        {"name":"羅生門","zipname":"127_ruby_150.zip"},
        {"name":"鼻","zipname":"42_ruby_154.zip"},
        {"name":"河童","zipname":"69_ruby_1321.zip"},
        {"name":"歯車","zipname":"42377_ruby_34744.zip"},
        {"name":"老年","zipname":"131_ruby_241.zip"},
    ]},
    {"auther":{
        "name":"ポー エドガー・アラン",
        "url":"https://www.aozora.gr.jp/cards/000094/files/"},
     "books":[
        {"name":"ウィリアム・ウィルスン","zipname":"2523_ruby_19896.zip"},
        {"name":"落穴と振子","zipname":"1871_ruby_17551.zip"},
        {"name":"黒猫","zipname":"530_ruby_20931.zip"},
        {"name":"群集の人","zipname":"56535_ruby_69925.zip"},
        {"name":"沈黙","zipname":"56537_ruby_70425.zip"},
    ]},
```

```
    {"auther":{
        "name":"紫式部",
        "url":"https://www.aozora.gr.jp/cards/000052/files/"},
     "books":[
        {"name":"源氏物語 01 桐壺","zipname":"5016_ruby_9746.zip"},
        {"name":"源氏物語 02 帚木","zipname":"5017_ruby_9752.zip"},
        {"name":"源氏物語 03 空蝉","zipname":"5018_ruby_9754.zip"},
        {"name":"源氏物語 04 夕顔","zipname":"5019_ruby_9761.zip"},
        {"name":"源氏物語 05 若紫","zipname":"5020_ruby_11253.zip"},
    ]},
]

# 作品リストを取得してループ処理に渡す --- (※2)
def book_list():
    for novelist in list:
        auther = novelist["auther"]
        for book in novelist["books"]:
            yield auther, book

# ZIPファイルを開き、中の文書を取得する --- (※3)
def read_book(auther, book):
    zipname = book["zipname"]
    # ZIPファイルが無ければ取得する
    if not os.path.exists(zipname):
        req.urlretrieve(auther["url"] + zipname, zipname)
    zipname = book["zipname"]
    # ZIPファイルを開く
    with zipfile.ZipFile(zipname,"r") as zf:
        # ZIPファイルに含まれるファイルを開く
        for filename in zf.namelist():
            # テキストファイル以外は処理をスキップ
            if os.path.splitext(filename)[1] != ".txt":
                continue
            with zf.open(filename,"r") as f:
                # 今回読むファイルはShift-JISなので指定してデコードする
                return f.read().decode("shift-jis")

# 引数のテキストを分かち書きして配列にする ---(※4)
def split_words(text):
    node = mecab.parseToNode(text)
    wakati_words = []
    while node is not None:
        hinshi = node.feature.split(",")[0]
        if  hinshi in ["名詞"]:
            wakati_words.append(node.surface)
        elif hinshi in ["動詞", "形容詞"]:
            wakati_words.append(node.feature.split(",")[6])
        node = node.next
    return wakati_words
```

```
# 作品リストをDoc2Vecが読めるTaggedDocument形式にし、配列に追加する --- (※5)
documents = []
# 作品リストをループで回す
for auther, book in book_list():
    # 作品の文字列を取得
    words = read_book(auther, book)
    # 作品の文字列を分かち書きに
    wakati_words = split_words(words)
    # TaggedDocumentの作成　文書=分かち書きにした作品　タグ=作者:作品名
    document = TaggedDocument(
        wakati_words, [auther["name"] + ":" + book["name"]])
    documents.append(document)

# TaggedDocumentの配列を使ってDoc2Vecの学習モデルを作成 --- (※6)
model = models.Doc2Vec(
    documents, dm=0, vector_size=300, window=15, min_count=1)

# Doc2Vecの学習モデルを保存
model.save('aozora.model')

print("モデル作成完了")
```

プログラムを実行すると、青空文庫からZIPファイルをダウンロードし、作品ファイルを学習して「aozora.model」というファイルを出力します。

プログラムを確認してみましょう。プログラムの(※1)では学習対象として、4人の作家のそれぞれ5作品ずつをダウンロードするための情報を用意しています。

(※2)では作品リストをループで回して、「著者と作品」という単位で返す関数を定義しています。

(※3)ではZIPファイルを開いて、そのなかに含まれるテキストファイルを文字列にして返しています。

今回の対象とするZIPファイルは「Shift-JISで書かれた1つのテキストファイルを含む」という特徴があるので、それに合わせた処理をしています。

(※4)では読み込んだ文字列を分かち書きにしています。

(※5)ではTaggedDocumentの配列を作成しています。Doc2Vecの学習にはTaggedDocumentクラスのオブジェクトの配列が必要です。

以前はLabeledSentenceというクラスが使われていましたが、バージョンアップで名前が変わりました。また、TaggedDocumentに渡されるタグは一意である必要があります。

作品リストをループで回し、TaggedDocumentを作成しています。

(※ 6) では Doc2Vec のモデルを作成しています。パラメーターは以下の意味があります。

パラメーター	説明
dm	Doc2Vec で使うアルゴリズムを選択します。1=dmpw, 0=DBOW
size	ベクトルの次元を設定します。Doc2Vec では基本的に 300 が良いとされています
window	学習する単語の前後数。DBOW では 15 が良いとされています
min_count	最低何回出て来た文字列を対象とするかを設定します。今回は作家ごとに独特の言い回しなどがあると考えられますので、一回でも出て来た文字列を対象にします

作者を分類してみよう

次に、新しい作品を読み込ませ、作成したモデルを使って作者を分類してみましょう。Jupyter Notebook で下記のプログラムを記述してください。

▼ load_model.py

```
import urllib.request as req
import zipfile
import os.path
import MeCab
from gensim import models

# MeCab の初期化
mecab = MeCab.Tagger()
mecab.parse("")

# 保存した Doc2Vec 学習モデルを読み込み --- (※ 7)
model = models.Doc2Vec.load('aozora.model')

# 分類用の ZIP ファイルを開き、中の文書を取得する --- (※ 8)
def read_book(url, zipname):
    if not os.path.exists(zipname):
        req.urlretrieve(url, zipname)

    with zipfile.ZipFile(zipname,"r") as zf:
        for filename in zf.namelist():
            with zf.open(filename,"r") as f:
                return f.read().decode("shift-jis")

# 引数のテキストを分かち書きして配列にする
def split_words(text):
    node = mecab.parseToNode(text)
    wakati_words = []
    while node is not None:
        hinshi = node.feature.split(",")[0]
        if  hinshi in ["名詞"]:
            wakati_words.append(node.surface)
        elif hinshi in ["動詞", "形容詞"]:
            wakati_words.append(node.feature.split(",")[6])
```

```
        node = node.next
    return wakati_words

# 引数のタイトル、URL の作品を分類する --- (※9)
def similar(title, url):
    zipname = url.split("/")[-1]

    words = read_book(url, zipname)
    wakati_words = split_words(words)
    vector = model.infer_vector(wakati_words)
    print("---「" + title + '」と似た作品は? ---')
    print(model.docvecs.most_similar([vector],topn=3))
    print("")

# 各作家の作品を1つずつ分類 --- (※10)
similar("宮沢 賢治:よだかの星",
        "https://www.aozora.gr.jp/cards/000081/files/473_ruby_467.zip")

similar("芥川 龍之介:犬と笛",
        "https://www.aozora.gr.jp/cards/000879/files/56_ruby_845.zip")

similar("ポー エドガー・アラン:マリー・ロジェエの怪事件",
        "https://www.aozora.gr.jp/cards/000094/files/4261_ruby_54182.zip")

similar("紫式部:源氏物語 06 末摘花",
        "https://www.aozora.gr.jp/cards/000052/files/5021_ruby_11106.zip")
```

今回は、先にプログラムを確認してみましょう。

(※7) では先ほど保存した学習モデルを読み込んでいます。

(※8) では先ほどとほぼ同じように ZIP ファイルを開き、中の文字列を取得しています。引数に渡す情報が少し変わっています。

(※9) では引数に渡されたタイトル、URL の作品を計算し、もっとも類似している 3 作品を表示しています。

(※10) では各作家の作品を 1 つずつ分類しています。ここを書き換えることで他の作品を分類することもすぐできるでしょう。

プログラムを実行してみると以下のような結果が得られます。

```
---「宮沢 賢治：よだかの星」と似た作品は？ ---
[('宮澤 賢治：セロ弾きのゴーシュ', 0.9710631966590881), ('宮澤 賢治：注文の多い料理店', 0.9701278209686279), ('宮澤 賢治：やまなし', 0.9675332903862)]

---「芥川 龍之介：犬と笛」と似た作品は？ ---
[('芥川 竜之介：老年', 0.9603025913238525), ('ポー エドガー・アラン：沈黙', 0.9586142897605896), ('芥川 竜之介：鼻', 0.9530030488967896)]

---「ポー エドガー・アラン：マリー・ロジェエの怪事件」と似た作品は？ ---
[('ポー エドガー・アラン：ウィリアム・ウィルスン', 0.8771114945411682), ('ポー エドガー・アラン：黒猫', 0.8314522504806519), ('ポー エドガー・アラン：落穴と振子', 0.812383234500885)]

---「紫式部：源氏物語 06 末摘花」と似た作品は？ ---
[('紫式部：源氏物語 04 夕顔', 0.9579315185546875), ('紫式部：源氏物語 02 帚木', 0.9382513761520386), ('紫式部：源氏物語 05 若紫', 0.92840576171875)]
```

これらの作品はもっとも類似している著者のものである、と判断して分類する場合、おおむねうまくいっているようです。

ただ、ポー・エドガー・アランの著書同士の類似率が低いのが気になります。単純に学習データが少なすぎるということもあるでしょうし、パラメーターを工夫することで改善できるかもしれません。

応用のヒント

今回のプログラムを応用すれば、スパム判定もできますし、問い合わせの分類もできるでしょう。また、文章を分類できれば、類似商品の推薦も可能になります。

たとえば、ショッピングサイトで買い物するとき「他のユーザーはこれも買っています」という提案が表示されますが、これも文章の分類を利用しているかもしれません。「カートの中身の羅列」を文章として、「新たにカートに入れた商品」をタグとして、コーパスを準備すると「現在のカートの中身」に一番類似しているタグから「次にカートに入れたい商品」を推測できるでしょう。

類似度を図る、という点では「類似した論文がすでに存在しないか」「類似した特許がすでに存在しないか」という活用もすでにされているようです。

インターネットを使って人が作ったものを簡単に真似できる時代ですが、真似したことがバレてしまう時代にもなってきているということですね。

この節のまとめ

- Doc2Vecを使うと簡単に文章を分類できる
- 単語のベクトルによる計算はWord2Vecを、文章のベクトルによる計算はDoc2Vecと使い分けることができる

4-5 自動作文に挑戦しよう

これまでの節では、入力された文章を理解（形態素解析）することに焦点が置かれてきました。そこで本節では、文章を作成することに挑戦してみましょう。具体的には、マルコフ連鎖という手法を用いて行います。

利用する技術（キーワード）

- マルコフ連鎖

この技術をどんな場面で利用するのか

- 自動作文

マルコフ連鎖について

マルコフ連鎖とは、未来の状態が現在の状態のみで決まる（過去の状態とは無関係である）という性質を持つ確率過程のことです。つまり、n 個の状態（{s1, s2, s3, , , , , s(n)}）が存在し、現在の状態 s(i) に対し、次の状態 s(j) に遷移する確率は、P(s(j)|s(i)) で決定します（未来の状態が現在の状態のみで決まるということです）。

このマルコフ連鎖を利用すると、既存の文章を利用し、自動で文章を生成することができます。そこで、マルコフ連鎖を利用した作文の仕組みについて見ていきましょう。

マルコフ連鎖による作文の仕組みについて

マルコフ連鎖を使った自動作文は、大きく分けて 3 つのステップで行います。

(1) 入力された文章を単語に分解する（形態素解析を行う）

(2) 辞書を作成する

(3) 始点となる単語と辞書を使って、作文する

(1) については、前節において説明済みですので、ここでは (2) (3) について詳しく見てみましょう。

辞書を作成する

マルコフ連鎖の辞書は、文章を構成する各単語について前後の結びつきを登録します。わかりやすくするために具体例で考えましょう。

たとえば、「天気について教えて。」という文章が入力されたとしましょう。形態素解析した結果は以下の通りとなります。

天気　　について　　教え　　て　　。

マルコフ連鎖の辞書は、各単語に関して、前後の結びつきに注目して、3 単語ずつ登録していきます。

1 語目	2 語目	3 語目
天気	について	教え
について	教え	て
教え	て	。

そして、この辞書が作文をするための知識となります。

始点となる単語と辞書を使って作文する

では次に、作文する方法について見てみましょう。方法は比較的シンプルで、辞書に登録されている同じ組み合わせを持つ単語をランダムに選択してつなげていきます。こちらも、わかりやすくするために具体例で考えましょう。

たとえば、以下の文章を登録した場合について、考えてみましょう。

魚　　を　　買う　　。
魚　　は　　好き　　。
魚　　は　　綺麗　　。
真珠　　は　　綺麗　　で　　高い　　。

この形態素解析の結果をマルコフ連鎖の辞書に登録すると、以下のような辞書となります。

1 語目	2 語目	3 語目
魚	を	買う
を	買う	。
魚	は	好き
は	好き	。
魚	は	綺麗
は	綺麗	。
真珠	は	綺麗
は	綺麗	で
綺麗	で	高い
で	高い	。

そして、始点となる単語を「魚」とするとしましょう。そうすると「魚」につながる単語は、「魚 | は」になります。

次に、「魚 | は」につながる単語は「好き」と「綺麗」になります。ここでは、ランダムに「綺麗」を選んだとしましょう。

さらに、「は | 綺麗」につながる単語は「で」となり、この作業を繰り返すと、結果として「魚は綺麗で高い。」という文章を生成することができます。

マルコフ連鎖を利用して自動作文に挑戦してみよう

それではさっそく、マルコフ連鎖を利用して自動作文に挑戦してみましょう。

まずは、Jupyter Notebook で新規ノートブックを作りましょう。画面右上の [New > Python 3] で新規ノートブックを作成します。そして、以下のプログラムを記述しましょう。

▼ markov.py

```
import MeCab
import os,json,random

dict_file = "markov_dict.json"
dic = {}

# 辞書への登録 --- (※1)
def regist_dic(wordlist):
    global dic
    w1 = ""
    w2 = ""

    # 要素が 3 未満の場合は、何もしない
    if len(wordlist) < 3 : return

    for w in wordlist :
        word = w[0]
        if word == "" or  word == "\r\n" or word == "\n" : continue
```

```
        # 辞書に単語を設定
        if w1 and w2 :
            set_dic(dic,w1, w2, word)
        # 文末を表す語の場合、連鎖をクリアする
        if word == "。" or word == "?" or  word == "？" :
            w1 = ""
            w2 = ""
            continue
        # 次の前後関係を登録するために、単語をスライド
        w1, w2 = w2, word

    # 辞書を保存
    json.dump(dic, open(dict_file,"w", encoding="utf-8"))

# 応答文の作成 --- (※2)
def set_dic(dic, w1, w2, w3):
    # 新しい単語の場合は、新しい辞書オブジェクトを作成
    if w1 not in dic : dic[w1] = {}
    if w2 not in dic[w1] : dic[w1][w2] = {}
    if w3 not in dic[w1][w2]: dic[w1][w2][w3] = 0
    # 単語の出現数をインクリメントする
    dic[w1][w2][w3] += 1

# メイン処理 --- (※3)
def make_response(word):
    res = []

    #「名詞」/「形容詞」/「動詞」は、文章の意図を示していることが多いと想定し、始点の単語とする
    w1 = word
    res.append(w1)
    w2 = word_choice(dic[w1])
    res.append(w2)
    while True:
        # w1,w2の組み合わせから予想される単語を選択
        if w1 in dic and w2 in dic[w1] : w3 = word_choice(dic[w1][w2])
        else : w3 = ""
        res.append(w3)
        # 文末を表す語の場合、作文を終了
        if w3 == "。" or w3 == "?" or  w3 == "？"  or w3 == "" :  break
        # 次の単語を選択するために、単語をスライド
        w1, w2 = w2, w3
    return "".join(res)

def word_choice(candidate):
    keys = candidate.keys()
    return random.choice(list(keys))
```

```
# 辞書がすでに存在する場合は、最初に読み込む
if os.path.exists(dict_file):
        dic = json.load(open(dict_file,"r"))

while True:
    # 標準入力から入力を受け付け、「さようなら」が入力されるまで続ける
    text = input("You -> ")
    if text == "" or text == " さようなら " :
        print("Bot -> さようなら ")
        break

    # 文章整形
    if text[-1] != "。" and text[-1] != "?" and text[-1] != " ? " : text +="。"

    # 形態素解析
    tagger = MeCab.Tagger("-d /var/lib/mecab/dic/mecab-ipadic-neologd")
    tagger.parse("")
    node =  tagger.parseToNode(text)

    # 形態素解析の結果から、単語と品詞情報を抽出
    wordlist = []
    while node is not None:
        hinshi = node.feature.split(",")[0]
        if  hinshi not  in ["BOS/EOS"]:
            wordlist.append([node.surface,hinshi])
        node = node.next

    # マルコフ連鎖の辞書に登録
    regist_dic(wordlist)

    # 応答文の作成
    for w in wordlist:
        word = w[0]
        hinshi = w[1]
        # 品詞が「感動詞」の場合は、単語をそのまま返す
        if hinshi in [ " 感動詞 "] :
            print("Bot -> " + word)
            break
        # 品詞が「名詞」「形容詞」「動詞」の場合で、かつ、辞書に単語が存在する場合は、作文して返す
        elif (hinshi in [ " 名詞 " ," 形容詞 "," 動詞 "]) and (word in dic):
            print("Bot -> " + make_response(word))
            break
```

では、Jupyter Notebook からプログラムを実行してみましょう。Run ボタンを押すと、以下のような結果が表示されます。

```
You -> もしもし
Bot -> もしもし

You -> [          ]
```

▲ 起動後、挨拶をしたところ

```
You -> もしもし
Bot -> もしもし
You -> いちごとメロンはどちらが好きですか?
Bot -> いちごは好き。
You -> メロンはどうですか?
Bot -> メロンが好きです。
You -> さようなら
Bot -> さようなら
```

▲ しばらく果物に関する会話をした後で、果物について質問したところ

最初は、会話が噛み合わないことも多々ありますが、しばらく続けていると少しずつそれらしい会話ができるようになってくるのではないでしょうか。

それでは、プログラムを確認してみましょう。

(※ 1) の部分では、形態素解析した結果の単語リストの内容をマルコフ連鎖の辞書へ登録し、外部ファイルとして保存しています。外部ファイルに保存することで、辞書の内容を蓄積して、自動作文器を育てることができるようにしています。

辞書への登録の部分を少し詳しく見てみましょう。たとえば、先ほどと同様、「天気について教えて。」という文章が入力された場合、形態素解析した結果は以下の通りでした

天気	について	教え	て	。

そのためこのとき、for 文は 5 回ループすることになりますが、その際の w1,w2,word 変数の変化は以下の通りです。

ループ	w1	w2	w3	備考
1	""	""	天気	辞書登録しない
2	""	天気	について	辞書登録しない
3	天気	について	教え	左記を辞書に追加
4	について	教え	て	左記を辞書に追加
5	教え	て	。	左記を辞書に追加。文末を表す語が来たのでループを抜ける

(※ 2) の部分では、作成した辞書と始点となる単語から、応答文を作成しています。

応答文の作成についても詳しく見てみましょう。たとえば、上記の辞書を利用し、「天気」という単語を始点とした応答文を作るとしましょう。このとき、while 文における w1,w2,w3,res 変数の変化は以下の通りです。

ループ	w1	w2	w3	res	備考
1	天気	について	教え	天気について教え	
2	について	教え	て	天気について教えて	
3	教え	て	。	天気について教えて。	文末を表す語が来たのでループを抜ける

（※ 3）の部分が、メイン処理となっています。標準入力から文章を受け取ったのち、形態素解析を行います。次に、これまで見てきたメソッドを使って、辞書への登録、応答文の作成を行なっています。応答文については、品詞が「感動詞」の場合にはそのまま返し、品詞が「名詞」「形容詞」「動詞」で辞書に登録されている場合には、その単語を始点に応答文を作成するようにしています。

このように、マルコフ連鎖を利用して、自動作文ができました。ただし、マルコフ連鎖では単語の選択に関して、意味や構文を考えて選択するわけではないので、作文の質を高めるにはさまざまな改善を行う必要があるでしょう。

応用のヒント

紙面の都合上、複雑なロジックを作ることはできませんでしたが、応用箇所はたくさんあることでしょう。たとえば、応答文を作成する場合、ここでは単語の品詞に注目し、始点となる単語を決めていますが、機械学習により文章の意図を判定し、その結果を始点に応答文を作成するなら、今回のようなおうむ返しのような返答ではなく、もう少し実際の会話に近い応答を返すことが可能でしょう。

さらに、辞書を充実させたり、会話の規則を作ったりすることもできます。マルコフ連鎖以外に目を向けると、ディープラーニングを用いた LSTM（Long Short Term-Memory）や RNN(Recurrent Neural Network) も文章を自動生成する手法として有名なため、それらの手法を利用して自動作文に挑戦してみることもできるでしょう。

column

オープンなテキストリソース

自然言語処理を実践する際には、ある程度の規模を持ったテキストリソースが必須となります。しかし、自分でテキストデータを用意するのはたいへんな労力が必要です。インターネット上には、多くの有益なテキストリソースがオープンな形で公開されているので、それを利用すると良いでしょう。ここでは、そうした有益なリソースを提供している Web サイトを紹介します。

● **Wikipedia（ウィキペディア）**

Wikipedia は世界最大のフリーの百科事典です。ゆえに膨大なテキストデータが存在します。ただし、ライセンスはクリエイティブ・コモンズ 表示・継承ライセンス「CC-BY-SA 3.0」なので、完全な著作権フリーではありません。

[URL] https://ja.wikipedia.org/

●青空文庫

著作権の消滅した作品、あるいはクリエイティブ・コモンズの元で多くの作品が公開されています。著作権の消滅した作品であれば、パブリックドメイン（public domain）となっており、知的財産権が発生しないので、かなり自由に利用できます。問題は、作者の死後 50 年 /70 年経過した作品なので、文章自体が古いことです。

▲ 多くの作家の作品を公開している青空文庫

[URL] `http://www.aozora.gr.jp/`

● livedoor ニュースコーパス

6 章 3 節で紹介しますが、クリエイティブ・コモンズライセンスが適用される livedoor のニュース記事を収集したものです。残念ながら、2012 年で契約が切れてしまったそうで、2012 年までのデータとなっていますが、提供媒体ごとにニュース記事がしっかりと分類されています。文字コードが UTF-8 で統一されたテキストファイルで提供されているので、プログラムから扱いやすいデータとなっています。

[URL] `http://www.rondhuit.com/download.html#ldcc`

●基本語ドメイン辞書 (KNBC)

京都大学と NTT の共同研究の成果が公開されたもので、4 テーマ（京都観光、携帯電話、スポーツ、グルメ)、249 記事、4,186 文の解析済みブログコーパスがあります。テキストデータだけでなく、形態素解析済みのデータや、係り受けの対応データなど、アノテーション済みのデータが公開されています。

[URL] http://nlp.ist.i.kyoto-u.ac.jp/kuntt/

●京都大学ウェブ文書リードコーパス

Web 文書のリード (冒頭)3 文に対して、各種言語情報を人手で付与したテキストコーパスです。多様なジャンル、文体の文書、約 5,000 文書からリード文を集めたものです。

[URL] http://nlp.ist.i.kyoto-u.ac.jp/index.php?KWDLC

この節のまとめ

マルコフ連鎖を利用すると自動作文を行える

マルコフ連鎖では既存の文章を知識として蓄え、起点となる単語からランダムに語句をつなげて文章を作成する

4-6 SNSや掲示板へのスパム投稿を判定しよう

本節では、自然言語処理を利用した機械学習の例として、掲示板に投稿されたスパムメッセージを判定するプログラムを作ってみましょう。

利用する技術（キーワード）

- 形態素解析(MeCab)
- スパム判定
- ベイズ分類器/ベイジアンフィルター

この技術をどんな場面で利用するのか

- テキストデータの解析
- Webサイトの管理

スパムとは？

スパム (spam) とは、メール、SNS、掲示板などで、受信者・運営者の意図とは反する迷惑なメッセージや書き込みのことを言います。会員制出会い系サイトやアダルトサイト、ネズミ講、オンラインカジノ、ダイエット、医薬品類などの宣伝広告、または架空請求やクリック詐欺などが主な内容です。

スパム対策の方法

そのような不快なメッセージを自動的に「スパム」と判定するにはどうしたら良いでしょうか。電子メールであれば、メールの配信元や送信回数などを頼りにして、スパム業者からの送信を判定できます。また、SNS や掲示板への書き込みも同様で、同じ内容のメッセージが大量に書き込まれていればスパムと判定できます。そして、メッセージに含まれる特有の単語を文章から認識してスパムと判定できます。

現在、たいていのメールソフトやメールサービスでは、標準で迷惑メールの検出機能を備えています。たとえば、Gmail であれば画面左側にある「迷惑メール」のリンクをクリックすると、スパム判定されたメールを確認できます。

▲ Gmail の迷惑メール機能を使って分類されたメール

ベイジアンフィルターを作ってみよう

スパムメッセージの判定で定評があるのが『ベイジアンフィルター (Bayesian Filter)』です。ベイジアンフィルターは、単純ベイズ分類器を応用したものです。ベイズ分類器は、統計的な手法を用いてスパムを判定します。本節では、自然言語処理を応用した機械学習により、文章に含まれる単語からスパム判定する方法を紹介します。

スパムテキストのダウンロード

まずは、スパムメールの一覧をダウンロードしましょう。本書の執筆にあたり、筆者がスパムメールを収集したものを GitHub で公開しました。以下の URL よりダウンロードしてください。

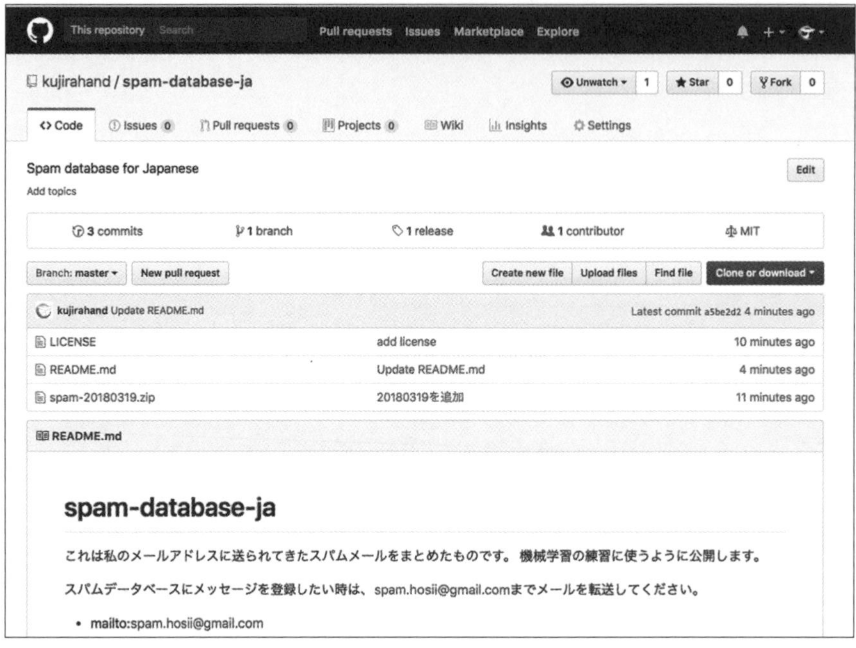

▲ GitHub よりスパムデータベースをダウンロードしよう

spam-database-ja
[URL] https://github.com/kujirahand/spam-database-ja

スパムデータは、テキストファイルを ZIP ファイルで圧縮しただけのものです。解凍してください。ただし、スパムメールの本文を抜き出しただけのものなので有害ですから、あまりしっかり確認する必要はないでしょう。

非スパムテキストを用意しよう

次に、スパムではない普通のテキストファイルを用意しましょう。自分の書いたメール、あるいは著作権フリーのテキストデータをダウンロードすると良いでしょう。ここでは、「livedoor ニュースコーパス」を利用しましょう。これは、NHN Japan 株式会社が運営する「livedoor ニュース」のうち、クリエイティブ・コモンズライセンスが適用されるニュース記事を収集し、可能な限り HTML タグを取り除いて作成したものです。

livedoor ニュースコーパス
[URL] https://www.rondhuit.com/download.html#ldcc

上記の Web サイトより「ldcc-20140209.tar.gz」をダウンロードして利用しましょう。解凍すると、ニュース記事がディレクトリーごとに整理されています。各ディレクトリー以下に、たくさんのテキストファイルが保存されています。今回、これらのテキストファイルを 100 件ほど適当に抜き出して、機械学習に利用しましょう。

学習用データの準備

それでは、学習に利用するデータを用意しましょう。Jupyter Notebook の実行ディレクトリーに、<spam> と <ok> という 2 つのディレクトリーを作り、<spam> ディレクトリーには、スパムのテキストをコピーし、<ok> ディレクトリーには、livedoor ニュースコーパスか自身で用意したテキストをコピーしてください。spam と ok のデータが偏ると正しい結果が得られにくいので、だいたい同じ数のファイルになるようにコピーしましょう。

それで、以下のようなフォルダー構成にします。

```
- <spam>
    - 0001.txt
    - 0002.txt
    - 00003.txt
    - ...
- <ok>
    - it-life-xx.txt
    - dokujo-xx.txt
    - kaden-xx.txt
    - ...
```

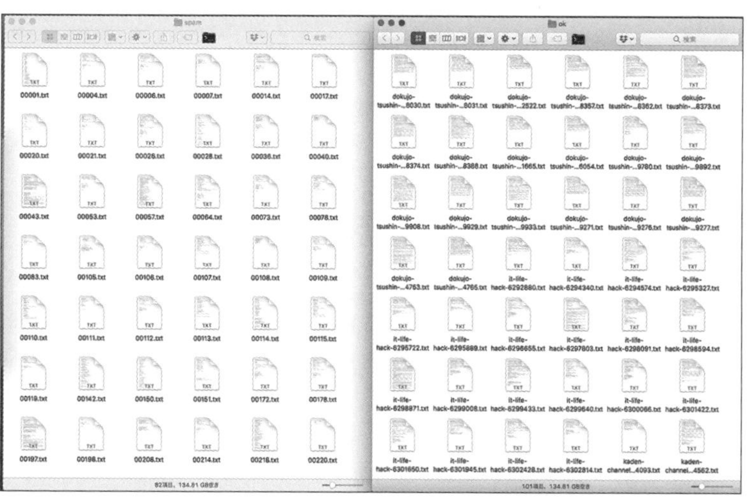

▲ スパム、非スパムテキストデータをディレクトリーにコピーしたところ

テキストデータの学習方法について

ところで、テキストデータを機械学習にかける場合には、テキストデータを数値に変換する必要があります。しかも、ここまで見たような機械学習で使う固定長の配列データに変換しなければなりません。テキストデータは長さも内容もバラバラなので、どのようにして固定長の数値データにしたら良いのかわからないかもしれません。

いろいろな手法がありますが、今回は単語の並び順を無視して、単語の出現頻度だけを利用します。このように、文章中にどんな単語があるかを数値で表す手法を『BoW(Bag-of-Words)』と呼びます。

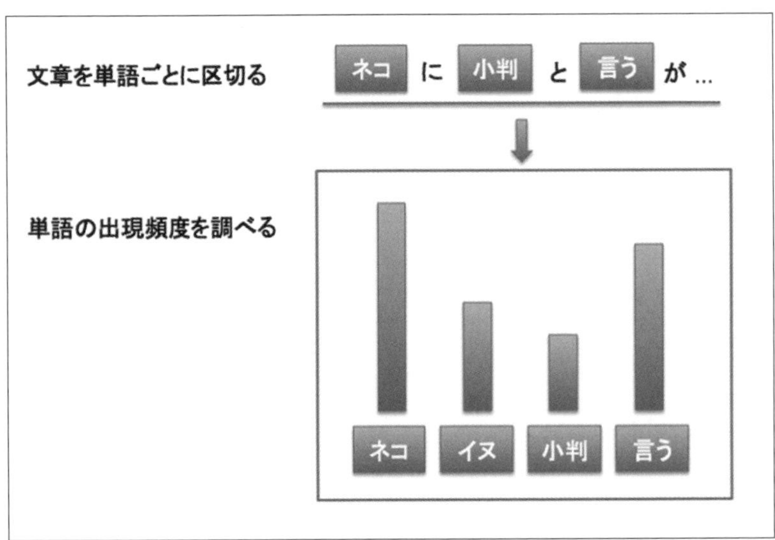

▲ BoW で単語の出現頻度を求める

ここでは、BoW の手法を用いて具体的に次のような手順で機械学習を実践します。

(1) テキストを形態素解析して単語に分ける

(2) ストップワードを取り除く

(3) 単語辞書を作り、単語に ID を振る

(4) ファイルごとの単語の出現頻度を調べる

(5) 単語の出現頻度データを元に、ok(0) と spam(1) に分けて学習する

データベース作成の例

ちなみに単語出現頻度のデータベースのイメージを具体的にするために、以下のような簡単な文章で、データベースを作ってみましょう。

(1) 形態素解析

ネコに小判と言うがネコにはネコの世界がある

これを、形態素解析して単語に分割すると、以下のようになります。

ネコ | に | 小判 | と | 言う | が | ネコ | に | は | ネコ | の | 世界 | が | ある |

(2) ストップワードを取り除く

ストップワードとは、すべての文章に出現する意味のない語句のことです。ここでは、助詞や助動詞や接続詞や記号をストップワードとして使います。それでは、それらを除去してみましょう。すると、以下のようになります。

ネコ |小判 |言う |ネコ |ネコ |世界 |ある |

(3) 単語辞書を作り ID を振る

そして、単語に ID を振って元の文章を ID で置き換えてみましょう。

単語 ID 変換辞書

単語	ID
ネコ	0
小判	1
言う	2
世界	3
ある	4

辞書に基づいて文章を ID に変換すると、以下のようになります。

```
0, 1, 2, 0, 0, 3, 4
```

(4) 出現頻度を求める

単語辞書に登録されている語句ごとに、出現頻度を調べましょう。ここでは、単語辞書に 5 個の単語が登録されていますので、その語句ごとに出現回数を調べ、トータルの単語数で割れば出現頻度が求められます。そこで、出現頻度を求めると以下のようになります。

ID	出現回数	出現頻度
0	3	0.43
1	1	0.14
2	1	0.14
3	1	0.14
4	1	0.14

これで、出現頻度のデータベースができました。この文章の単語出現頻度データベースは、以下のようになります。

```
[ 0.43, 0.14, 0.14, 0.14, 0.14 ]
```

ここでは、単語が 5 個しかありませんが、通常は、何千語・何万語にもなることでしょう。

単語の出現頻度を調べるプログラム

それでは、上記の手順をプログラムに落とし込みましょう。以下のプログラムが学習用のデータベースを作成するプログラムです。

▼ makedb_spam_ok.py

```
# すべてのテキストを巡回して単語データベースを作成する
import os, glob
import MeCab
import numpy as np
import pickle

# 保存ファイル名
savefile = "./ok-spam.pickle"
# MeCabの準備 --- (※1)
tagger = MeCab.Tagger()
```

```
# 変数の準備 --- (※ 2)
word_dic = {"__id": 0} # 単語辞書
files = [] # 読み込んだ単語データを追加する

# 指定したディレクトリー内のファイル一覧を読む --- (※3)
def read_files(dir, label):
    # テキストファイルの一覧を得る
    files = glob.glob(dir + '/*.txt')
    for f in files:
        read_file(f, label)

# ファイルを読む --- (※ 4)
def read_file(filename, label):
    words = []
    # ファイルの内容を読む
    with open(filename, "rt", encoding="utf-8") as f:
        text = f.read()
    files.append({
        "label": label,
        "words": text_to_ids(text)
    })

# テキストを単語 ID のリストに変換
def text_to_ids(text):
    # 形態素解析 --- (※ 5)
    word_s = tagger.parse(text)
    words = []
    # 単語を辞書に登録 --- (※ 6)
    for line in word_s.split("\n"):
        if line == 'EOS' or line == '': continue
        word = line.split("\t")[0]
        params = line.split("\t")[4].split("-")
        hinsi = params[0] # 品詞
        hinsi2 = params[1]  if len(params) > 1 else '' # 品詞の説明
        org = line.split("\t")[3]  # 単語の原型
        # 助詞・助動詞・記号・数字は捨てる --- (※ 7)
        if not (hinsi in ['名詞', '動詞', '形容詞']): continue
        if hinsi == '名詞' and hinsi2 == '数詞': continue
        # 単語を ID に変換 --- (※ 8)
        id = word_to_id(org)
        words.append(id)
    return words

# 単語を ID に変換 --- (※ 9)
def word_to_id(word):
    # 単語が辞書に登録されているか？
    if not (word in word_dic):
        # 登録されていないので新たに ID を割り振る
        id = word_dic["__id"]
        word_dic["__id"] += 1
        word_dic[word] = id
    else:
        # 既存の単語 ID を返す
        id = word_dic[word]
    return id
```

```
# 単語の出現頻度のデータを作る --- (※10)
def make_freq_data_allfiles():
    y = []
    x = []
    for f in files:
        y.append(f['label'])
        x.append(make_freq_data(f['words']))
    return y, x

def make_freq_data(words):
    # 単語の出現回数を調べる
    cnt = 0
    dat = np.zeros(word_dic["__id"], 'float')
    for w in words:
        dat[w] += 1
        cnt += 1
    # 回数を出現頻度に直す --- (※11)
    dat = dat / cnt
    return dat

# ファイルの一覧から学習用のデータベースを作る
if __name__ == "__main__":
    read_files("ok", 0)
    read_files("spam", 1)
    y, x = make_freq_data_allfiles()
    # ファイルにデータを保存
    pickle.dump([y, x, word_dic], open(savefile, 'wb'))
    print("単語頻出データ作成完了")
```

プログラムを実行すると、ファイルごとに単語の出現頻度を調べ、結果を「ok-spam.pickle」という名前のファイルに保存します。

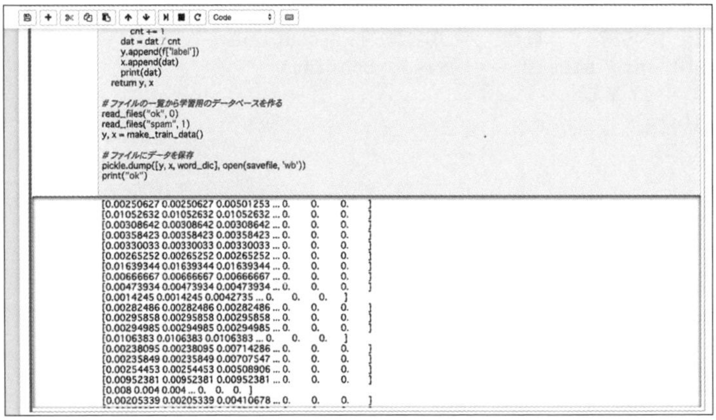

▲ 単語の出現率データベースを作成

プログラムを確認してみましょう。プログラムの(※1)の部分ではMeCabを使う準備をします。ここでは、最新の単語を含むmecab-ipadic-NEologdの辞書を利用します。

(※2)では、ファイル全体で利用する変数の準備をします。word_dicは単語辞書で、この変数に単語とID番号を記録していきます。word_dic["__id"]にIDを発行した単語の個数を記録し、未知語に新しいIDを付与できるようにします。変数filesには、ファイルを読み込んで、IDに変換した単語リストとラベルを追加していきます。

プログラムの(※3)では指定したディレクトリー以下のファイル一覧を読み込みます。

そして(※4)では、指定されたファイルを読み込んで、文章を単語IDのリストに変換します。

単語IDのリストを変換する方法ですが、(※5)の部分で形態素解析を行って、(※6)以降の部分で単語IDに変換します。ただし、MeCabの変換結果の品詞を確認して、(※7)にあるように名詞・動詞・形容詞以外であれば、ストップワードと見なします。さらに、名詞であっても、数字であれば、それほど意味がないので無視します。

(※8)の部分で、単語をIDに変換して、変数wordsに単語IDを追加します。そして、最終的に変数filesにラベルと単語IDのリストを追加します。

(※9)の部分では、単語をIDに変換します。その方法ですが、辞書型の変数word_dicを調べて、該当する単語があればそのIDを返し、該当する単語がなければ辞書型の変数に最終IDを割り当てます。

プログラムの(※10)では、学習用のデータ、つまり、ファイルごとに単語の出現頻度データを作成します。その方法ですが、単語辞書の単語数だけ0で初期化された配列を作成し、出現した単語のIDに相当する要素を1つずつ加算していきます。

そして(※11)の部分で、単語の総出現回数がわかったら、単語ごとに出現回数を総出現回数で割ると、単語の出現頻度を求めることができます。

単語頻出データを機械学習するプログラム

それでは、この単語頻出データを利用して、機械学習を実践してみましょう。ここでは、scikit-learnのGaussian NaiveBayesを利用して、簡単な機械学習を実践してみましょう。

▼ train_spam_ok.py

```
import pickle
from sklearn.naive_bayes import GaussianNB
from sklearn.model_selection import train_test_split
from sklearn.metrics import accuracy_score

# データファイルの読み込み --- (※1)
data_file = "./ok-spam.pickle"
save_file = "./ok-spam-model.pickle"
data = pickle.load(open(data_file, "rb"))
y = data[0] # ラベル
x = data[1] # 単語の出現頻度
```

```
# 100回、学習とテストを繰り返す --- (※2)
count = 100
rate = 0
for i in range(count):
    # データを学習用とテスト用に分割 --- (※3)
    x_train, x_test, y_train, y_test = train_test_split(
        x, y, test_size=0.2)
    # 学習する --- (※4)
    model = GaussianNB()
    model.fit(x_train, y_train)
    # 評価する ---(※5)
    y_pred = model.predict(x_test)
    acc = accuracy_score(y_test, y_pred)
    # 評価結果が良ければモデルを保存 --- (※6)
    if acc > 0.94: pickle.dump(model, open(save_file, "wb"))
    print(acc)
    rate += acc
# 平均値を表示 --- (※7)
print("----")
print("average=", rate / count)
```

プログラムを実行すると、データをシャッフルしつつ、学習とテストを100回繰り返します。そして、最終的にテストの平均値0.900...(約90%)を表示します。

```
0.7567567567567568
0.918918918918919
0.9459459459459459
0.8378378378378378
0.9459459459459459
0.918918918918919
0.8648648648648649
0.918918918918919
0.8648648648648649
0.9459459459459459
0.7567567567567568
----
average= 0.9005405405405409
```

▲ 学習とテストを100回繰り返して表示する

プログラムを確認してみましょう。プログラムの(※1)の部分では、データファイルの読み込みを行います。

(※2)の部分では、学習とテストを100回繰り返します。

(※3)では、データを学習用とテスト用に分割し、(※4)の部分で、Gaussian NaiveBayesを利用してデータを学習し、(※5)の部分でテストデータを用いて学習結果を評価します。最終的に、(※6)の部分で、評価結果が良ければ作成したモデルを保存します。

そして、(※7)でテストの平均値を表示します。

自分で作成したテキストをスパム判定してみよう

それでは、作成したモデルを元に、自分で作成したテキストをスパム判定してみましょう。自分で作成したテキストを判定させるためには、まず、テキストを単語IDのリストに変換し、文章における単語の出現頻度のデータを作成します。

▼ test_spam_ok.py

```
import pickle
import MeCab
import numpy as np
from sklearn.naive_bayes import GaussianNB

# テストするテキスト --- (※1)
test_text1 = """
会社から支給されているiPhoneの調子が悪いのです。
修理に出すので、しばらくはアプリのテストができません。
"""
test_text2 = """
億万長者になる方法を教えます。
すぐに以下のアドレスに返信して。
"""
# ファイル名
data_file = "./ok-spam.pickle"
model_file = "./ok-spam-model.pickle"
label_names = ['OK', 'SPAM']
# 単語辞書を読み出す --- (※2)
data = pickle.load(open(data_file, "rb"))
word_dic = data[2]
# MeCabの準備
tagger = MeCab.Tagger()
# 学習済みモデルを読み出す --- (※3)
model = pickle.load(open(model_file, "rb"))

# テキストがスパムかどうか判定する --- (※4)
def check_spam(text):
    # テキストを単語IDのリストに変換し単語の出現頻度を調べる
    zw = np.zeros(word_dic['__id'])
    count = 0
    s = tagger.parse(text)
    # 単語ごとの回数を加算 --- (※5)
    for line in s.split("\n"):
        if line == "EOS": break
        org =  line.split("\t")[3]# 単語の原型
        if org in word_dic:
            id = word_dic[org]
            zw[id] += 1
            count += 1
    zw = zw / count #  --- (※6)
    # 予測
    pre = model.predict([zw])[0] #  --- (※7)
```

```
    print("- 結果 =", label_names[pre])

if __name__ == "__main__": #  --- (※8)
    check_spam(test_text1)
    check_spam(test_text2)
```

実行してみたところ、通常の文章を指定したときには「OK」と表示され、スパムメールらしいテキストを指定すると「SPAM」と正しく判定しました。

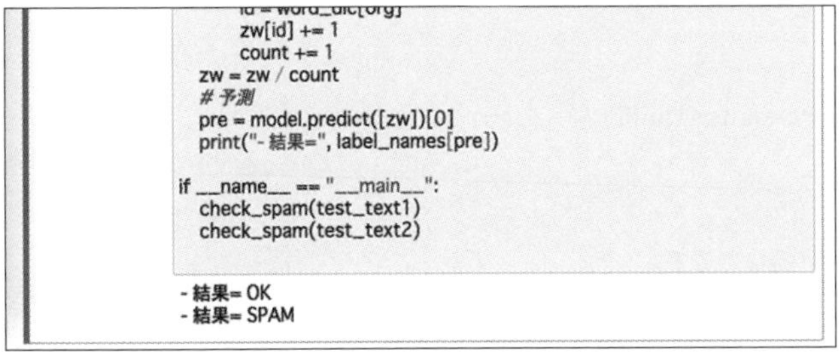

```
            id = word_dic[org]
            zw[id] += 1
            count += 1
    zw = zw / count
    # 予測
    pre = model.predict([zw])[0]
    print("- 結果=", label_names[pre])

if __name__ == "__main__":
    check_spam(test_text1)
    check_spam(test_text2)

- 結果= OK
- 結果= SPAM
```

▲ 自分で作成したテキストでスパムを判定してみたところ

プログラムを確認してみましょう。プログラムの (※ 1) の部分で、テストするテキストを定義します。ここでは、2 つのテキストを用意しました。

次に (※ 2) の部分では、前に作った単語辞書を読み出します。この単語辞書により、テストするテキストを単語 ID のリストに変換できます。

そして (※ 3) の部分で、学習済みのモデルを読み出します。

プログラムの (※ 4) の部分で、テキストがスパムかどうかを判定する、check_spam() 関数を定義します。この関数では、(※ 5) 以下の部分で、MeCab で区切った単語を ID に、単語の出現回数を数えます。単語の出現回数を数え終わったら、(※ 6) で出現回数を総出現回数で割って出現頻度に変換します。

そして (※ 7) で、predict() メソッドを使って、予測を行います。正解ラベルを得たら print() で結果を出力します。

最後の (※ 8) の部分では、実際にテキストを判定させるよう、check_spam() 関数を実行します。

改良のヒント

今回、自分で用意したテキストを用いて、スパム判定を行うところまで作ることができました。しかし、文章によっては誤判定をしてしまうこともあるでしょう。また、語彙は日々増えていくものなので、時代に合わなくなってくることもあります。

実際にこのスパム判定ツールを Web サイトに組み込み、掲示板や SNS でスパムと誤判定をしてしまった場合には、ユーザーの操作により、スパム解除の申請を行う画面を用意する必要があります。

それに加えて、定期的に誤判定のデータを用いて単語出現頻度のデータベースを更新して、学習をやり直す必要があるでしょう。

なお、「文章を単語に分割してみよう（P.198）」の節で紹介したように、MeCabを利用するときにはmecab-ipadic-NEologdの辞書を使って単語分割を行うようにすると、分類精度が向上します。

応用のヒント

今回は、スパムか非スパムかの二値判定でしたが、今回の手法を応用すれば、自動的にメッセージのトピックに合わせてタグ付けできます。たとえば、「料理」「ライフスタイル」「モバイル」など、話題を分類できます。

この節のまとめ

- 文章を機械学習にかける場合、単語辞書を用いてテキストをIDに変換して、単語の出現頻度を調べることで実践できる
- 文章の分類にはベイズ分類器が威力を発揮する
- スパム判定を応用することで、メッセージに対してトピックに応じた自動的なタグ付けもできる

第 5 章

ディープラーニング (深層学習) について

5 章では、ディープラーニング (深層学習) について紹介します。ディープラーニングを使うことで、これまで以上に高い精度で機械学習が実践できます。ここでは、ディープラーニングを実践できるライブラリー TensorFlow と Keras の使い方を解説します。

5-1 ディープラーニング(深層学習)について

『ディープラーニング』または『深層学習 (deep learning)』とは、多層構造のニューラルネットワークを用いた機械学習のことです。つまり、これまで学んできた機械学習の一分野です。ディープラーニングは、今大いに注目を集めていますが、何がすごいのでしょうか。

利用する技術（キーワード）

- ディープラーニング
- ニューラルネットワーク
- パーセプトロン

この技術をどんな場面で利用するのか

- 高度な機械学習を実践したいとき

ディープラーニング（深層学習）とは？

ディープラーニングは機械学習の一分野であり、今までの機械学習とまったく違うものというわけではありません。ですから、これまで学んできたことの応用と言うことができます。本書の１章で、ディープラーニングとは『ニューラルネットワーク』を改良したものと簡単に紹介しましたが、もう少し詳しく見ていきましょう。

なぜ注目されているのか？

ディープラーニングが注目されるきっかけがありました。もちろん、一言で言えば「性能が良いから」ということになりますが、どんなことにも原因と結果があるものです。少し掘り下げてみましょう。

そのブレークスルーとなったのは、2012 年に開催された画像認識コンテスト「ILSVRC(ImageNet Large Scale Visual Recognition Competition)」でした。このコンテストは、2010 年から毎年行われているもので、大規模画像の認識・分類を行い、その精度を競うものです。そのコンテストでは、ImageNet で公開されている飛行機やピアノなど、さまざまなものが写っている写真データを学習させて、写真に何が写っているかを検出する画像認識コンテストです。

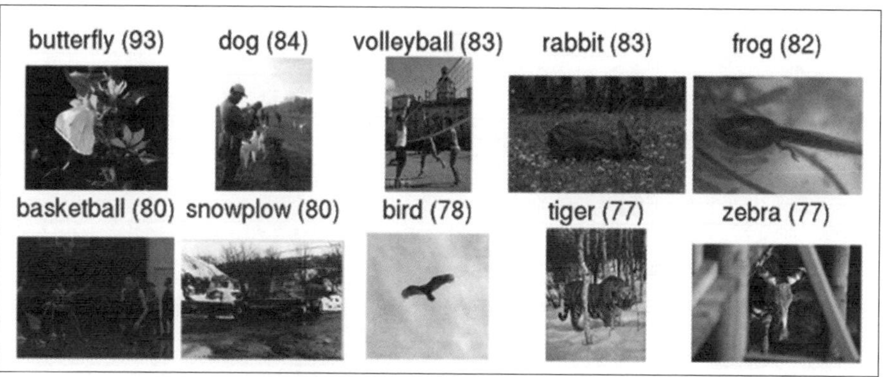

▲ ImageNet で公開されている画像の例

このコンテストで、2012 年カナダ・トロント大学のジェフリー・ヒントン教授率いるチームが、ディープラーニングを利用して 2 位のチームを大きく引き離して圧倒的な精度を示し優勝したことがターニングポイントとなりました。翌 2013 年の大会でも、上位チームにはディープラーニングを利用したものが目立ちました。ちなみに、2014 年には Google が優勝しました。

ここからわかるように、ほんの数年で、ディープラーニングは物体認識の分野で圧倒的な性能を示すようになりました。その概念や手法は 1980 年代からあったのですが、コンピューターが高性能になったことや、ビジネス分野で大きく成功を収めたこともあり、注目を集めるようになりました。そして、ディープラーニングは、画像分野・音声認識の分野・自然言語処理など、さまざまな分野で活用されはじめ、大きな成果を上げました。それほど、飛び抜けてディープラーニングの精度が良かったのです。

ニューラルネットワークとは？

ニューラルネットワークというのは、人の神経を模したネットワーク構造のことです。コンピューターに学習能力を持たせることにより、さまざまな問題を解決するためのアプローチができます。

そもそも、人間の脳のなかには多数の神経細胞（ニューロン）が存在しています。1 つのニューロンは、他の複数のニューロンから信号を受け取り、他のニューロンに対して信号を渡します。脳はこのような信号の流れによって、さまざまな情報を伝達しています。この仕組みをコンピューターで再現したのが、ニューラルネットワークです。

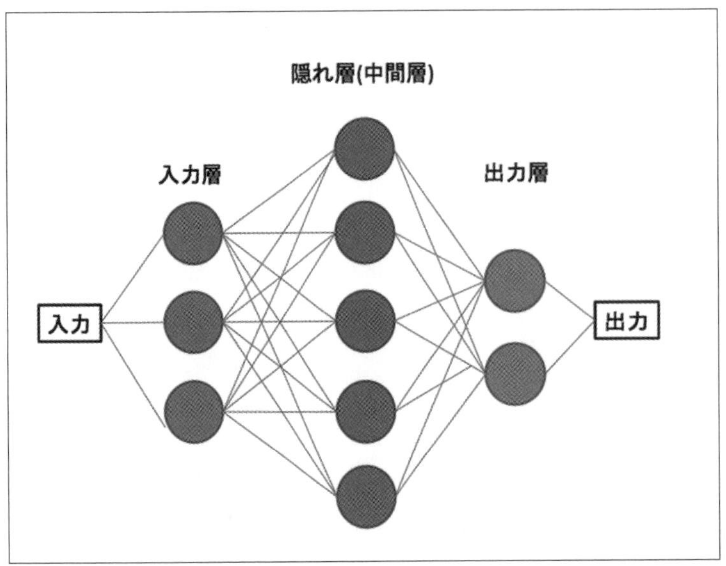

▲ ニューラルネットワークの構造

このニューラルネットを3層以上重ねたものを、一般に「ディープ・ニューラル・ネットワーク(DNN)」と呼びます。このDNNを使った機械学習がディープラーニング（深層学習）です。ディープラーニングでは、大量のデータを学習することで、各ニューロン間の接続の重み付けのパラメーターを繰り返し調整します。

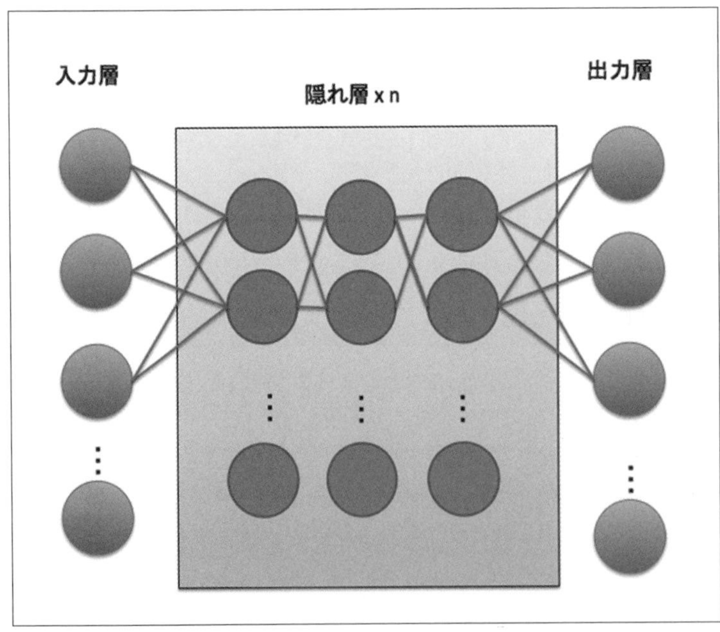

▲ ディープ・ニューラル・ネットワーク（DNN）の構造

パーセプトロンについて

　ニューラルネットワークを理解するにあたり、パーセプトロンという人工ニューロンを紹介します。このパーセプトロンは、フランク・ローゼンブラットが 1957 年に考案したものです。比較的単純な仕組みでありながら、現在の機械学習の基礎となっているものです。

　まずは、入力層と出力層のみの 2 層からなる、以下のような単純パーセプトロン (simple perceptron) について考えましょう。

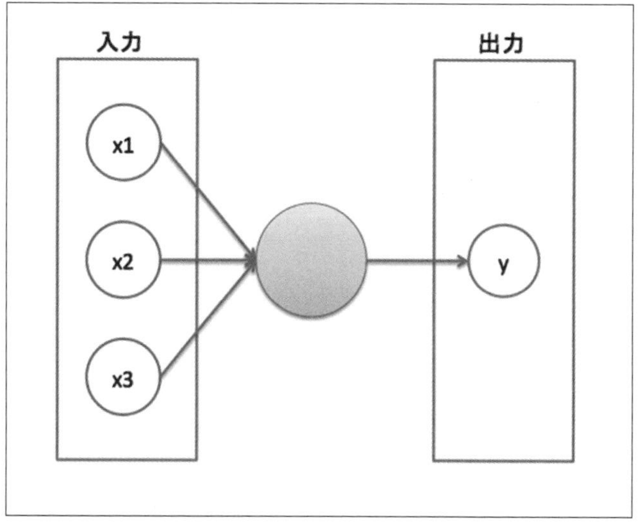

▲ 単純パーセプトロンの図

　この図では、パーセプトロンは 3 つの入力 x1、x2、x3 を入力とし、出力を y とします。そして、各入力値には、0 または 1 の値を与えることにし、出力する値もまた、0 または 1 になるとします。さて、どのようにして入力値を元に、出力を決めたら良いでしょうか。

　ここでは、話をわかりやすくするために、新しい液晶テレビを買うかどうかについて考えましょう。新しい TV を買う場合に出力 y は 1 となり、買わない場合は 0 となります。そして、入力には TV を購入しても良いかどうかを判断する要因を与えるものとします。

- **今が TV の買い換え時か？ (x1)**
- **TV 購入のための資金が十分にあるか？ (x2)**
- **現在、TV が安く買えるセールをしているか？ (x3)**

　どうでしょうか。これらの要素を考慮し、多数決で要素を決めることができます。

　ただし、この多数決は、平等に 1 票ずつが与えられるわけではありません。もしも、その人の手元に資金がたくさんあるなら、x2 の資金に関する条件は、それほど重要ではないでしょう。また、今使っている TV が故障してしまって、とにかく早く新しいものが欲しい場合には、x1 の条件の比重はかなり大きなものになります。つまり、単純な多数決で購入を判断することはできません。パーセプトロンでも、その点が考慮され、各入力に対する重み (W) というパラメーターを導入しています。それで、x1、x2、x3 に対する重みを、W1、W2、W3 としたとき、資金が多い人であれば (W1=5、W2=2、W3=3) と重みを設定するでしょうし、すでに TV が壊れているのであれば (W1=7、W2=2、W3=1) と重みを設定するでしょう。

それで、TV を購入するかどうかを検討するプログラムは、しきい値を表す値を b としたとき、次のように表現できるでしょう。

```
if (x1 * W1) + (x2 * W2) + (x3 * W3) > b:
  # 買う
else:
  # 買わない
```

このように重みやしきい値を変化させることで、意志決定を明確化させることができます。パーセプトロンは、いろいろな情報を考慮し、重みを加味した上で、良い決定を下すことができることがわかりました。このパーセプトロンを複雑に組み合わせることができたら、より複雑な判断ができそうだということがわかるのではないでしょうか。

先ほど紹介したニューラルネットワークの図に再度注目して見てください。パーセプトロンを複数組み合わせることで、より複雑な判断ができるようになっています。

ディープラーニングは機械学習の一分野

冒頭でも紹介したように、ディープラーニングは機械学習の一分野です。そのため、機械学習でできることがディープラーニングでも可能であり、これを使うことによって、さらに高い精度での問題解決が可能です。

この節のまとめ

- ディープラーニングが注目を集めている
- ディープラーニングは機械学習の一分野でありまったく別の何かではない
- ニューラルネットワークを高度にしたものがディープラーニングである

5-2 TensorFlow入門

『TensorFlow』とは、Googleがオープンソースで公開している機械学習ライブラリーです。ディープラーニングをはじめ、いろいろな機械学習に利用できます。最初に基本的な使い方を紹介します。

利用する技術（キーワード）

- TensorFlow
- データフローグラフ

この技術をどんな場面で利用するのか

- さまざまな科学計算や機械学習

TensorFlowとは？

TensorFlow（テンソルフロー、または、テンソーフロー）は、大規模な数値計算を行うライブラリーです。機械学習やディープラーニングが実践できますが、それだけでなく、汎用的な仕組みを提供しています。その名前に冠しているテンソルというのは、多次元行列計算のことです。

Windows/macOS/Linuxと各種OSで動かすことが可能です。TensorFlow自体は、C++のライブラリーで作られていますが、Python/Java/Go/C言語とさまざまな言語から利用可能です。そのライセンスは、商用利用可能のオープンソース(Apache2.0)となっており、企業や個人、研究機関を問わず自由に利用できます。

機械学習のライブラリーとしては、人気が高く資料も充実しているのが特徴です。主にPythonから利用されることが多いので、その資料の大半はPythonを利用したものです。

また、TensorFlowは数値計算を行う汎用的なつくりになっています。中には、画像関連のライブラリーもありますが、画像処理や音響処理を行う場合は、別途、画像処理に特化したOpenCVなどのライブラリーと組み合わせて使うことになるでしょう。

TensorFlowのWebサイト
[URL] https://www.tensorflow.org/

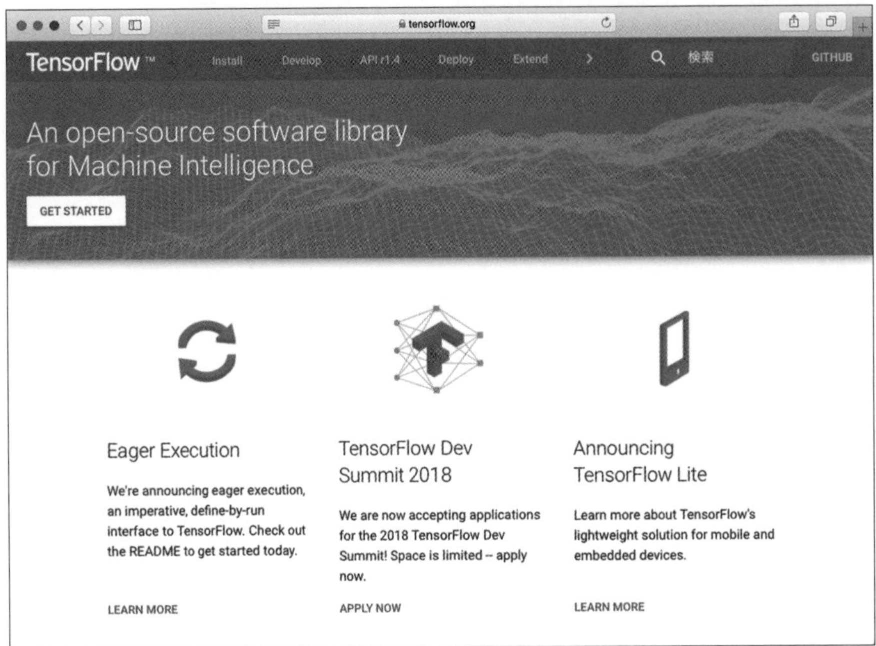

▲ TensorFlow の Web サイト

TensorFlow のインストールと動作確認について

TensorFlow のインストールについては、本書巻末の Appendix で紹介していますので、そちらを参考にしてください。また、正しく TensorFlow が動くかどうかは、以下のプログラムで確認できます。

インストールが完了したら、Jupyter Notebook を起動しましょう（このとき、インストール前に起動した Jupyter Notebook は再起動する必要があります）。

そして、以下のプログラムを実行します。

▼ test-tf.py

```
import tensorflow as tf
print(tf.__version__)
```

正しくインストールできたら、以下のような実行結果が表示されます。

```
2.2.0
```

ジャンケンのルールを学習させてみよう

ここでは、簡単な例としてジャンケンのルールを学習させてみましょう。そして、ジャンケンの勝敗判定を行ってみます。ジャンケンのルールは単純なので、TensorFlowの使い方を覚えるのにぴったりの例題と言えます。

最初にジャンケンのルールを記したデータを作成してみましょう。ジャンケンの手、グー、チョキ、パーをそれぞれ0、1、2と数値で表します。そして、ジャンケンの勝敗結果も、0: あいこ、1: 負け、2: 勝ちのように表します。

それで、ランダムにジャンケンの勝敗データを作成し、データファイルに保存します。その際、学習用とテスト用と合計3000件のデータを作成します。

▼ janken-makedata.py

```
# ジャンケンデータを作成する
import pickle
import numpy as np

# ジャンケンの手と結果を定義 --- (※1)
hands = {'グー':0, 'チョキ':1, 'パー':2}
results = ['あいこ', '負け', '勝ち']

# じゃんけんの公式を定義 --- (※2)
judge = lambda a, b: (a - b + 3) % 3

# ランダムにデータを作成 --- (※3)
import random
random_hand = lambda : random.randint(0, 2)
x_items = []
y_items = []
for i in range(3000):
    a = random_hand()
    b = random_hand()
    result = judge(a, b)
    x_items.append([a, b])
    y_items.append(result)
# 作成したデータを表示
print(x_items)
print(y_items)

# データを学習用とテスト用に分割 --- (※4)
x_train = x_items[0:2000]
y_train = y_items[0:2000]
x_test = x_items[2000:]
y_test = y_items[2000:]
# データを保存 --- (※5)
items = [[x_train, y_train],
         [x_test, y_test]]
with open("janken-data.pkl", "wb") as fp:
    pickle.dump(items, fp)
```

プログラムを実行すると、「janken-data.pkl」というファイルにジャンケンの手と結果の一覧を保存します。作成したデータは以下のような形式となっています。

```
# x_train
[[2, 0], [1, 0], [2, 1], [1, 1], [0, 2]...]
# y_train
[2, 1, 1, 0, 1...]
```

プログラムを確認してみましょう。(※1)の部分では、ジャンケンの手と結果を定義します。

そして、(※2)の部分では、ジャンケンの勝負を計算するラムダ関数を定義します。面白いことに、ジャンケンの勝敗は「(a - b + 3) % 3」という簡単な計算で求めることができます。

プログラムの(※3)の部分では、ランダムにジャンケンの手を決め、その勝敗結果を計算し、学習データx_itemsと結果ラベルy_itemsに追加していきます。

そして、(※4)の部分で学習用とテスト用に分割し、(※5)の部分でpickleを利用してPythonのリストデータを保存します。

TensorFlowでジャンケンを学習しよう

続いて、TensorFlowを使って作成したジャンケンデータを学習するプログラムを確認してみましょう。学習モデルを構築し、データを学習した後、実際に適当なデータを与えて正しく判定できているかを確認します。

▼ janken-train.py

```
import tensorflow as tf
import numpy as np
import pickle

# 保存したジャンケンのデータを読み込む --- (※1)
with open("janken-data.pkl", "rb") as fp:
    data = pickle.load(fp)
(x_train, y_train), (x_test,y_test) = data

# 学習モデルを構築 --- (※2)
model = tf.keras.models.Sequential([
  tf.keras.layers.Dense(30, activation='relu', input_dim=2),
  tf.keras.layers.Dense(3, activation='softmax')
])
model.compile(optimizer='adam',
    loss='sparse_categorical_crossentropy',
```

```
    metrics=['accuracy'])

# 学習 --- (※3)
model.fit(x_train, y_train, epochs=20)
# テストデータを評価 --- (※4)
model.evaluate(x_test, y_test, verbose=2)

# 実際に勝負 --- (※5)
def janken(a, b):
    hands = {'グー':0, 'チョキ':1, 'パー':2}
    results = ['あいこ', '負け', '勝ち']
    x = np.array([[hands[a], hands[b]]])
    r = model.predict(x)
    print(r)
    print(a, b, '→', results[r[0].argmax()])

janken('グー', 'グー')
janken('チョキ', 'パー')
janken('パー', 'チョキ')
```

プログラムを実行してみましょう。実行するとデータの学習が行われ、以下のように表示されます。

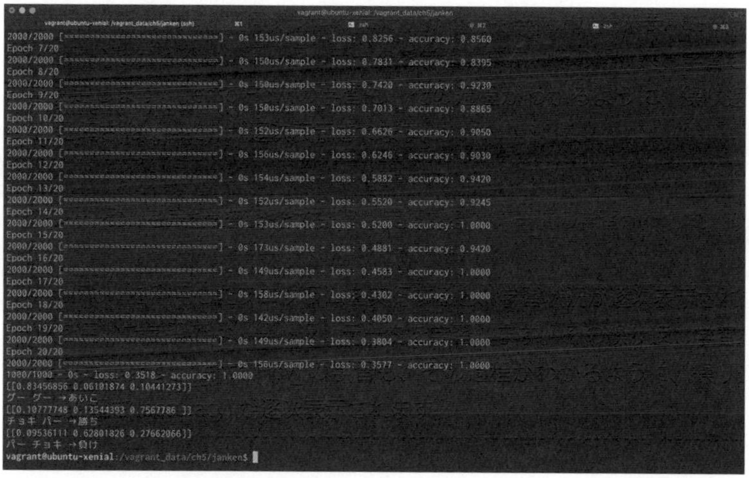

```
2000/2000 [==============================] - 0s 153us/sample - loss: 0.8256 - accuracy: 0.8560
Epoch 7/20
2000/2000 [==============================] - 0s 150us/sample - loss: 0.7831 - accuracy: 0.8395
Epoch 8/20
2000/2000 [==============================] - 0s 150us/sample - loss: 0.7420 - accuracy: 0.9230
Epoch 9/20
2000/2000 [==============================] - 0s 150us/sample - loss: 0.7013 - accuracy: 0.8865
Epoch 10/20
2000/2000 [==============================] - 0s 152us/sample - loss: 0.6626 - accuracy: 0.9050
Epoch 11/20
2000/2000 [==============================] - 0s 156us/sample - loss: 0.6246 - accuracy: 0.9030
Epoch 12/20
2000/2000 [==============================] - 0s 154us/sample - loss: 0.5882 - accuracy: 0.9420
Epoch 13/20
2000/2000 [==============================] - 0s 152us/sample - loss: 0.5520 - accuracy: 0.9245
Epoch 14/20
2000/2000 [==============================] - 0s 153us/sample - loss: 0.5200 - accuracy: 1.0000
Epoch 15/20
2000/2000 [==============================] - 0s 173us/sample - loss: 0.4881 - accuracy: 0.9420
Epoch 16/20
2000/2000 [==============================] - 0s 149us/sample - loss: 0.4583 - accuracy: 1.0000
Epoch 17/20
2000/2000 [==============================] - 0s 158us/sample - loss: 0.4302 - accuracy: 1.0000
Epoch 18/20
2000/2000 [==============================] - 0s 142us/sample - loss: 0.4050 - accuracy: 1.0000
Epoch 19/20
2000/2000 [==============================] - 0s 149us/sample - loss: 0.3804 - accuracy: 1.0000
Epoch 20/20
2000/2000 [==============================] - 0s 156us/sample - loss: 0.3577 - accuracy: 1.0000
1000/1000 - 0s - loss: 0.3518 - accuracy: 1.0000
[[0.83456856 0.06101874 0.10441273]]
グー グー →あいこ
[[0.10777748 0.13544393 0.7567786 ]]
チョキ パー →勝ち
[[0.09536111 0.62801826 0.27662066]]
パー チョキ →負け
vagrant@ubuntu-xenial:/vagrant_data/ch5/janken$
```

▲ ジャンケンのルールを学習したところ

TensorFlowを利用したプログラムを実行すると、学習状況が逐次表示されます。ニューラルネットワークを用いた学習では、繰り返しデータを学習します。その繰り返し学習を経て、最適なパラメーターを決定します。TensorFlowの学習も、その過程がわかるように、繰り返し回数(Epoch)と損失(loss)と正確さ(accuracy)が逐次表示されます。

それでは、プログラムを確認していきましょう。(※ 1) の部分では先ほど作成したジャンケンの手と結果の一覧データを読み込みます。

(※ 2) の部分では、学習モデルを構築します。ここでは、単純なニューラルネットワークのモデルを構築しています。なお、TensorFlow では学習を実際に行う前に、どんなモデルを利用してニューラルネットワークを利用するのかを最初に指定し、モデルを構築（コンパイル）する必要があります。そのため、ここでも最初に変数 model にネットワークの構造を指定し、compile メソッドで構築します。

そして、(※ 3) の部分にあるように、構築済みのモデルに対して、実際の学習データ (x_train) と正解ラベル (y_train) を指定し学習を行います。これまでの scikit-learn では見慣れない epochs というパラメーターを指定しています。これは、ニューラルネットワークで繰り返しデータを学習する回数です。ここでは 20 を指定していますが、学習経過に表示される loss と accuracy を参考に回数を決定します。

それから (※ 4) の部分で、学習したモデルを評価しています。ここでは 1000 件のテストデータを評価します。正解率 (accuracy) を確認してみると、1.0000(100%) と表示されます。どうやら、正しくジャンケンのルールを学習できているようです。

ところで、すでにテストデータより、ジャンケンのルールが正しく学習できることはわかっているのですが、(※ 5) 以降の部分では、読者の皆さんが実際にジャンケンの手を指定して、ニューラルネットワークがジャンケンを判定できるのか試しやすいように janken 関数を作っています。(※ 5) の janken 関数の第 1 引数には自分の手を、第 2 引数には相手の手を指定して実行してみてください。勝敗を出力します。

なお、(※ 5) の部分で predict メソッドの結果を確認してみましょう。この関数は、複数のデータを配列を与えると、各データごとの予測結果を配列で返します。ただし、その予測結果を見ると、[0.83456856 0.06101874 0.10441273] のように結果が配列で返されていることに気づくでしょう。これは、[あいこ 負け 勝ち] のそれぞれの値の確率を示すものです。確率がもっとも高いものがもっとも勝率の高い答えということになります。それで、実行結果は NumPy の array オブジェクトとして戻ってきます。そのため、argmax メソッドを用いることで、もっとも高い値を持つ要素番号を得ることができます。簡単なプログラムで argmax の動きを確かめてみましょう。Python の REPL で実行してみます。

```
>>> import numpy as np
>>> a = np.array([0.3, 0.1, 0.9])
>>> a.argmax()
2
>>> b = np.array([0.8, 0.2, 0.1])
>>> b.argmax()
0
```

上記の例から、配列の要素の中でもっとも大きな値を持つインデックスを返す argmax メソッドの使い方がわかるでしょうか。TensorFlow を利用する場合には、argmax メソッドをよく使うのでマスターしておきましょう。

本当にジャンケンのルールを学習したのか考察しよう

ここまで見てきたように、機械学習ではプログラムを実行すると「数値が表示されて終わり」ということが多いです。そのため、一体何が行われたのかをしっかりと認識することが大切です。

上記で紹介した30行程度のプログラムで、本当にジャンケンのルールをニューラルネットワークが学習できたのでしょうか。もちろん「できた」というのが答えですが、ジャンケンのルールは、簡単な一行の計算式でも求めることができます。しかし、このプログラムの中では、ジャンケンの計算式をまったく利用していないという部分がポイントです。

つまり、計算式を与えることなく、計算結果だけを用いて、計算式と同等の処理を実現することができたのです。これから、いろいろなニューラルネットワークやディープラーニングのプログラムを紹介しますが、これらはいずれも、データだけを与えるものであり、そのデータの中にある規則を学習し、答えを導き出しているという点に注目してください。そこに、ニューラルネットワーク・ディープラーニングの面白さがあります。

グラフでモデルを確認してみよう

ところで、TensorFlowにはニューラルネットワークのモデルを視覚化するための便利なツールも用意されています。これを利用して、作成したデータを図で確認することもできます。

先ほどのジャンケンのプログラムにコードを書き加えて、ニューラルネットワークのモデルを図で確認してみましょう。

```
import tensorflow as tf
import numpy as np
import pickle

# 保存したジャンケンのデータを読み込む
with open("janken-data.pkl", "rb") as fp:
    data = pickle.load(fp)
(x_train, y_train), (x_test,y_test) = data

# 学習モデルを構築
model = tf.keras.models.Sequential([
  tf.keras.layers.Dense(30, activation='relu', input_dim=2),
  tf.keras.layers.Dense(3, activation='softmax')
])

# モデルを構築
model.compile(optimizer='adam',
    loss='sparse_categorical_crossentropy',
    metrics=['accuracy'])
```

```
# モデルの概要を表示 --- (※1)
model.summary()
# 図でモデルを出力 --- (※2)
tf.keras.utils.plot_model(model, to_file='janken-model.png')

# 学習と評価
model.fit(x_train, y_train, epochs=20)
# テストデータを評価
model.evaluate(x_test, y_test, verbose=2)
```

プログラムを実行すると、以下のようなニューラルネットワークの構造を記した図(PNG ファイル)を出力します。

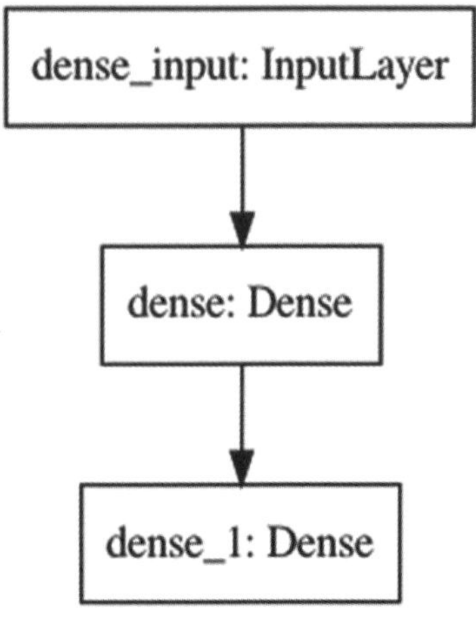

▲ ニューラルネットワークの学習モデルを出力したところ(構造図)

また、コンソールに以下のような概要を表示します。

```
Model: "sequential"
_________________________________________________________________
Layer (type)                 Output Shape              Param #
=================================================================
dense (Dense)                (None, 30)                90
_________________________________________________________________
dense_1 (Dense)              (None, 3)                 93
=================================================================
Total params: 183
Trainable params: 183
Non-trainable params: 0
```

▲ ニューラルネットワークの学習モデルを出力したところ(コンソール)

　このジャンケンで利用したのは単純なニューラルネットワークなので、このように簡単なモデルが表示されますが、モデルが複雑な時、モデルの概要を理解するのに図の出力が役立ちます。

この節のまとめ

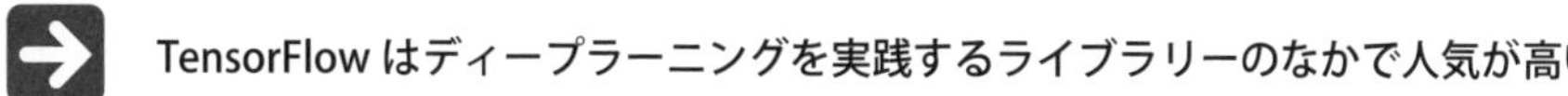

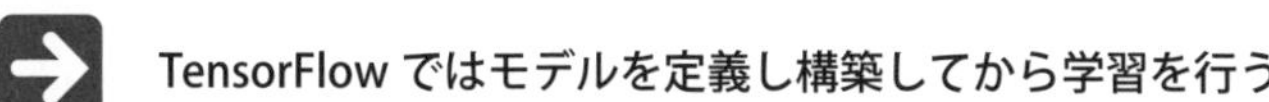

5-3 TensorFlowでアヤメの分類をしてみよう

2章2節の機械学習入門のところで、アヤメの分類に挑戦しました。本節ではTensorFlowの使い方に慣れるために、同じ例題を解いてみましょう。まだディープラーニングではありませんが、TensorFlowの基本的な使い方を学ぶことができるでしょう。

利用する技術（キーワード）	この技術をどんな場面で利用するのか
● TensorFlow	● TensorFlowに慣れる

アヤメの分類問題の復習

ここでは、scikit-learnを用いて解いたアヤメの分類問題を、TensorFlowを用いて解いてみます。ぜひ、2章で紹介したプログラムとどう違うのか比較しながら読み進めてみてください。

最初に、改めてアヤメの分類問題では、何を解くのかを復習してみましょう。アヤメの分類問題は、アヤメのがく片と花びらについて、それぞれの幅と長さの情報を利用して、アヤメの品種を特定します。

ここで紹介する完全なプログラムは、サンプルプログラムの「src/ch5/iris/tf-iris.py」にあります。少し難しいプログラムなので、少しずつ内容を抜粋して見ていきましょう。

プログラムを実行するにあたって、あらかじめ「Fisherのアヤメデータ」をプログラムの実行ディレクトリーにダウンロードして「iris.csv」という名前で配置しましょう(その方法については、2章のP.064で確認してください)。

まずは、これまでと同じようにCSVファイルを読み込んで、データをテスト用と学習用に分割したいと思います。以下は、CSVファイルを読み込んで、ラベル情報とアヤメのデータに分割しました。

```
import pandas as pd

# アヤメデータの読み込み
iris_data = pd.read_csv("iris.csv", encoding="utf-8")

# アヤメデータをラベルと入力データに分離する
y_labels = iris_data.loc[:,"Name"]
x_data = iris_data.loc[:,
    ["SepalLength","SepalWidth","PetalLength","PetalWidth"]]
```

ラベルを One-Hot ベクトル形式に直そう

ただし、TensorFlow ではラベルデータを「One-Hot ベクトル」という形式で表す必要があります。「One-Hot(ワン・ホット)」というのは 1 つだけ High(1) の状態であり、他は Low(0) の状態であるようなビット列のことを指します。

たとえば、アヤメデータのラベルデータでは、「Iris-setosa」が [1, 0, 0]、「Iris-versicolor」が [0, 1, 0]、「Iris-virginica」が [0, 0, 1] のようにして表現します。

CSV ファイルから読み込んだアヤメのラベルデータを、One-Hot ベクトル形式に直すには、以下のようにします。

```
# ラベルデータを One-Hot ベクトルに直す
labels = {
    'Iris-setosa': [1, 0, 0],
    'Iris-versicolor': [0, 1, 0],
    'Iris-virginica': [0, 0, 1]
}
y_nums = list(map(lambda v : labels[v] , y_labels))
print(y_nums)
```

ここまでのプログラムを実行してみると、以下のように表示されます。

```
[[1, 0, 0],
 [1, 0, 0],
 [1, 0, 0],
～省略～
 [0, 1, 0],
 [0, 1, 0],
 [0, 1, 0],
～省略～
 [0, 0, 1],
 [0, 0, 1],
 [0, 0, 1],
～省略～
]
```

第1章 第2章 第3章 第4章 第5章 第6章 Appendix

テストデータを学習用とテスト用に分ける

続けて、データを学習用とテスト用に分割します。

```
from sklearn.model_selection import train_test_split

# 学習用とテスト用に分離する
x_train, x_test, y_train, y_test = train_test_split(
    x_data, y_nums, train_size=0.8)
```

学習アルゴリズムを定義

続けて、TensorFlowで学習アルゴリズムを定義してみましょう。アヤメの品種分類のプログラムでは、入力値となるアヤメデータは、SepalLength(がく片の長さ)、SepalWidth(がく片の幅)、PetalLength(花びらの長さ)、PetalWidth(花びらの幅)なので、四次元となります。そして、出力値はアヤメの品種(Iris-setosa/Iris-versicolor/Iris-virginica)なので三次元です。

言い換えると、入力データは四次元、出力は三次元ということになります。TensorFlowを使う時にもっとも気をつけないといけないのが、この入力と出力の次元数です。この値が間違っていると正しく動きません。

なお、モデルを構築する際、ニューラルネットワークに活性化関数(activation function)を指定します。活性化関数のことを伝達関数とも言います。これは、ニューラルネットワークにおいて、入力の合計から出力を決定するための関数です。

```
import tensorflow as tf
import tensorflow.keras as keras
Dense = keras.layers.Dense

model = keras.models.Sequential()
model.add(Dense(10, activation='relu', input_shape=(4,)))
model.add(Dense(3, activation='softmax'))
```

ここでは、モデルをSequential(逐次実行)なものとして定義します。Denseというのは、全結合ニューラルネットワークです。そこにまず、ユニット数が10のネットワークを構築します。その際、入力データ(input_shape)は四次元、活性化関数(activation)にはreluを指定しています。

そして、出力用にユニット数3のニューラルネットワークを追加します。ここで指定するユニット数は、出力ユニットの数で、出力データの三次元を指定します。また、活性化関数(activation)には、softmaxを指定します。

まず、1つ目のネットワークで「ReLU（ランプ関数)」を指定しています。これは、以下のような数式で表されます。

$$\varphi(x) = x_+ = \max(0, x)$$

そして２つ目のネットワークで指定する活性化関数の softmax とは、ソフトマックス回帰を表すもので、次のような数式で表されるものです。

$$\mathrm{softmax}\,(x) = \frac{\exp(x_i)}{\sum_j \exp(x_j)}$$

$$y = \mathrm{softmax}\,(Wx + b)$$

突然、数式が出てくると難しいもののように感じます。しかし、数学に詳しくなくても、気軽にニューラルネットワークを利用できるのが TensorFlow の良いところです。ここでは、参考までに数式を紹介しましたが、パラメーターの１つとして捕らえ、いろいろ試してみると良いでしょう。

続いて、定義したモデルを構築してみましょう。

```
model.compile(
    loss='categorical_crossentropy',
    optimizer='adam',
    metrics=['accuracy'])
```

モデルを構築する時には、モデルをどのように評価するのかを metrics パラメーターに指定します。ここでは、正解率 (accuracy) を指定しています。また、損失関数の評価値 (loss) には、categorical_crossentropy を指定しています。これは、カテゴリーごとのクロスエントロピーを指定していますが、クラス分類でよく使われる誤差関数の１つです。また、最適化の手法には adam を指定していますが、これは確率的勾配降下法の１つアダム法を使って最適化を行うように指定しています。

データの学習と実行テスト

続いて、定義したモデルを利用して、機械学習を実行し、正解率を求めてみましょう。学習用のデータを用いて学習を行った後、テストデータを利用して評価を行います。

```
# 学習を実行
model.fit(x_train, y_train,
    batch_size=20,
    epochs=300)

# モデルを評価
score = model.evaluate(x_test, y_test, verbose=1)
print('正解率=', score[1], 'loss=', score[0])
```

ここで fit メソッドに指定するのは、データとラベルだけではありません。バッチサイズ (batch_size) とエポック (epochs) も指定します。バッチサイズとは 1 回に計算するデータの数のことで、エポックは繰り返し回数です。

バッチサイズを小さくすると、使用するメモリー量が少なくなりますが、小さくしすぎるとうまく動かなくなります。

そして学習の後で、テストデータを用いてモデルを評価します。評価を終えると戻り値に正解率が得られます。

なお、プログラムを実行すると、以下のように結果が表示されます。ただし、マシンの性能にもよりますが、実行には少々時間がかかる場合があります。

```
正解率= 0.96666664 loss= 0.19096146523952484
```

ランダムに学習データとテストデータを分けているので、学習結果にばらつきがありますが、だいたい 0.93 から 1.0 の間の値が表示されます。ここで改めて注目したい点は、ニューラルネットワークでは繰り返し学習を行うという点です。このように繰り返しデータを学習することで、パラメーターが調整されて、データを予測することができるようになります。

アヤメ分類問題の完全なプログラムと Keras について

ここまでの部分で、TensorFlow の基本的なプログラムを紹介しました。改めて、完全なプログラムを紹介します。

▼ keras-iris.py

```
import tensorflow as tf
import tensorflow.keras as keras
from sklearn.model_selection import train_test_split
import pandas as pd
import numpy as np

# アヤメデータの読み込み --- (※1)
iris_data = pd.read_csv("iris.csv", encoding="utf-8")

# アヤメデータをラベルと入力データに分離する
y_labels = iris_data.loc[:,"Name"]
x_data = iris_data.loc[:,["SepalLength","SepalWidth","PetalLength","PetalWid
th"]]

# ラベルデータをOne-Hotベクトルに直す
labels = {
    'Iris-setosa': [1, 0, 0],
    'Iris-versicolor': [0, 1, 0],
    'Iris-virginica': [0, 0, 1]
}
y_nums = np.array(list(map(lambda v : labels[v] , y_labels)))
x_data = np.array(x_data)

# 学習用とテスト用に分割する --- (※2)
x_train, x_test, y_train, y_test = train_test_split(
    x_data, y_nums, train_size=0.8)

# モデル構造を定義 --- (※3)
Dense = keras.layers.Dense
model = keras.models.Sequential()
model.add(Dense(10, activation='relu', input_shape=(4,)))
model.add(Dense(3, activation='softmax'))

# モデルを構築 --- (※4)
model.compile(
    loss='categorical_crossentropy',
    optimizer='adam',
    metrics=['accuracy'])

# 学習を実行 --- (※5)
model.fit(x_train, y_train,
    batch_size=20,
    epochs=300)

# モデルを評価 --- (※6)
score = model.evaluate(x_test, y_test, verbose=1)
print('正解率=', score[1], 'loss=', score[0])
```

プログラムを概観してみましょう。プログラムの(※1)の部分では、アヤメデータを読み込んで、ラベルをOne-Hotベクトル形式に変換します。このとき、np.array()を利用して、リスト型からNumPy形式に変換しておきます。

そして、(※2)の部分でアヤメデータを学習用とテスト用に分割します。2章と同じく、学習データを0.8(80%)、テストデータを0.2(20%)とします。

プログラムの(※3)以降の部分でモデルを定義します。

(※4)の部分では、モデルを構築します。

(※5)の部分では、学習データを与えて、データの学習を実行します。そして、(※6)でモデルを評価します。

TensorFlowの使い方を改善したKerasライブラリー

ここまで、ジャンケンのルールを学習するプログラムと、アヤメの分類問題のプログラム、TensorFlowを利用した2つのプログラムを見てきました。これをscikit-learnと使い勝手を比べるとどうでしょうか。もちろん、TensorFlowとscikit-learnは異なるライブラリーであるため、まったく同じように使うということはできませんが、モデル定義という手間が増えるものの、似ている部分も多くあったのではないでしょうか。

ところが、バージョン1の頃のTensorFlowは、柔軟性は非常に高かったものの、簡単なニューラルネットワークのモデルを記述する際にも、煩雑なコーディングが必要とされていました。

そのため、もっとTensorFlowを手軽に利用したいというニーズがありました。ここまで紹介したプログラムでモデルを定義するのに、tensorflow.keras以下のオブジェクトを利用していたことに気づいたでしょうか。

実はもともと、KerasはTensorFlowを利用する別のライブラリーとして開発されていました。しかし、とても使いやすいライブラリーであったため、TensorFlowに取り込まれたのです。Kerasを利用することで、scikit-learnのように手軽に機械学習を実践することが可能になりました。KerasがTensorFlowの使い勝手を劇的に改善したと言えます。

なお、本書の初版では、TensorFlowとKerasの両方の使い方を紹介していたのですが、KerasがTensorFlowに取り込まれたため、本改訂版では、煩雑なTensorFlowの使い方を大幅にカットするという編集が行われました。

学習の様子を視覚化しよう

ここまでの部分で紹介した通り、ニューラルネットワークでは、繰り返し学習を行ってパラメーターを調整することで精度を高めます。そのため、繰り返し回数を指定するepochsの値が重要です。

TensorFlowのプログラムを実行すると、次のように損失関数(loss)の値が下がっていき、正解率(accuracy)の値が上がっているのを観察できます。

```
Train on 120 samples
Epoch 1/10
120/120 [==============================] - 0s 2ms/sample - loss: 0.9843 - accuracy: 0.6833
Epoch 2/10
120/120 [==============================] - 0s 237us/sample - loss: 0.9554 - accuracy: 0.6833
Epoch 3/10
120/120 [==============================] - 0s 162us/sample - loss: 0.9286 - accuracy: 0.6833
Epoch 4/10
120/120 [==============================] - 0s 164us/sample - loss: 0.9054 - accuracy: 0.6833
Epoch 5/10
120/120 [==============================] - 0s 247us/sample - loss: 0.8820 - accuracy: 0.7083
Epoch 6/10
120/120 [==============================] - 0s 164us/sample - loss: 0.8604 - accuracy: 0.7167
Epoch 7/10
120/120 [==============================] - 0s 292us/sample - loss: 0.8431 - accuracy: 0.7750
Epoch 8/10
120/120 [==============================] - 0s 186us/sample - loss: 0.8258 - accuracy: 0.8333
Epoch 9/10
120/120 [==============================] - 0s 305us/sample - loss: 0.8129 - accuracy: 0.8750
Epoch 10/10
120/120 [==============================] - 0s 429us/sample - loss: 0.7969 - accuracy: 0.8917
30/30 [==============================] - 0s 4ms/sample - loss: 0.7980 - accuracy: 0.8667
正解率= 0.8666667 loss= 0.7979516983032227
```

▲ 繰り返しパラメーターを調整していく様子がわかる

TensorFlowではこの値をグラフに描画することができます。先ほどのアヤメの分類問題で関数fit()の戻り値には、historyという履歴データが含まれています。そこで、matplotlibを使って手軽にグラフを描画できます。プログラム「keras-iris.py」の後半を以下のように修正します。

```
# ... アヤメの分類問題を修正 ...
import matplotlib.pyplot as plt
epochs = 10
# 学習を実行
result = model.fit(x_train, y_train,
    batch_size=20,
    epochs=epochs)
# モデルを評価
score = model.evaluate(x_test, y_test, verbose=1)
print('正解率=', score[1], 'loss=', score[0])
# 学習の様子をグラフに描画
plt.plot(range(1, epochs+1),
    result.history['accuracy'], label="training")
plt.plot(range(1, epochs+1),
    result.history['loss'], label="loss")
plt.xlabel('Epochs=' + str(epochs))
plt.ylabel('Accuracy')
plt.legend()
plt.show()
```

これを実行すると、次の図のように loss と accuracy の推移を確認できます。ここでは、epochs に 10 を指定した場合のグラフです。確かに、これを見ると繰り返しのたびに損失関数 (loss) の値が下がり、正解率 (accuracy) の値が上がっているのが視覚的にわかります。

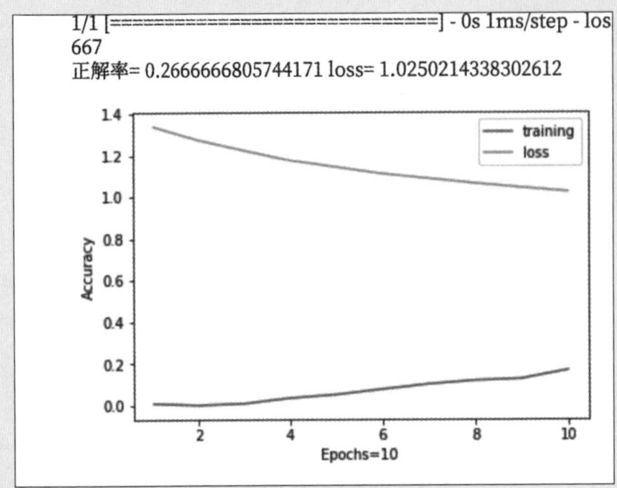

▲ ロスと正解率の推移を描画したところ（epochs=10）

とは言え、グラフを見る限り、もっと高い精度が望めそうな感じがします。それでは、繰り返し回数を 10 倍の 100 回に増やしてみましょう。すると「正解率 = 0.93　ロス = 0.31」となり、以下のようなグラフを描きました。epochs が 10 回の時の正解率は 0.267 だったので確かに精度は上がりました。ロスの下降が緩やかになっているものの、正解率の値はまだ上昇しそうな余地があります。

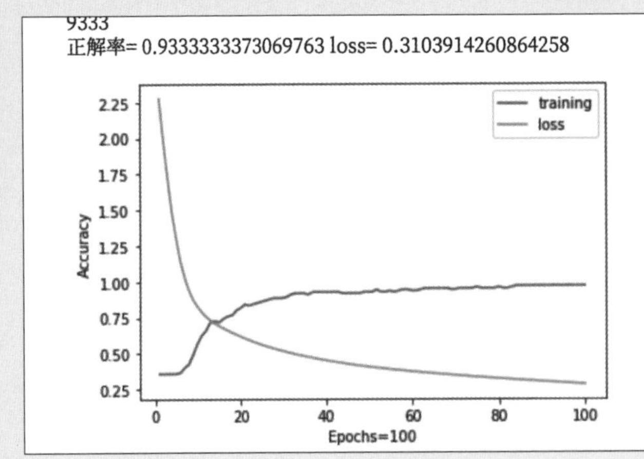

▲ ロスと正解率の推移を描画したところ（epochs=100）

それでは、epochsを300にして実行してみましょう。結果は「正解率＝1.0 ロス＝0.12」でした。十分な結果が出ています。どのようなグラフが描画されたでしょうか。ロスの値は下がりきり、正解率も上がりきっています。

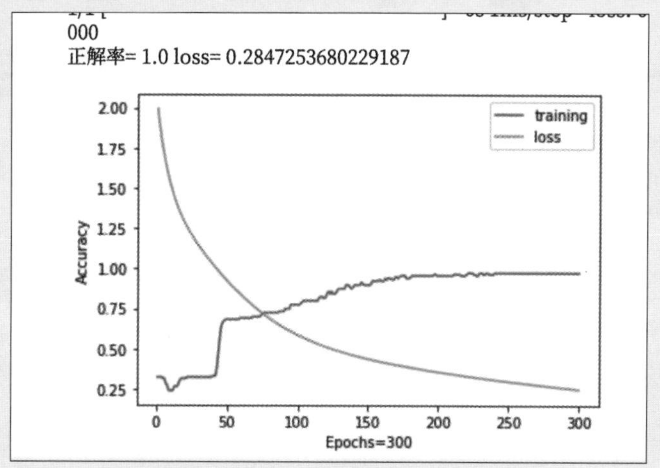

▲ ロスと正解率の推移を描画したところ（epochs=300）

このように、正解率とロスの値を描画してみると、パラメーターepochsの値が正しいのかどうかを確認できます。精度が正しいのかどうか、またニューラルネットワークの構造や活性化関数が有効かどうかなど、パフォーマンスチューニングを行う上で視覚的に学習の様子を見られるのは大きな助けになります。

この節のまとめ

- TensorFlowを利用してジャンケンのルールを学習したり、アヤメの分類問題を解いたりした
- TensorFlowではさまざまなニューラルネットワークが記述できる
- scikit-learnで培った機械学習の基礎的な知識を、TensorFlowでもそのまま活用できる

5-4 ディープラーニングで手書き数字の判定

3 章 3 節で手書き数字の判定を行いましたが、認識精度はそれほど高いものではありませんでした。そこで、ディープラーニングを利用して、再度手書き数字の認識に挑戦してみます。TensorFlow の利用例としても、よく利用される例題です。

利用する技術（キーワード）

- ディープラーニング（深層学習）
- TensorFlow
- 多層パーセプトロン(MLP)
- 畳み込みニューラルネットワーク(CNN)

この技術をどんな場面で利用するのか

- 手書き数字の認識

MNIST データを利用しよう

MNIST のデータは、白黒画像の手書き数字のデータセットです。学習用の画像は 6 万枚、テスト用の画像は 1 万枚もの画像が用意されています。それぞれの画像は、28 × 28 ピクセル、グレースケールです。グレースケールというのは、0(白)~255(黒) の範囲の値で構成される画像です。

Keras には、機械学習で使えるさまざまなデータセットが用意されており、MNIST のデータも、Keras のデータセットに含まれています。それでは、MNIST がどんなデータであるのか、実際に確認してみましょう。

Jupyter Notebook で以下のプログラムを実行してみましょう。

```
import keras
from keras.datasets import mnist
from matplotlib import pyplot

# MNISTのデータを読み込み
(X_train, y_train), (X_test, y_test) = mnist.load_data()

# データを4×8に出力
for i in range(0, 32):
    pyplot.subplot(4, 8, i + 1)
    pyplot.imshow(X_train[i], cmap='gray')

pyplot.show()
```

実行すると、以下の画像が表示されます。3章で扱った手書き数字のデータセットに比べると、質も量も大きなデータセットです。

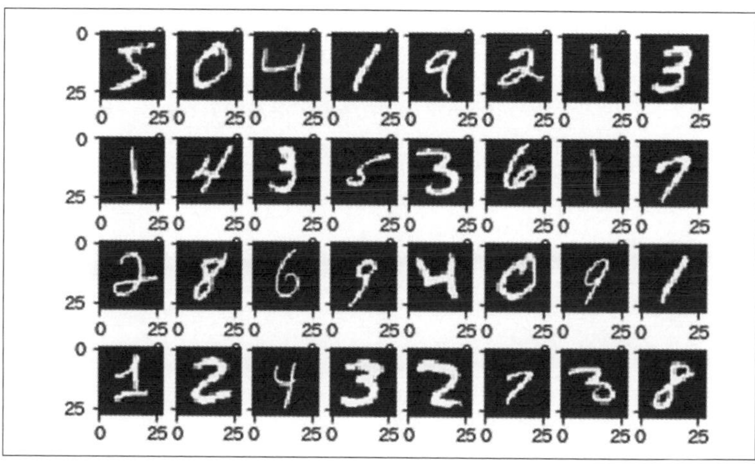

▲ MNISTの画像の例

仮想マシン(VirtualBox)でプログラムを実行した場合、メモリー不足でMNISTデータのダウンロードの途中でエラーが起きることがあります。その場合、設定でメモリーの割り当てを増やす必要があります。

VirtualBoxの設定を開き、システム>マザーボードとタブを開きます。そして、メインメモリーの割当量を増やします。一度仮想マシンの電源を落とした状態でないと変更できません。

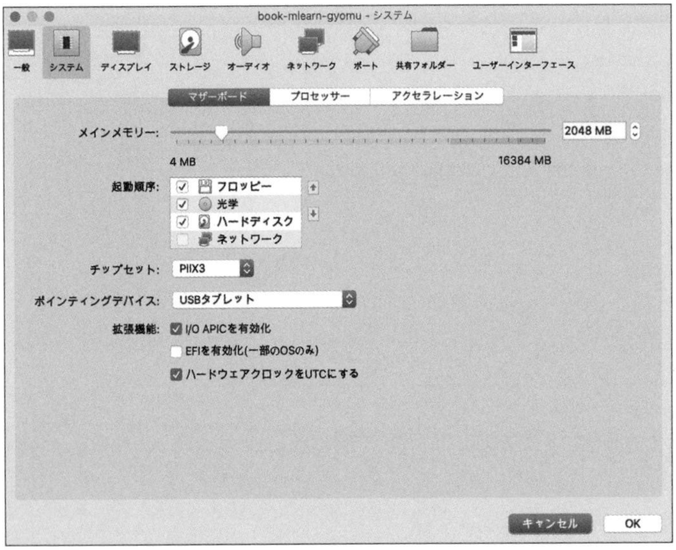

▲ VirtualBox の実行でエラーが出るときは、メモリーの割当量を増やそう

とは言え、実際のデータを見てみないと、どんなデータなのか実感できないでしょう。先ほど読み出した MNIST のデータを Jupyter Notebook で表示してみましょう。

```
X_train
```

実行すると、以下のように表示されます。

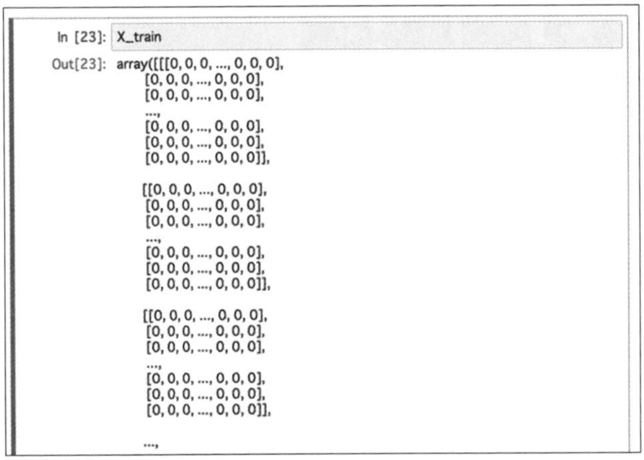

```
In [23]: X_train
Out[23]: array([[[0, 0, 0, ..., 0, 0, 0],
                 [0, 0, 0, ..., 0, 0, 0],
                 [0, 0, 0, ..., 0, 0, 0],
                 ...,
                 [0, 0, 0, ..., 0, 0, 0],
                 [0, 0, 0, ..., 0, 0, 0],
                 [0, 0, 0, ..., 0, 0, 0]],

                [[0, 0, 0, ..., 0, 0, 0],
                 [0, 0, 0, ..., 0, 0, 0],
                 [0, 0, 0, ..., 0, 0, 0],
                 ...,
                 [0, 0, 0, ..., 0, 0, 0],
                 [0, 0, 0, ..., 0, 0, 0],
                 [0, 0, 0, ..., 0, 0, 0]],

                [[0, 0, 0, ..., 0, 0, 0],
                 [0, 0, 0, ..., 0, 0, 0],
                 [0, 0, 0, ..., 0, 0, 0],
                 ...,
                 [0, 0, 0, ..., 0, 0, 0],
                 [0, 0, 0, ..., 0, 0, 0],
                 [0, 0, 0, ..., 0, 0, 0]],

                ...,
```

▲ MNIST の実際の学習用データ

これを見ると三次元の配列であり、確かに、1 つの画像が 25 × 25 個の二次元配列となっていることが確認できます。

最低限のニューラルネットワークで MNIST 分類を解く

それでは、前回アヤメの分類を行ったのと同じ、最低限のニューラルネットワークを使って、MNIST の手書き数字を分類してみましょう。

一次元の配列に変換して正規化

まず、画像 1 つが二次元なので、28 × 28 で 784 の一次元配列に変換しましょう。また、データの範囲は 0.0 から 1.0 の間に正規化する必要もあるので、色の最大の値 255 で割りましょう。

```
# データを 28*28=784 の一次元配列に変換
X_train = X_train.reshape(-1, 784).astype('float32') / 255
X_test = X_test.reshape(-1, 784).astype('float32') / 255
# データを確認
X_train
```

プログラムを Jupyter Notebook で実行してみると、以下のように、各画像が一次元に変換されていることを確認できます（データが二次元なのは、一次元の画像データが複数あるためです）。

```
In [27]: #データを28*28=784の一次元配列に変換
         X_train = X_train.reshape(-1, 784).astype('float32') / 255
         X_test = X_test.reshape(-1, 784).astype('float32') / 255
         X_train

Out[27]: array([[0., 0., 0., ..., 0., 0., 0.],
                [0., 0., 0., ..., 0., 0., 0.],
                [0., 0., 0., ..., 0., 0., 0.],
                ...,
                [0., 0., 0., ..., 0., 0., 0.],
                [0., 0., 0., ..., 0., 0., 0.],
                [0., 0., 0., ..., 0., 0., 0.]], dtype=float32)
```

▲ 二次元の画像データを一次元のデータに変換したところ

また、前回のアヤメの分類問題のときと同じく、ラベルデータを One-Hot ベクトルに変換しておきましょう。前回は、map() 関数を使って変換しましたが、Keras の機能を使って変換することもできます。

```
# ラベルデータを One-Hot ベクトルに直す
y_train = keras.utils.to_categorical(y_train.astype('int32'), 10)
y_test = keras.utils.to_categorical(y_test.astype('int32'), 10)
```

Keras でモデルを構築

それでは、Keras でニューラルネットワークのモデルを組んで、分類問題に挑戦してみましょう。

```
# 入力と出力を指定 --- (※1)
in_size = 28 * 28
out_size = 10

# モデル構造を定義 --- (※2)
Dense = keras.layers.Dense
model = keras.models.Sequential()
model.add(Dense(512, activation='relu', input_shape=(in_size,)))
model.add(Dense(out_size, activation='softmax'))

# モデルを構築 --- (※3)
model.compile(
    loss='categorical_crossentropy',
    optimizer='adam',
    metrics=['accuracy'])

# 学習を実行 --- (※4)
model.fit(X_train, y_train,
    batch_size=20, epochs=20)

# モデルを評価 --- (※5)
score = model.evaluate(X_test, y_test, verbose=1)
print('正解率=', score[1], 'loss=', score[0])
```

データ数が多いため、プログラムの実行にはある程度時間がかかります。簡単なニューラルネットワークなので、それほど結果に期待していませんでしたが、それでも最終結果は、正解率 0.9808(約98%) とかなり良いものとなりました。

```
# モデルを評価
score = model.evaluate(X_test, y_test, verbose=1)
print('正解率=', score[1], 'loss=', score[0])
```

```
Epoch 1/20
60000/60000 [==============================] - 30s 492us/step - loss: 0.1906 - acc: 0.9431
Epoch 2/20
60000/60000 [==============================] - 30s 493us/step - loss: 0.0787 - acc: 0.9755
Epoch 3/20
60000/60000 [==============================] - 32s 535us/step - loss: 0.0520 - acc: 0.9835
Epoch 4/20
60000/60000 [==============================] - 28s 471us/step - loss: 0.0368 - acc: 0.9882
Epoch 5/20
60000/60000 [==============================] - 27s 457us/step - loss: 0.0275 - acc: 0.9912
Epoch 6/20
60000/60000 [==============================] - 28s 464us/step - loss: 0.0234 - acc: 0.9921
Epoch 7/20
60000/60000 [==============================] - 26s 439us/step - loss: 0.0193 - acc: 0.9934
Epoch 8/20
60000/60000 [==============================] - 27s 455us/step - loss: 0.0154 - acc: 0.9948
Epoch 9/20
60000/60000 [==============================] - 27s 442us/step - loss: 0.0137 - acc: 0.9952
Epoch 10/20
60000/60000 [==============================] - 27s 448us/step - loss: 0.0130 - acc: 0.9957
Epoch 11/20
60000/60000 [==============================] - 28s 460us/step - loss: 0.0122 - acc: 0.9960
Epoch 12/20
60000/60000 [==============================] - 28s 463us/step - loss: 0.0105 - acc: 0.9967
Epoch 13/20
60000/60000 [==============================] - 26s 438us/step - loss: 0.0104 - acc: 0.9969
Epoch 14/20
60000/60000 [==============================] - 26s 433us/step - loss: 0.0097 - acc: 0.9971
Epoch 15/20
60000/60000 [==============================] - 29s 480us/step - loss: 0.0095 - acc: 0.9970
Epoch 16/20
60000/60000 [==============================] - 29s 488us/step - loss: 0.0089 - acc: 0.9973
Epoch 17/20
60000/60000 [==============================] - 29s 485us/step - loss: 0.0064 - acc: 0.9981
Epoch 18/20
60000/60000 [==============================] - 28s 461us/step - loss: 0.0104 - acc: 0.9970
Epoch 19/20
60000/60000 [==============================] - 28s 466us/step - loss: 0.0087 - acc: 0.9975
Epoch 20/20
60000/60000 [==============================] - 30s 504us/step - loss: 0.0084 - acc: 0.9976
10000/10000 [==============================] - 1s 141us/step
正解率= 0.9808 loss= 0.11846293969050016
```

▲ 前節と同じ単純なニューラルネットワークでの実行例

プログラムを見てみましょう。(※1) では、入力と出力のサイズを指定します。入力は画像1枚のサイズ (28×28 ピクセル) で、出力は0から9までのいずれかなので、10段階となります。

(※2) の部分では、簡単なニューラルネットワークのモデル構造を定義します。ここでは、前節よりも個数を増やして、ユニット数が512個あるネットワーク構造を構築します。

(※3) の部分でモデルを構築し、(※4) の部分では、実際に学習を実行します。

そして、最後の (※5) の部分でモデルを評価します。

MLP で MNIST の分類問題に挑戦しよう

次に、『多層パーセプトロン (multilayer perceptron)』のアルゴリズムを利用して、MNIST の分類問題に挑戦してみましょう。多層パーセプトロンは略して MLP と呼ばれています。MLP は、以前紹介した、以下のような構造のニューラルネットワークです。

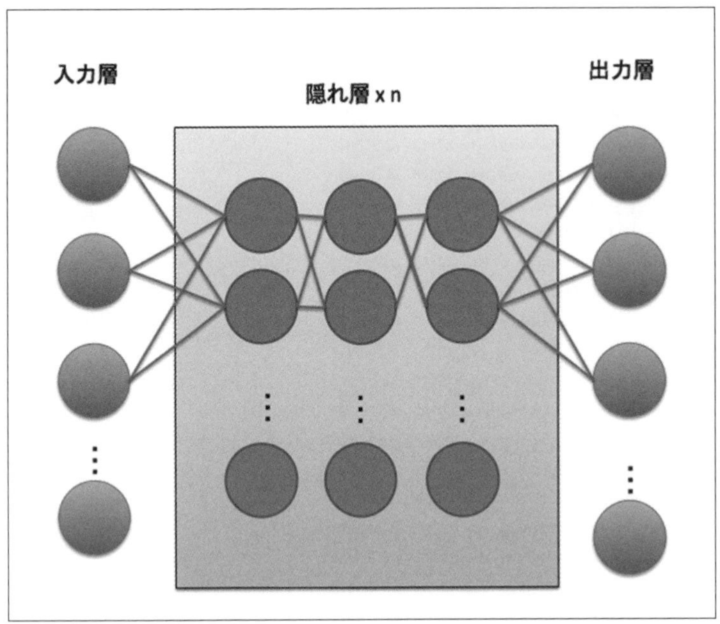

▲ 多層パーセプトロン（MLP）の構造

特徴としては、入力層からデータを入力した後、複数の隠れ層を経て出力層に出力されます。これを Keras で表すには、以下のようなモデルを定義します。

```
in_size = 28 * 28
out_size = 10
～省略～
model = Sequential()
model.add(Dense(512, activation='relu', input_shape=(in_size,)))
model.add(Dropout(0.2))
model.add(Dense(512, activation='relu'))
model.add(Dropout(0.2))
model.add(Dense(out_size, activation='softmax'))
```

上記のプログラムでは、MLP の特徴を反映して、model.add() メソッドを用いて、複数の隠れ層を追加していることがわかることでしょう。

ドロップアウト - 忘れることで精度が高まる？！

ところで、model.add() で、Dropout() 関数が使われています。これは、ドロップアウト処理を加えるものです。ドロップアウトというのは、入力値のうちいくらかをランダムに 0 にセットする機能です。つまり、覚えたことを忘れることを意味するのですが、これにより過学習を防ぐことができます。忘れることで学習精度が上がるというのは、とても興味深いと思いませんか。

MLP の完全なプログラム

ここまで、少しずつプログラムを紹介しましたが、ここで完全なプログラムを一気に紹介します。

▼ mnist-mlp.py

```
# MLP で MNIST の分類問題に挑戦
import keras
from keras.models import Sequential
from keras.layers import Dense, Dropout
from keras.optimizers import RMSprop
from keras.datasets import mnist
import matplotlib.pyplot as plt

# 入力と出力を指定
in_size = 28 * 28
out_size = 10

# MNIST のデータを読み込み --- (※1)
(X_train, y_train), (X_test, y_test) = mnist.load_data()
# データを 28*28=784 の一次元配列に変換
X_train = X_train.reshape(-1, 784).astype('float32') / 255
X_test = X_test.reshape(-1, 784).astype('float32') / 255
# ラベルデータを One-Hot ベクトルに直す
y_train = keras.utils.to_categorical(y_train.astype('int32'),10)
y_test = keras.utils.to_categorical(y_test.astype('int32'),10)

# MLP モデル構造を定義 --- (※2)
model = Sequential()
model.add(Dense(512, activation='relu', input_shape=(in_size,)))
model.add(Dropout(0.2))
model.add(Dense(512, activation='relu'))
model.add(Dropout(0.2))
model.add(Dense(out_size, activation='softmax'))

# モデルを構築 --- (※3)
model.compile(
    loss='categorical_crossentropy',
    optimizer=RMSprop(),
    metrics=['accuracy'])

# 学習を実行 --- (※4)
hist = model.fit(X_train, y_train,
          batch_size=128,
          epochs=50,
          verbose=1,
          validation_data=(X_test, y_test))

# モデルを評価 --- (※5)
score = model.evaluate(X_test, y_test, verbose=1)
print('正解率=', score[1], 'loss=', score[0])

# 学習の様子をグラフへ描画 --- (※6)
```

```
# 正解率の推移をプロット
plt.plot(hist.history['accuracy'])
plt.plot(hist.history['val_accuracy'])
plt.title('Accuracy')
plt.legend(['train', 'test'], loc='upper left')
plt.show()

# ロスの推移をプロット
plt.plot(hist.history['loss'])
plt.plot(hist.history['val_loss'])
plt.title('Loss')
plt.legend(['train', 'test'], loc='upper left')
plt.show()
```

プログラムを実行すると、正解率は0.985(98.5%)になり、先ほどよりも若干、精度が改善されました。

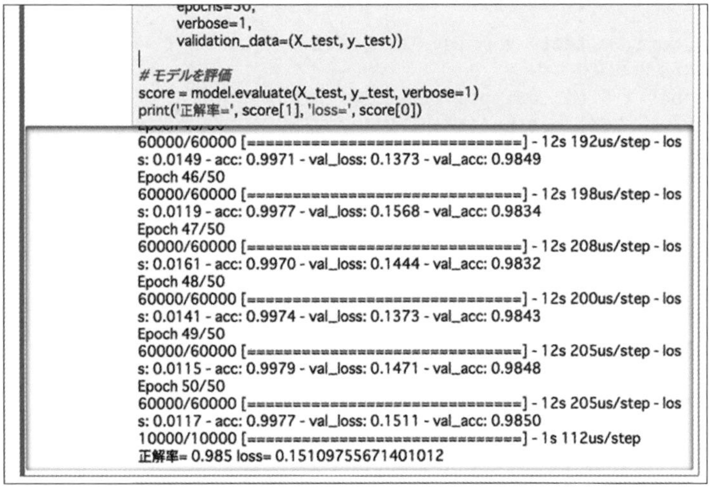

```
        epochs=50,
        verbose=1,
        validation_data=(X_test, y_test))

#モデルを評価
score = model.evaluate(X_test, y_test, verbose=1)
print('正解率=', score[1], 'loss=', score[0])
```

```
60000/60000 [==============================] - 12s 192us/step - loss: 0.0149 - acc: 0.9971 - val_loss: 0.1373 - val_acc: 0.9849
Epoch 46/50
60000/60000 [==============================] - 12s 198us/step - loss: 0.0119 - acc: 0.9977 - val_loss: 0.1568 - val_acc: 0.9834
Epoch 47/50
60000/60000 [==============================] - 12s 208us/step - loss: 0.0161 - acc: 0.9970 - val_loss: 0.1444 - val_acc: 0.9832
Epoch 48/50
60000/60000 [==============================] - 12s 200us/step - loss: 0.0141 - acc: 0.9974 - val_loss: 0.1373 - val_acc: 0.9843
Epoch 49/50
60000/60000 [==============================] - 12s 205us/step - loss: 0.0115 - acc: 0.9979 - val_loss: 0.1471 - val_acc: 0.9848
Epoch 50/50
60000/60000 [==============================] - 12s 205us/step - loss: 0.0117 - acc: 0.9977 - val_loss: 0.1511 - val_acc: 0.9850
10000/10000 [==============================] - 1s 112us/step
正解率= 0.985 loss= 0.15109755671401012
```

▲ MLPでMNISTの分類問題を実行したところ

プログラムを確認してみましょう。(※1)の部分では、MNISTのデータを読み込み、ニューラルネットワークに与えるのに相応しい形式に変換します。

(※2)の部分では、MLPのモデルを定義します。この部分については、すでに紹介した通り、隠れ層を多層にしているところがポイントです。

(※3)の部分でモデルを構築し、(※4)で学習を実行します。

最後に、(※5)の部分で最終的なスコアを算出して表示します。

また、先ほども紹介したように、Kerasのfit()メソッドには、正解率(accuracy)の履歴が記録されます。そこで、(※6)の部分では、その値を利用して正解率と損失関数の値グラフを描画します。「損失関数(loss)」とは正解とどれくらい離れているかを表す数値です。

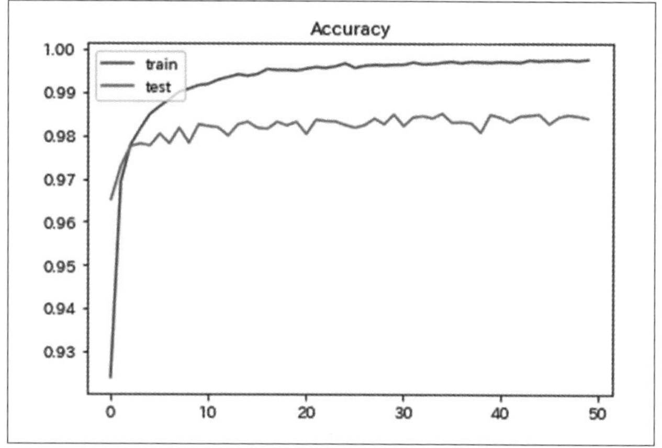

▲ MLP の学習における正解率の推移

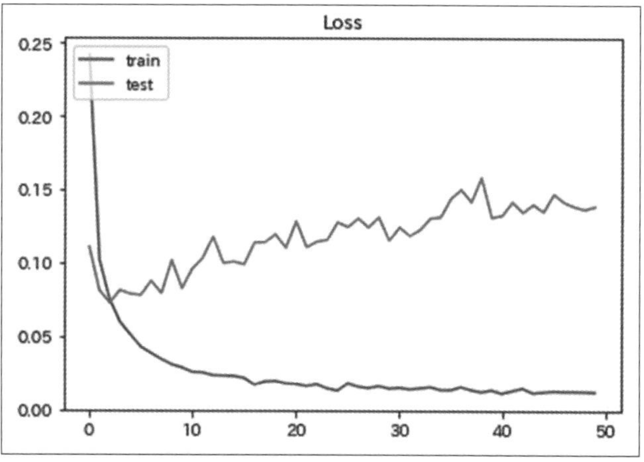

▲ MLP の学習におけるロスの推移

改良のヒント

先ほど MLP を使うことで、MNIST で正解率 0.985(98.5%) という値を叩き出すことができました。しかし、『畳み込みニューラルネットワーク (Convolutional Neural Network、略称 : CNN)』を利用することで、より高い精度を出すことができます。

CNN は、畳み込み層 (convolution layer) とプーリング層 (pooling layer) から構成されるニューラルネットワークです。画像データを解析する際に高い精度を出せることで有名ですが、音声認識や顔検出、レコメンド機能や翻訳など、さまざまな用途で利用されます。

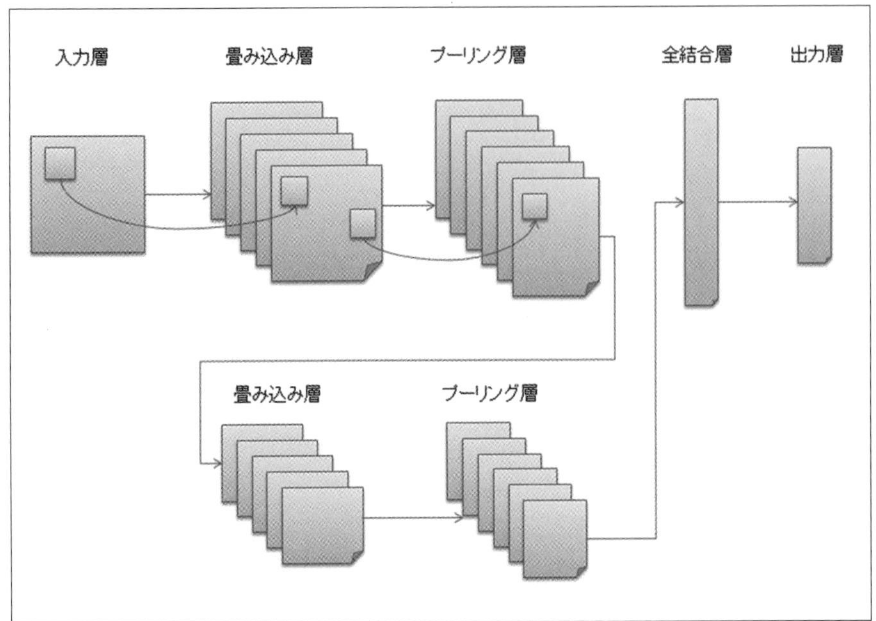

▲ CNN の仕組み

この仕組みを、TensorFlow と Keras を使って実装してみましょう。基本的には、MLP を使った前回のプログラムと同じです。しかし、モデルの組み方、また、パラメーターの持たせ方が少しずつ変わっています。それでは、最初にプログラムを見てみましょう。

▼ mnist-cnn.py

```
# CNN で MNIST の分類問題に挑戦
import keras
from keras.models import Sequential
from keras.layers import Dense, Dropout, Flatten
from keras.layers import Conv2D, MaxPooling2D
from keras.optimizers import RMSprop
from keras.datasets import mnist
import matplotlib.pyplot as plt

# 入力と出力を指定 --- (※ 1)
im_rows = 28 # 画像の縦ピクセルサイズ
im_cols = 28 # 画像の横ピクセルサイズ
im_color = 1 # 画像の色空間 / グレースケール
in_shape = (im_rows, im_cols, im_color)
out_size = 10

# MNIST のデータを読み込み
(X_train, y_train), (X_test, y_test) = mnist.load_data()
# 読み込んだデータを三次元配列に変換 --- (※ 1a)
X_train = X_train.reshape(-1, im_rows, im_cols, im_color)
X_train = X_train.astype('float32') / 255
```

```
X_test = X_test.reshape(-1, im_rows, im_cols, im_color)
X_test = X_test.astype('float32') / 255
# ラベルデータをOne-Hotベクトルに直す
y_train = keras.utils.to_categorical(y_train.astype('int32'),10)
y_test = keras.utils.to_categorical(y_test.astype('int32'),10)

# CNNモデル構造を定義 --- (※2)
model = Sequential()
model.add(Conv2D(32,
          kernel_size=(3, 3),
          activation='relu',
          input_shape=in_shape))
model.add(Conv2D(64, (3, 3), activation='relu'))
model.add(MaxPooling2D(pool_size=(2, 2)))
model.add(Dropout(0.25))
model.add(Flatten())
model.add(Dense(128, activation='relu'))
model.add(Dropout(0.5))
model.add(Dense(out_size, activation='softmax'))

# モデルを構築 --- (※3)
model.compile(
    loss='categorical_crossentropy',
    optimizer=RMSprop(),
    metrics=['accuracy'])

# 学習を実行 --- (※4)
hist = model.fit(X_train, y_train,
          batch_size=128,
          epochs=12,
          verbose=1,
          validation_data=(X_test, y_test))

# モデルを評価 --- (※5)
score = model.evaluate(X_test, y_test, verbose=1)
print('正解率=', score[1], 'loss=', score[0])

# 学習の様子をグラフへ描画 --- (※6)
# 正解率の推移をプロット
plt.plot(hist.history['accuracy'])
plt.plot(hist.history['val_accuracy'])
plt.title('Accuracy')
plt.legend(['train', 'test'], loc='upper left')
plt.show()

# ロスの推移をプロット
plt.plot(hist.history['loss'])
plt.plot(hist.history['val_loss'])
plt.title('Loss')
plt.legend(['train', 'test'], loc='upper left')
plt.show()
```

プログラムを実行すると、以下のように結果が表示されます。実行には時間がかかりますが、先ほどの MLP よりもより精度が高くなり、実行結果には正解率 0.9894(約 99%) と高精度な値が表示されました。

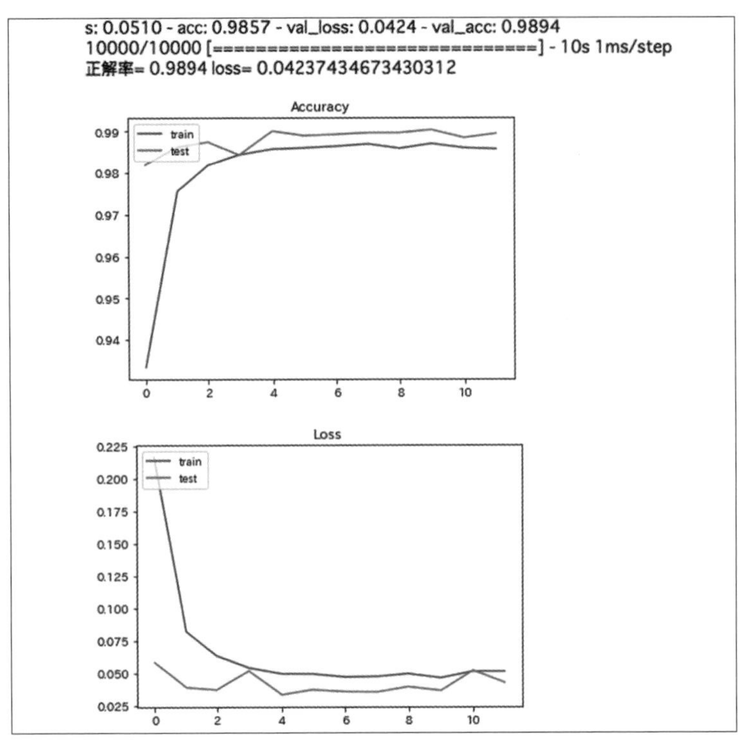

▲ MNIST を CNN で分類したところ

それでは CNN の仕組みを考えつつ、少しずつプログラムを見ていきましょう。ここまでの部分で、画像の分類問題では、二次元の画像を一次元のベクトルに変形して、ニューラルネットワークに学習させていました。しかし、CNN では二次元の画像の形を畳み込みすることで、画像の特徴を掴んだ分類を行います。

ここでプログラムの (※ 1) の部分を見てみましょう。CNN では、畳み込み層を構成するために、画像の縦・横・色の三次元に変換する必要があります。そのために、(※ 1a) の部分では、読み込んだ MNIST のデータを三次元に変形します。この処理を行うことで、以下のようなデータとなります。

```
array([[[[0],
         [0],
         [0],
         ...,
         [0],
         [0],
         [0]]]], dtype=uint8)
```

0だけが入った配列を見ると、何の意味があるのか一見わからないと思います。しかし、一般的な画像はカラーであり、赤・緑・青と光の三原色を指定することになります。つまり､1ピクセルごとに、1つの配列が用意されると考えてください。

そして、このプログラムのメインとなるのが、(※2)の部分です。CNNのモデルを定義します。Conv2D()が畳み込み層の作成、MaxPooling2D()がプーリング層の作成、Flatten()では入力を平滑化します。

畳み込み層では、画像の特徴量の畳み込みを行います。どういうことかと言うと、画像の各部分にある特徴を調べます。そして、プーリング層では、画像データの特徴を残しつつ圧縮します。圧縮することで、その後の処理が行いやすくなります。

プログラムの(※3)以降はこれまでと同じで、モデルを構築し、(※4)で学習を実行し、(※5)でモデルを評価し、(※6)で学習の様子のグラフを描画します。

ここでは、TensorFlowとKerasを利用して、MNISTの手書き数字の分類を行ってみました。MLPやCNNなどのアルゴリズムを紹介しました。ディープラーニングの手法を使うことで、かなり高精度の分類ができることがわかったのではないでしょうか。

この節のまとめ

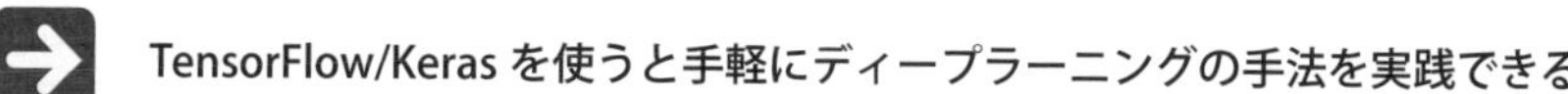
TensorFlow/Kerasを使うと手軽にディープラーニングの手法を実践できる

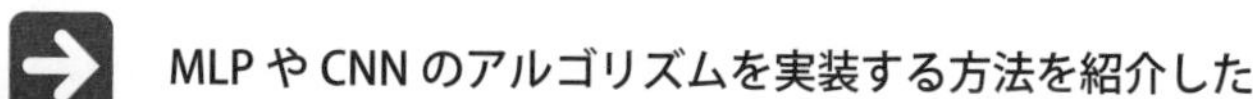
MLPやCNNのアルゴリズムを実装する方法を紹介した

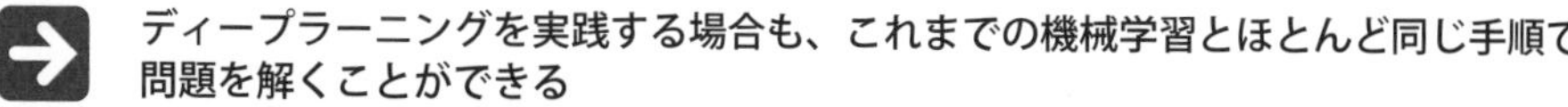
ディープラーニングを実践する場合も、これまでの機械学習とほとんど同じ手順で問題を解くことができる

5-5 写真に写った物体を認識しよう

写真に何が写っているのかを認識するプログラムを作ってみます。この物体認識のために、CIFAR-10 というデータセットを利用します。この画像データセットには、飛行機や車、鳥・ネコなどの 10 カテゴリーの写真 6 万枚があります。ディープラーニングでこれらを判別してみましょう。

利用する技術（キーワード）

- CIFAR-10データセット
- 多層パーセプトロン(MLP)
- 畳み込みニューラルネットワーク(CNN)

この技術をどんな場面で利用するのか

- 写真の物体認識

CIFAR-10 とは？

約 8000 万枚の画像が「80 Million Tiny Images」という Web サイトで公開されています。そこから、6 万枚の画像を抽出し、ラベル付けしたデータセットが『CIFAR-10』です。画像は 6 万枚もあり、フルカラーなのですが、画像サイズは 32 × 32 ピクセルと小さなサイズの画像となっています。以下の URL で公開されています。

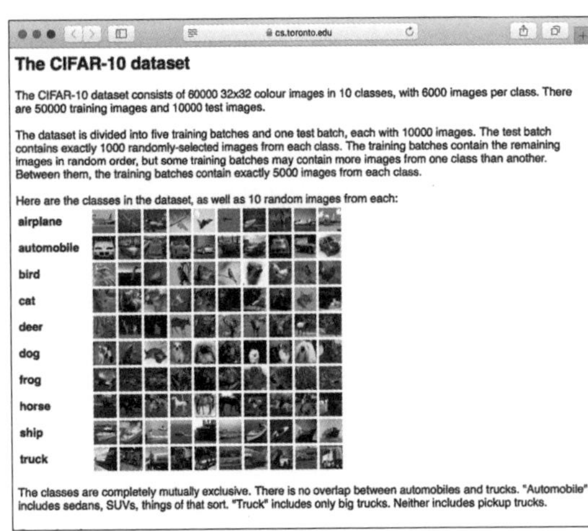

▲ CIFAR-10 データセットの Web サイト

The CIFAR-10 dataset
[URL] https://www.cs.toronto.edu/~kriz/cifar.html

CIFAR-10のデータセットの特徴をまとめると以下のようになります。

- **合計6万枚(学習用5万枚/テスト用1万枚)の画像とラベル**
- **画像サイズは32×32ピクセル**
- **フルカラー(RGBの3チャンネル)**

CIFAR-10をダウンロードしよう

Kerasには、CIFAR-10のデータをダウンロードする機能が備わっています。Jupyter Notebookなどで、以下のプログラムを実行してみましょう。CIFAR-10のデータをダウンロードできます。

```
from keras.datasets import cifar10
(X_train, y_train), (X_test, y_test) = cifar10.load_data()
```

Jupyter Notebookでダウンロードしたデータを確認してみましょう。以下のコードを実行すると、画像とそれが何を表すのか、40個のサンプルを表示します。

```
import matplotlib.pyplot as plt
from PIL import Image

plt.figure(figsize=(10, 10))
labels = ["airplane", "automobile", "bird", "cat", "deer", "dog", "frog", 
"horse", "ship", "truck"]
for i in range(0, 40):
    im = Image.fromarray(X_train[i])
    plt.subplot(5, 8, i + 1)
    plt.title(labels[y_train[i][0]])
    plt.tick_params(labelbottom="off",bottom="off") # x軸をオフ
    plt.tick_params(labelleft="off",left="off") # y軸をオフ
    plt.imshow(im)

plt.show()
```

プログラムを実行してみると、以下のように表示されます。

▲ CIFAR-10 の画像

具体的な配列データも確認してみましょう。X_train の値を表示すると、次のようになっています。ここから、１枚の画像が三次元の配列で構成されていることがわかります。

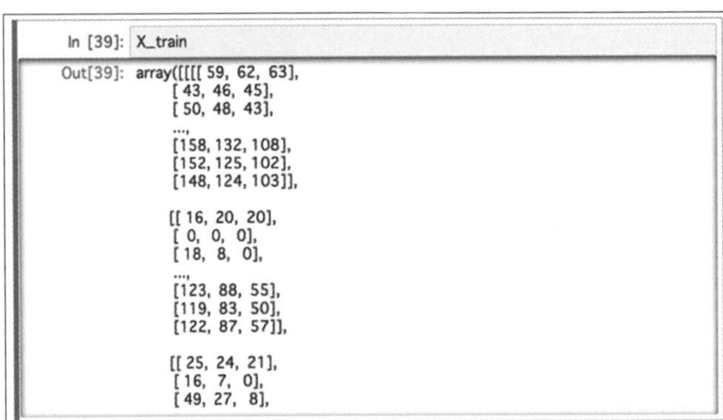

```
In [39]: X_train

Out[39]: array([[[[ 59,  62,  63],
          [ 43,  46,  45],
          [ 50,  48,  43],
          ...,
          [158, 132, 108],
          [152, 125, 102],
          [148, 124, 103]],

         [[ 16,  20,  20],
          [  0,   0,   0],
          [ 18,   8,   0],
          ...,
          [123,  88,  55],
          [119,  83,  50],
          [122,  87,  57]],

         [[ 25,  24,  21],
          [ 16,   7,   0],
          [ 49,  27,   8],
```

▲ CIFAR-10 のデータ

つまり、CIFAR-10 のデータセットは、10 クラスにわかれたさまざまな物体の画像を学習し、未知の画像を与えたときに、何が映り込んでいるかを判定する分類問題です。

CIFAR-10の分類問題をMLPで判別してみよう

それでは、前節と同じように多層パーセプトロン(MLP)のアルゴリズムで、この分類問題を解いてみましょう。

▼ cifar10-mlp.py

```
import matplotlib.pyplot as plt
import keras
from keras.datasets import cifar10
from keras.models import Sequential
from keras.layers import Dense, Dropout

num_classes = 10
im_rows = 32
im_cols = 32
im_size = im_rows * im_cols * 3

# データを読み込む --- (※1)
(X_train, y_train), (X_test, y_test) = cifar10.load_data()

# データを一次元配列に変換 --- (※2)
X_train = X_train.reshape(-1, im_size).astype('float32') / 255
X_test = X_test.reshape(-1, im_size).astype('float32') / 255
# ラベルデータをOne-Hot形式に変換
y_train = keras.utils.to_categorical(y_train, num_classes)
y_test = keras.utils.to_categorical(y_test, num_classes)

# モデルを定義 --- (※3)
model = Sequential()
model.add(Dense(512, activation='relu', input_shape=(im_size,)))
model.add(Dense(num_classes, activation='softmax'))

# モデルを構築 --- (※4)
model.compile(
    loss='categorical_crossentropy',
    optimizer='adam',
    metrics=['accuracy'])

# 学習を実行 --- (※5)
hist = model.fit(X_train, y_train,
    batch_size=32, epochs=50,
    verbose=1,
    validation_data=(X_test, y_test))

# モデルを評価 --- (※6)
score = model.evaluate(X_test, y_test, verbose=1)
print('正解率=', score[1], 'loss=', score[0])

# 学習の様子をグラフへ描画 --- (※7)
plt.plot(hist.history['accuracy'])
plt.plot(hist.history['val_accuracy'])
```

```
plt.title('Accuracy')
plt.legend(['train', 'test'], loc='upper left')
plt.show()
plt.plot(hist.history['loss'])
plt.plot(hist.history['val_loss'])
plt.title('Loss')
plt.legend(['train', 'test'], loc='upper left')
plt.show()
```

実行すると、以下のようになりました。

```
50000/50000 [==============================] - 74s 1ms/step - loss: 1.3112 - acc: 0.5334 - val_loss: 1.5157 - val_acc: 0.4793
Epoch 43/50
50000/50000 [==============================] - 74s 1ms/step - loss: 1.3065 - acc: 0.5353 - val_loss: 1.4842 - val_acc: 0.4843
Epoch 44/50
50000/50000 [==============================] - 75s 2ms/step - loss: 1.3077 - acc: 0.5336 - val_loss: 1.5192 - val_acc: 0.4672
Epoch 45/50
50000/50000 [==============================] - 82s 2ms/step - loss: 1.3040 - acc: 0.5339 - val_loss: 1.5137 - val_acc: 0.4725
Epoch 46/50
50000/50000 [==============================] - 80s 2ms/step - loss: 1.3007 - acc: 0.5351 - val_loss: 1.4804 - val_acc: 0.4831
Epoch 47/50
50000/50000 [==============================] - 79s 2ms/step - loss: 1.2983 - acc: 0.5372 - val_loss: 1.5606 - val_acc: 0.4546
Epoch 48/50
50000/50000 [==============================] - 78s 2ms/step - loss: 1.2946 - acc: 0.5400 - val_loss: 1.4710 - val_acc: 0.4880
Epoch 49/50
50000/50000 [==============================] - 80s 2ms/step - loss: 1.2931 - acc: 0.5386 - val_loss: 1.4712 - val_acc: 0.4913
Epoch 50/50
50000/50000 [==============================] - 80s 2ms/step - loss: 1.2919 - acc: 0.5383 - val_loss: 1.5297 - val_acc: 0.4671
10000/10000 [==============================] - 3s 257us/step
正解率= 0.4671 loss= 1.5296946769714355
```

▲ MLP で CIFAR-10 の分類問題に挑戦したところ

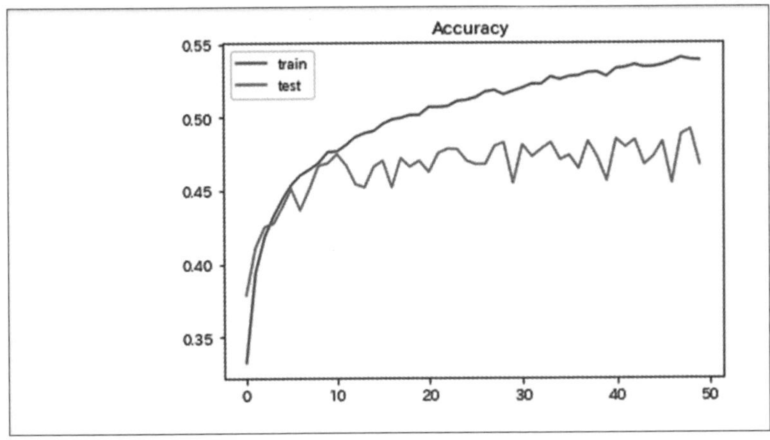

▲ MLP で正解率の推移

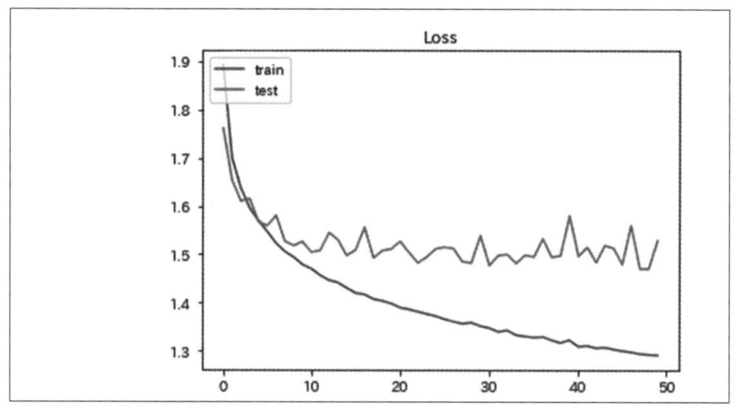

▲ MLP でロスの推移

正解率は 0.476(約 48%) です。それほど良くはありませんが、10 種類のクラスへの分類ですから、0.1(10%) 以上の値が出れば、デタラメではなく、ある程度判定できていると言えます。

それでは、プログラムを詳しく見てみましょう。(※ 1) の部分では、CIFAR-10 の画像データを読み込みます。

(※ 2) の部分では、データを一次元の配列に変換します。ラベルは、One-Hot 形式に変換しておきます。

(※ 3) で簡単な MLP のモデルを定義、(※ 4) で構築、(※ 5) で学習を行います。

最後に (※ 6) の部分で、テストデータを用いて評価結果を調べます。

(※ 7) では、学習の様子をグラフに描画します。

ちなみにプログラムは、前節の MLP とほとんど同じになっていることが確認できるでしょう。つまり、どんな画像データであれ、一次元の配列データに変換しさえすれば、MLP のモデルを利用してディープラーニングが実践できることを表しています。

CIFAR-10 の分類問題を CNN で判別してみよう

MLP を使った分類では 0.476（約 48%）の正解率だったので、2 回に 1 回以上は期待と違う答えが出ることになります。そこで次に、畳み込みニューラルネットワーク (CNN) を使って、分類問題を解いてみましょう。

前節でもそうでしたが、CNN を使うと実行に時間はかかりますが、MLP よりも高い精度を出すことが期待できます。それでは、さっそくプログラムを作ってみましょう。とは言え、せっかく CNN を使ってプログラムを作り直すので、前回よりも凝ったモデルを採用してみましょう。

▼ cifar10-cnn.py

```
import matplotlib.pyplot as plt
import keras
from keras.datasets import cifar10
from keras.models import Sequential
from keras.layers import Dense, Dropout, Activation, Flatten
from keras.layers import Conv2D, MaxPooling2D

num_classes = 10
im_rows = 32
im_cols = 32
in_shape = (im_rows, im_cols, 3)

# データを読み込む --- (※1)
(X_train, y_train), (X_test, y_test) = cifar10.load_data()

# データを正規化 --- (※2)
X_train = X_train.astype('float32') / 255
X_test = X_test.astype('float32') / 255
# ラベルデータをOne-Hot形式に変換
y_train = keras.utils.to_categorical(y_train, num_classes)
y_test = keras.utils.to_categorical(y_test, num_classes)

# モデルを定義 --- (※3)
model = Sequential()
model.add(Conv2D(32, (3, 3), padding='same',
                 input_shape=in_shape))
model.add(Activation('relu'))
model.add(Conv2D(32, (3, 3)))
model.add(Activation('relu'))
model.add(MaxPooling2D(pool_size=(2, 2)))
model.add(Dropout(0.25))

model.add(Conv2D(64, (3, 3), padding='same'))
model.add(Activation('relu'))
model.add(Conv2D(64, (3, 3)))
model.add(Activation('relu'))
model.add(MaxPooling2D(pool_size=(2, 2)))
model.add(Dropout(0.25))

model.add(Flatten())
model.add(Dense(512))
model.add(Activation('relu'))
model.add(Dropout(0.5))
model.add(Dense(num_classes))
model.add(Activation('softmax'))
```

```
# モデルを構築 --- (※4)
model.compile(
    loss='categorical_crossentropy',
    optimizer='adam',
    metrics=['accuracy'])

# 学習を実行 --- (※5)
hist = model.fit(X_train, y_train,
    batch_size=32, epochs=50,
    verbose=1,
    validation_data=(X_test, y_test))

# モデルを評価 --- (※6)
score = model.evaluate(X_test, y_test, verbose=1)
print('正解率=', score[1], 'loss=', score[0])

# 学習の様子をグラフへ描画 --- (※7)
plt.plot(hist.history['accuracy'])
plt.plot(hist.history['val_accuracy'])
plt.title('Accuracy')
plt.legend(['train', 'test'], loc='upper left')
plt.show()
plt.plot(hist.history['loss'])
plt.plot(hist.history['val_loss'])
plt.title('Loss')
plt.legend(['train', 'test'], loc='upper left')
plt.show()
```

プログラムを実行してみると、以下のように表示されます。正解率は0.7894(約79%)です。MLPの精度、0.476に比べたらずいぶん改善しました。

```
50000/50000 [==============================] - 310s 6ms/step - los
s: 0.4006 - acc: 0.8612 - val_loss: 0.6571 - val_acc: 0.7931
Epoch 46/50
50000/50000 [==============================] - 325s 7ms/step - los
s: 0.3917 - acc: 0.8650 - val_loss: 0.6629 - val_acc: 0.7879
Epoch 47/50
50000/50000 [==============================] - 323s 6ms/step - los
s: 0.3951 - acc: 0.8641 - val_loss: 0.6807 - val_acc: 0.7819
Epoch 48/50
50000/50000 [==============================] - 311s 6ms/step - los
s: 0.3953 - acc: 0.8640 - val_loss: 0.6982 - val_acc: 0.7874
Epoch 49/50
50000/50000 [==============================] - 313s 6ms/step - los
s: 0.3932 - acc: 0.8659 - val_loss: 0.6871 - val_acc: 0.7885
Epoch 50/50
50000/50000 [==============================] - 975s 19ms/step - los
s: 0.3800 - acc: 0.8702 - val_loss: 0.6854 - val_acc: 0.7894
10000/10000 [==============================] - 20s 2ms/step
正解率= 0.7894 loss= 0.6854097812175751
```

▲ CIFAR-10をCNNのモデルで分類した結果

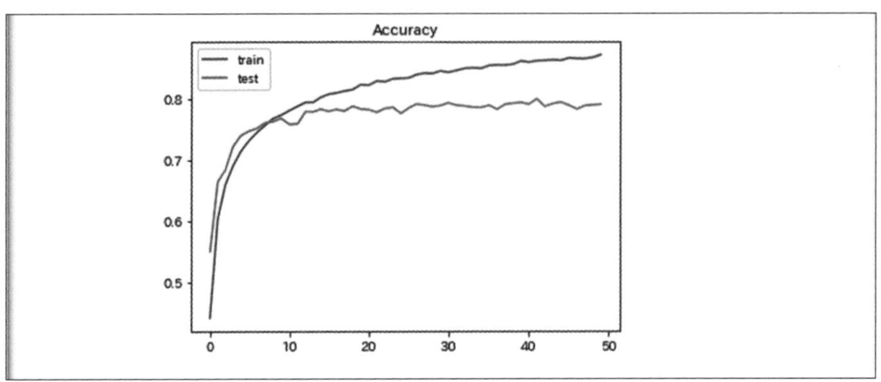

▲ CNN のモデルの正解率の推移

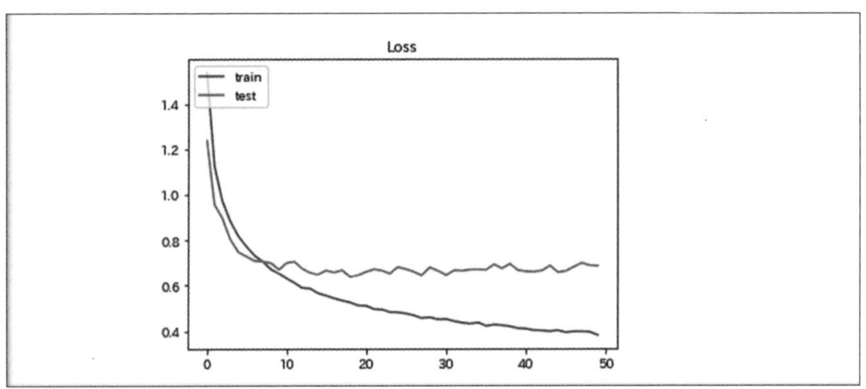

▲ CNN のモデルのロスの推移

詳しくプログラムを見てみましょう。(※ 1) の部分では、先のプログラムと同じように、CIFAR-10 のデータを読み込みます。

(※ 2) の部分では、正規化を行います。CNN では、MLP と違って一次元の配列に変換する必要はなく、縦×横× RGB 色空間の三次元のデータをそのまま与えることができます。

(※ 3) の部分では、CNN のモデルを定義します。CIFAR-10 のデータセットは、手書き数字の判定よりもずっと複雑になりますので、前回の CNN よりもたくさん畳み込みとプーリング処理を行うようなネットワークを構築します。Keras のプログラムが明快なのは、model.add() の処理を順に追っていくだけで、どのようにレイヤーが積み重なっているのかが明確である点です。

この部分を見ていくと、畳み込み、畳み込み、プーリング、ドロップアウト、畳み込み、畳み込み、プーリング、平滑化 ... と、何層にもわたる構造を記述しています。このモデルですが、2014 年に行われた画像認識コンテスト「ILSVRC-2014」で優秀な成績を収めた VGG のチームが利用したモデルに似たもので、VGG like と呼ばれます。

そして、(※ 4) でモデルを構築して、(※ 5) で学習を実行、(※ 6) でモデルを評価して、(※ 7) で学習の推移をグラフで表示するという一連の流れになっています。

学習結果を保存してみよう

ところで、CNNでデータを学習させるには、非常に長い時間がかかったことでしょう。毎回、データを学習させるのはたいへんです。そこで、前章のscikit-learnのときと同じように、学習結果の重みデータをファイルに保存する方法を学びましょう。

データを保存するには、モデルに備わっているsave_weights()メソッドを利用します。先ほどのCNNでデータを学習するプログラム「cifar10-cnn.py」をJupyter Notebookで実行したら、以下のコードを実行して、重みデータをファイルに保存してみましょう。

```
model.save_weights('cifar10-weight.h5')
```

保存したデータを読み込むには、以下のようにload_weights()メソッドを利用します。

```
model.load_weights('cifar10-weight.h5')
```

自分で用意した画像を判定させてみよう

それでは、自分で用意した自動車の画像を正しく判定できるかどうか試してみましょう。ここで判定するのは、以下の画像です。

▲ 今回判定に使う自動車サンプル画像

それでは、ここまでの手順を振り返り重みデータを保存してみましょう。たとえば、上記でMLPで学習を行う「cifar10-mlp.py」を、Jupyter Notebook上で実行した後で、以下のプログラムを実行し、重みデータをファイルに保存しましょう。

```
model.save_weights('cifar10-mlp-weight.h5')
```

次に、保存したMLPの重みデータを読み込んで、サンプル画像がCIFAR-50でどのカテゴリーに当てはまるのか判定させてみましょう。以下のプログラムをJupyter Notebook上で実行してみましょう。

```
import cv2
import numpy as np

labels = ["airplane", "automobile", "bird", "cat", "deer", "dog", "frog",
"horse", "ship", "truck"]
im_size = 32 * 32 * 3

# モデルデータを読み込み --- (※1)
model.load_weights('cifar10-mlp-weight.h5')

# OpenCVを使って画像を読み込む --- (※2)
im = cv2.imread('test-car.jpg')
# 色空間を変換して、リサイズ
im = cv2.cvtColor(im, cv2.COLOR_BGR2RGB)
im = cv2.resize(im, (32, 32))
plt.imshow(im) # 画像を出力
plt.show()

# MLPで学習した画像データに合わせる --- (※3)
im = im.reshape(im_size).astype('float32') / 255
# 予測する --- (※4)
r = model.predict(np.array([im]), batch_size=32,verbose=1)
res = r[0]
# 結果を表示する --- (※5)
for i, acc in enumerate(res):
    print(labels[i], "=", int(acc * 100))
print("---")
print("予測した結果=", labels[res.argmax()])
```

プログラムを実行すると……正しく「automobile(自動車)」を判定できました。せっかくなので、自動車以外に各カテゴリーに当てはまる確率も一緒に表示してみます。

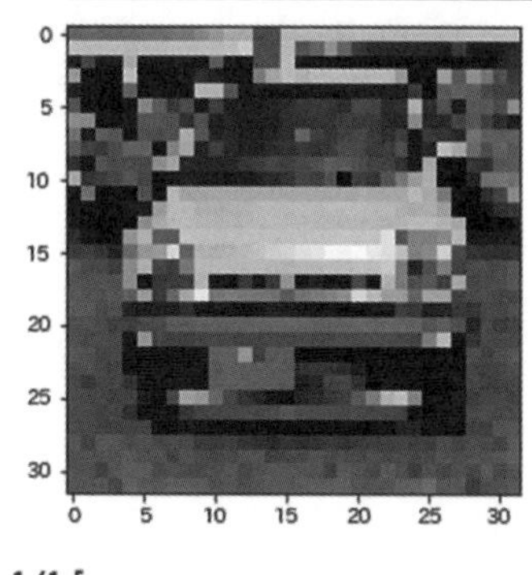


```
1/1 [==============================] - 0s 9ms/step
airplane = 19
automobile = 73
bird = 0
cat = 0
deer = 0
dog = 0
frog = 0
horse = 1
ship = 0
truck = 4
---
予測した結果= automobile
```

▲ 用意した自動車の画像を正しく判定できた

プログラムを確認してみましょう。(※ 1) の部分では、モデルデータを読み込みます。

(※ 2) の部分では、OpenCV を使って画像を読み込みます。OpenCV の imread() 関数は、NumPy の配列形式で値を返すので、扱いやすいです。しかし、OpenCV の色空間は、BGR(青緑赤) の順番なので、RGB(赤緑青) に変換します。画像サイズも 32 × 32 ピクセルにリサイズします。

次に、MLP で画像を学習する際には、各画像データを 32 × 32 × 3(=3072) 個の配列に変形してから学習しました。そのため、(※ 3) の部分でも同じ形式の配列に変形します。

(※ 4) の部分で、モデルの predict() メソッドを利用して、画像を予測します。

(※ 5) の部分で、予測結果を表示します。予測結果の配列 res は最終的なクラス数である 10 個の配列になっていて、配列の最大値を持つ値が予測結果となります。argmax() メソッドを使うことで、何番目の配列がもっとも大きな値なのかを調べることができます。argmax() の動きを確認してみましょう。

```
import numpy as np
print(np.array([1, 0, 9, 3]).argmax()) # 結果→ 2
print(np.array([1, 3, 2, 9]).argmax()) # 結果→ 3
print(np.array([9, 0, 2, 3]).argmax()) # 結果→ 0
```

なお、CNN のモデルを利用する場合でも、同じような方法で重みデータを保存できます。また、predict() メソッドを使うことで、自分で用意した画像を判定させることができます。

応用のヒント

ここでは、あらかじめ用意されたCIFAR-10のデータセットを使って、MLP/CNNのアルゴリズムを試してみました。CNNを使うなら、物体認識のような複雑な分類問題も、高い精度で行うことができます。素材データを自分で用意すれば、人間が目視で確認していた物体も、コンピューターで判定できるでしょう。

 column

どういうときにディープラーニングを使うのか？

さて、ここまでの部分でディープラーニング（深層学習）について具体的な手順を紹介しました。本書の前半で紹介したscikit-learnを使ってプログラムを作るよりも、時間も手順も増えると感じたのではないでしょうか。とくに、プログラムの実行時間は、かなり長くなったと思います。

それではどのような場面でディープラーニングを利用するのでしょうか。それは、高い精度が必要とされる場面でしょう。そもそも、ディープラーニングも機械学習の一分野です。ですから、scikit-learnを使ったSVMやランダムフォレストのアルゴリズムを試してみて、十分精度が出るようなら、ディープラーニングを使うまでもありません。どうにも良い結果が出ない場合、とくに時間をかけてでも、より高い精度が必要な場合にディープラーニングを試すとよいでしょう。

 column

長時間の学習後でガッカリしないために

なお、マシンのスペックにもよりますが、ディープラーニングにおいてデータの学習にはかなりの時間がかかることでしょう。しかし、学習を行うfitメソッドの後に書いたプログラムにうっかりミスがあり、文法エラーで長時間の学習が水泡に帰すということもあります。長時間の学習が無駄になったときのガッカリ感は筆舌に尽くし難いものがあります。

そんなガッカリ体験をしないように、まず最初にfitメソッドのepochsに与える値を1とか2にした上で実行してみましょう。すると、動作に問題がないことを確認できますので、その後でepochsの値を大きな値にして試すと良いでしょう。

この節のまとめ

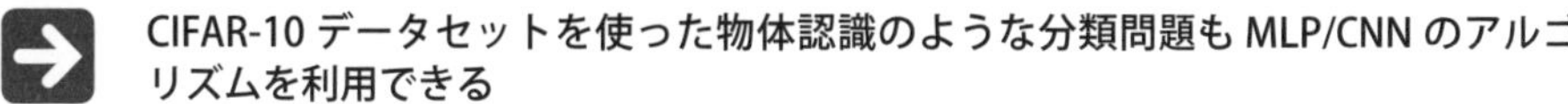

- CIFAR-10 データセットを使った物体認識のような分類問題も MLP/CNN のアルゴリズムを利用できる
- 学習済みの重みデータを save_weights() メソッドを使ってファイルに保存できる
- 学習済みデータは精度を調べるだけでなく、自分で用意した画像も分類できる

5-6 画像データからカタカナの判定

5 章 4 節では手書き数字の判定をしてみましたが、今度は手書きのカタカナを判定してみましょう。数字に比べて文字種類が増えますが、大丈夫でしょうか。また、今回は最初に大量の PNG 画像を用意して、画像ファイルからディープラーニングを実践する方法も解説します。

利用する技術（キーワード）

- ETL文字データベース
- OpenCV
- 畳み込みニューラルネットワーク(CNN)

この技術をどんな場面で利用するのか

- 手書き文字の画像認識

機械学習の入力と出力の説明

本節で作成するプログラムでは、手書きのカタカナ画像の一覧を読み込みます。カタカナを学習し、どれくらいの精度で手書きカタカナを判定できるかを出力します。

ETL 文字データベースを利用しよう

さて、ここではカタカナの判定に挑戦しますが、そのために、産業技術総合研究所が公開している「ETL 文字データベース」を利用してみましょう。ETL 文字データベースは、手書きまたは印刷の英数字、記号、ひらがな、カタカナ、教育漢字、JIS 第 1 水準漢字など、約 120 万の文字画像データを収集したデータベースです。以下の Web サイトで公開されています。

ETL 文字データベース
[URL] http://etlcdb.db.aist.go.jp/?lang=ja

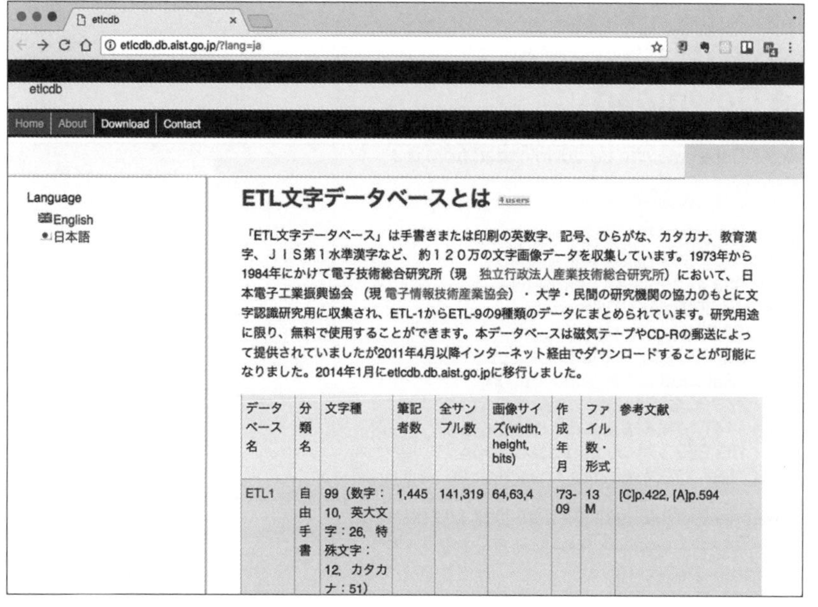

▲ ETL 文字データベースの Web サイト

なお、このデータベースは完全無料というわけではなく、研究用途に限り無料で使用できるというものなので、商用利用が必要な場合は別途問い合わせが必要となります。

ETL 文字データベースのダウンロード

データをダウンロードするには、フォームへの入力が必要です。画面上部にある「Download」のリンクをクリックします。表示されたフォームに、使用目的やメールアドレスを入力して、「送信」ボタンをクリックします。

すると、入力したメールアドレス宛てに、ダウンロードの URL とパスワードが送られてきます。その指示に従って Web ブラウザーで URL を開くと、以下のようなダウンロードページが表示されます。ETL の文字種類に応じて、データベースをダウンロードできます。

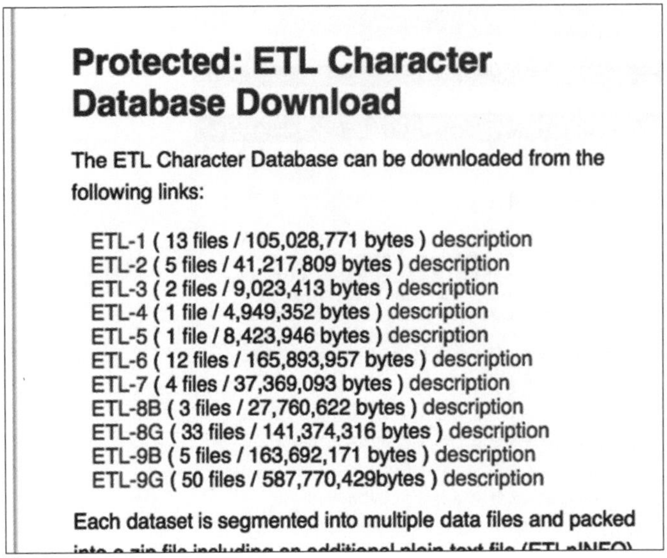

Protected: ETL Character Database Download

The ETL Character Database can be downloaded from the following links:

ETL-1 (13 files / 105,028,771 bytes) description
ETL-2 (5 files / 41,217,809 bytes) description
ETL-3 (2 files / 9,023,413 bytes) description
ETL-4 (1 file / 4,949,352 bytes) description
ETL-5 (1 file / 8,423,946 bytes) description
ETL-6 (12 files / 165,893,957 bytes) description
ETL-7 (4 files / 37,369,093 bytes) description
ETL-8B (3 files / 27,760,622 bytes) description
ETL-8G (33 files / 141,374,316 bytes) description
ETL-9B (5 files / 163,692,171 bytes) description
ETL-9G (50 files / 587,770,429bytes) description

Each dataset is segmented into multiple data files and packed

▲ ETL のデータベースダウンロードのページ

ここでは、ETL-1 の手書き文字データベースを利用します。これは、99 個の文字（数字：10，英大文字：26，特殊文字：12，カタカナ：51）を含む手書き文字のデータセットです。

ダウンロードページから「ETL-1」のリンクを選んでダウンロードしてください。ダウンロードした ZIP ファイルを解凍すると、ETL1 というディレクトリーに 14 個ファイルができます。この ETL1 というディレクトリー（とそれ以下にあるファイル）を Jupyter Notebook の実行ディレクトリーにコピーしましょう。

データベースを画像に変換しよう

5 章 4 節で扱った MNIST のデータセットは、すでにライブラリーの Keras により、Python からわかりやすい形式で利用できるように加工されたものでした。しかし、これから機械学習を実践するとき、Python から扱いやすい形式でデータセットが用意されていることはまれでしょう。そこで今回は、最初に ETL の独自形式のデータベースを読み込んで、画像として出力してみましょう。その後で、画像を読み込んで機械学習を実践します。

それでは、ETL1 のデータベース (ETL1 ディレクトリー) を、Jupyter Notebook のカレントディレクトリーに配置した上で、以下のプログラムを実行してみましょう。

▼ db2img.py

```
# ETL1のファイルを読み込む
import struct
from PIL import Image, ImageEnhance
import glob, os

# 出力ディレクトリー
outdir = "png-etl1/"
if not os.path.exists(outdir): os.mkdir(outdir)

# ETL1ディレクトリー以下のファイルを処理する --- (※1)
files = glob.glob("ETL1/*")
for fname in files:
    if fname == "ETL1/ETL1INFO": continue # 情報ファイルは飛ばす
    print(fname)
    # ETL1のデータファイルを開く --- (※2)
    f = open(fname, 'rb')
    f.seek(0)
    while True:
        # メタデータ+画像データの組を1つずつ読む --- (※3)
        s = f.read(2052)
        if not s: break
        # バイナリデータなのでPythonが理解できるように抽出 --- (※4)
        r = struct.unpack('>H2sH6BI4H4B4x2016s4x', s)
        code_ascii = r[1]
        code_jis = r[3]
        # 画像データとして取り出す --- (※5)
        iF = Image.frombytes('F', (64, 63), r[18], 'bit', 4)
        iP = iF.convert('L')
        # 画像を鮮明にして保存
        dir = outdir + "/" + str(code_jis)
        if not os.path.exists(dir): os.mkdir(dir)
        fn = "{0:02x}-{1:02x}{2:04x}.png".format(code_jis, r[0], r[2])
        fullpath = dir + "/" + fn
        if os.path.exists(fullpath): continue
        enhancer = ImageEnhance.Brightness(iP)
        iE = enhancer.enhance(16)
        iE.save(fullpath, 'PNG')
print("ok")
```

すると、以下のように手書き文字のJISコードごとに大量の画像が生成されます。

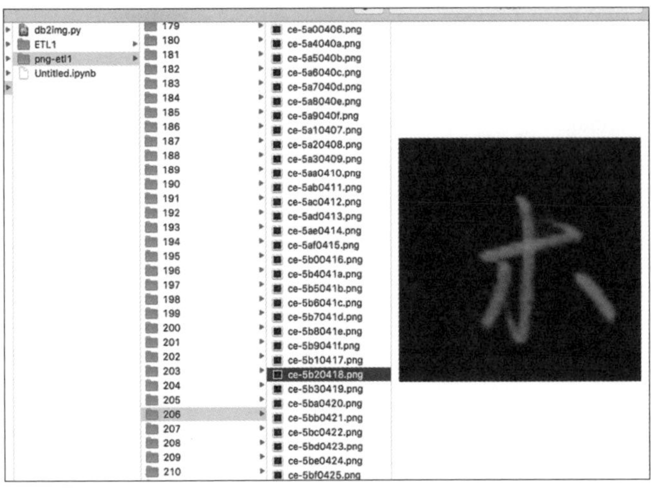

▲ ETL1 のデータベース

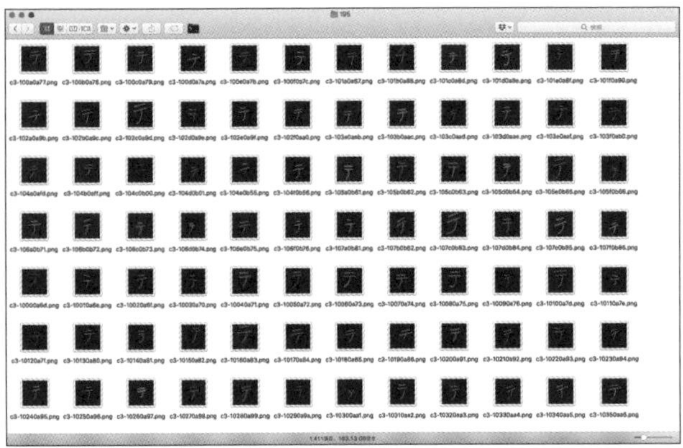

▲ ETL1 の「テ」

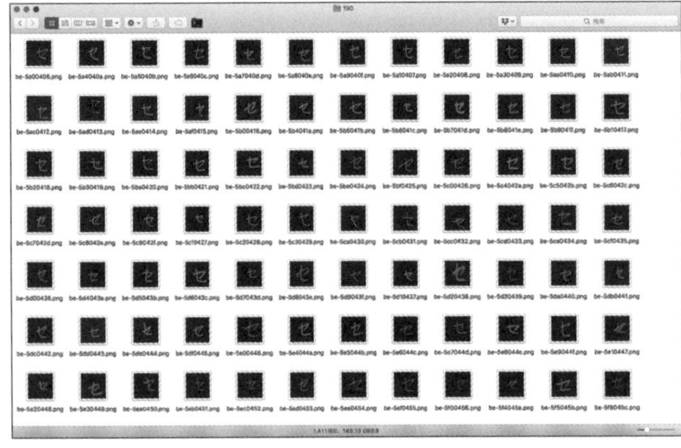

▲ ETL1 の「セ」

作成されたディレクトリーを見てみると、177 から 221 のディレクトリーに「ア」から「ン」が、166 に「ヲ」の画像データが収録されているのを見ることができます。各ディレクトリーには、1411 個ずつの画像が収録されています。これらの画像を用いて機械学習でカタカナの判定を行いましょう。

一応、プログラムを確認してみましょう。プログラムの (※ 1) では、ETL1 というディレクトリー以下に配置されたファイルをすべて処理します。このように glob モジュールを使うと、ファイルの一覧を手軽に取得できます。

(※ 2) の部分では、ETL1 のデータファイルを開いて、1 つずつデータを読んでいきます。

(※ 3) の部分を見るとわかる通り、各データは 2052 バイトの固定長となっています。また、1 つのデータは、画像データだけでなく、メタデータ（画像の説明）と画像データの組となっています。

また、(※ 4) の部分では、読み出したバイナリデータを Python が理解できるように、struct モジュールの unpack() メソッドを利用して、データを意味のある単位ごとに抽出します。

その後、(※ 5) の部分で、画像部分を取り出したら、画像を鮮明にして PNG 画像としてファイルに保存します。

画像を学習させせよう - 画像リサイズ

画像を学習させるにあたって、まずは画像データを必要最低限のサイズに縮小してから学習することにしましょう。以下のプログラムを Jupyter Notebook で実行してみましょう。すると、全画像を 25 × 25 に縮小し、リサイズ後のバイナリデータを 1 つのファイルにまとめて「png-etl1/katakana.pickle」に保存します。

▼ img-resize.py

```
import glob
import numpy as np
import cv2
import matplotlib.pyplot as plt
import pickle

# 保存先や画像サイズの指定 --- ( ※ 1)
out_dir = "./png-etl1" # 画像データがあるディレクトリー
im_size = 25 # 画像サイズ
save_file = out_dir + "/katakana.pickle" # 保存先
plt.figure(figsize=(9, 17)) # 出力画像を大きくする

# カタカナの画像が入っているディレクトリーから画像を取得 --- ( ※ 2)
kanadir = list(range(177, 220+1))
kanadir.append(166) # ヲ
kanadir.append(221) # ン
result = []
for i, code in enumerate(kanadir):
    img_dir = out_dir + "/" + str(code)
    fs = glob.glob(img_dir + "/*")
    print("dir=",  img_dir)
    # 画像を読み込んでグレースケールに変換しリサイズする --- ( ※ 3)
```

```
    for j, f in enumerate(fs):
        img = cv2.imread(f)
        img_gray = cv2.cvtColor(img, cv2.COLOR_BGR2GRAY)
        img = cv2.resize(img_gray, (im_size, im_size))
        result.append([i, img])
        # Jupyter Notebook で画像を出力
        if j == 3:
            plt.subplot(11, 5, i + 1)
            plt.axis("off")
            plt.title(str(i))
            plt.imshow(img, cmap='gray')
# ラベルと画像のデータを保存 --- (※4)
pickle.dump(result, open(save_file, "wb"))
plt.show()
print("ok")
```

また、プログラムを実行したとき、どのような画像があるのかを表示するようにしてみました。プログラムを実行すると、次のように「ア」から「ン」までの画像が表示されます。

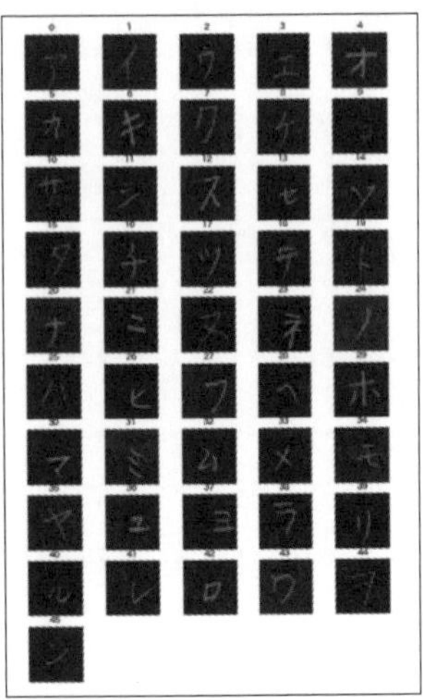

▲ 収録されている手書き文字を表示してみたところ

プログラムを確認してみましょう。プログラムの (※1) の部分では、保存先や画像サイズを指定します。また、plt.figure() を指定して、Jupyter Notebook で実行したとき、出力画像が大きめに表示されるように指定します。

次に (※2) の部分では、カタカナの画像が入っているディレクトリー (文字コードがディレクトリー名になっている) を指定して、カタカナ画像を読み込みます。

(※3) の部分では、カタカナ画像を読み込んだら、グレースケールに変換し、画像をリサイズして画像データを読み込みます。

そして、最後 (※4) の部分では、読み込んだ画像データおよびラベル情報をファイルへ保存します。なお、今回 Python のデータ構造をファイルへ保存する pickle モジュールを利用して、読み込んだ画像データをファイルへ保存します。つまり、Pythonから手軽に利用できるカタカナ画像のデータセットを作成したことになります。画像を縮小していますが、画像数が多いので、48MBものファイルが生成されます。

データを学習しよう

先ほど作成した、Python用のカタカナ画像データセットを読み込んだら、さっそく簡単なニューラルネットワークのモデルを使ってテストしてみましょう。どれくらいの精度が出るでしょうか。

▼ test-model.py

```
import numpy as np
import cv2, pickle
from sklearn.model_selection import train_test_split
import keras

# データファイルと画像サイズの指定 --- (※1)
data_file = "./png-etl1/katakana.pickle"
im_size = 25
in_size = im_size * im_size
out_size = 46 # ア-ンまでの文字の数

# 保存した画像データ一覧を読み込む --- (※2)
data = pickle.load(open(data_file, "rb"))

# 画像データを0-1の範囲に直す --- (※3)
y = []
x = []
for d in data:
    (num, img) = d
    img = img.reshape(-1).astype('float') / 255
    y.append(keras.utils.to_categorical(num, out_size))
    x.append(img)
x = np.array(x)
y = np.array(y)

# 学習用とテスト用に分離する --- (※4)
x_train, x_test, y_train, y_test = train_test_split(
  x, y, test_size = 0.2, train_size = 0.8, shuffle = True)

# モデル構造を定義 --- (※5)
Dense = keras.layers.Dense
model = keras.models.Sequential()
model.add(Dense(512, activation='relu', input_shape=(in_size,)))
model.add(Dense(out_size, activation='softmax'))

# モデルを構築して学習を実行 --- (※6)
model.compile(
    loss='categorical_crossentropy',
    optimizer='adam',
```

```
    metrics=['accuracy'])
model.fit(x_train, y_train,
    batch_size=20, epochs=50, verbose=1,
    validation_data=(x_test, y_test))

# モデルを評価
score = model.evaluate(x_test, y_test, verbose=1)
print('正解率=', score[1], 'loss=', score[0])
```

プログラムを実行すると、以下のように表示されます。正解率は、0.9(90%) になりました。何もチューニングしていない割には、なかなかの数値が出たように思います。

```
Epoch 42/50
55309/55309 [==============================] - 18s 332us/step - loss: 0.0487 - acc: 0.9864 - val_loss: 0.5453 - val_acc: 0.8977
Epoch 43/50
55309/55309 [==============================] - 18s 326us/step - loss: 0.0573 - acc: 0.9844 - val_loss: 0.5850 - val_acc: 0.8922
Epoch 44/50
55309/55309 [==============================] - 20s 359us/step - loss: 0.0506 - acc: 0.9853 - val_loss: 0.5896 - val_acc: 0.8904
Epoch 45/50
55309/55309 [==============================] - 19s 338us/step - loss: 0.0483 - acc: 0.9869 - val_loss: 0.5846 - val_acc: 0.8948
Epoch 46/50
55309/55309 [==============================] - 20s 357us/step - loss: 0.0509 - acc: 0.9851 - val_loss: 0.5676 - val_acc: 0.9020
Epoch 47/50
55309/55309 [==============================] - 20s 360us/step - loss: 0.0462 - acc: 0.9868 - val_loss: 0.5937 - val_acc: 0.8975
Epoch 48/50
55309/55309 [==============================] - 19s 336us/step - loss: 0.0490 - acc: 0.9859 - val_loss: 0.6192 - val_acc: 0.8925
Epoch 49/50
55309/55309 [==============================] - 19s 349us/step - loss: 0.0449 - acc: 0.9873 - val_loss: 0.5794 - val_acc: 0.8977
Epoch 50/50
55309/55309 [==============================] - 19s 339us/step - loss: 0.0463 - acc: 0.9869 - val_loss: 0.5594 - val_acc: 0.9021
13828/13828 [==============================] - 1s 62us/step
正解率= 0.9020827306913509 loss= 0.5594334717070005
```

▲ カタカナ画像についてテストモデルを実行したところ

```
正解率= 0.9020827306913509 loss= 0.5594334717070005
```

プログラムを確認してみましょう。プログラムの (※ 1) の部分では、データファイルと画像サイズなどの情報を指定します。

(※ 2) の部分では、pickle モジュールを利用して、前回のプログラムで作成したカタカナ画像のデータセットを読み込みます。

プログラムの (※ 3) の部分では、読み込んだ画像データを 1 つずつ一次元の配列に展開し、0.0 から 1.0 までの実数に変換します。

そして、(※ 4) の部分では、学習用データとテスト用データに分割します。これで、機械学習を行うための準備が整いました。

(※ 5) の部分で、ニューラルネットワークのモデル構造を定義します。このモデルは、入力層から 512 個のユニットを経由して出力層に出力するだけの簡単なモデルです。

(※ 6) の部分では、モデルを構築して学習を行います。

CNNで学習しよう

次に、判定精度を向上させるために、畳み込みニューラルネットワーク(CNN)を利用して機械学習を実践してみましょう。CNNについては、すでに何度か紹介しているので、ここでは精度が向上することを確認しましょう。また、CNNを行うために画像データをどのようにモデルの構造に合わせるのかも確認しましょう。

▼ katakana_cnn.py

```
import numpy as np
import cv2, pickle
from sklearn.model_selection import train_test_split
import keras
from keras.models import Sequential
from keras.layers import Dense, Dropout, Flatten
from keras.layers import Conv2D, MaxPooling2D
from keras.optimizers import RMSprop
from keras.datasets import mnist
import matplotlib.pyplot as plt

# データファイルと画像サイズの指定
data_file = "./png-etl1/katakana.pickle"
im_size = 25
out_size = 46 # ア-ンまでの文字の数
im_color = 1 # 画像の色空間 / グレースケール
in_shape = (im_size, im_size, im_color)

# カタカナ画像のデータセットを読み込む --- (※1)
data = pickle.load(open(data_file, "rb"))
# 画像データを変形して0-1の範囲に直す --- (※2)
y = []
x = []
for d in data:
    (num, img) = d
    img = img.astype('float').reshape(
      im_size, im_size, im_color) / 255
    y.append(keras.utils.to_categorical(num, out_size))
    x.append(img)
x = np.array(x)
y = np.array(y)

# 学習用とテスト用に分離する
x_train, x_test, y_train, y_test = train_test_split(
    x, y, test_size = 0.2, train_size = 0.8, shuffle = True)

# CNNモデル構造を定義 --- (※3)
model = Sequential()
model.add(Conv2D(32,
          kernel_size=(3, 3),
          activation='relu',
          input_shape=in_shape))
model.add(Conv2D(64, (3, 3), activation='relu'))
```

```
model.add(MaxPooling2D(pool_size=(2, 2)))
model.add(Dropout(0.25))
model.add(Flatten())
model.add(Dense(128, activation='relu'))
model.add(Dropout(0.5))
model.add(Dense(out_size, activation='softmax'))
model.compile(
    loss='categorical_crossentropy',
    optimizer=RMSprop(),
    metrics=['accuracy'])

# 学習を実行して評価 --- (※4)
hist = model.fit(x_train, y_train,
          batch_size=128,
          epochs=12,
          verbose=1,
          validation_data=(x_test, y_test))
# モデルを評価
score = model.evaluate(x_test, y_test, verbose=1)
print('正解率=', score[1], 'loss=', score[0])

# 学習の様子をグラフへ描画 --- (※5)
# 正解率の推移をプロット
plt.plot(hist.history['accuracy'])
plt.plot(hist.history['val_accuracy'])
plt.title('Accuracy')
plt.legend(['train', 'test'], loc='upper left')
plt.show()

# ロスの推移をプロット
plt.plot(hist.history['loss'])
plt.plot(hist.history['val_loss'])
plt.title('Loss')
plt.legend(['train', 'test'], loc='upper left')
plt.show()
```

プログラムを実行してみましょう。以下のように表示されます。

```
Epoch 4/12
55309/55309 [==============================] - 149s 3ms/step - loss: 0.5212 - acc: 0.8462 - val_loss: 0.2996 - val_acc: 0.9212
Epoch 5/12
55309/55309 [==============================] - 151s 3ms/step - loss: 0.4458 - acc: 0.8699 - val_loss: 0.3132 - val_acc: 0.9269
Epoch 6/12
55309/55309 [==============================] - 154s 3ms/step - loss: 0.3935 - acc: 0.8859 - val_loss: 0.2165 - val_acc: 0.9474
Epoch 7/12
55309/55309 [==============================] - 149s 3ms/step - loss: 0.3570 - acc: 0.8969 - val_loss: 0.1957 - val_acc: 0.9510
Epoch 8/12
55309/55309 [==============================] - 152s 3ms/step - loss: 0.3287 - acc: 0.9054 - val_loss: 0.1903 - val_acc: 0.9531
Epoch 9/12
55309/55309 [==============================] - 151s 3ms/step - loss: 0.3123 - acc: 0.9115 - val_loss: 0.1717 - val_acc: 0.9609
Epoch 10/12
55309/55309 [==============================] - 150s 3ms/step - loss: 0.2923 - acc: 0.9169 - val_loss: 0.1802 - val_acc: 0.9550
Epoch 11/12
55309/55309 [==============================] - 153s 3ms/step - loss: 0.2752 - acc: 0.9219 - val_loss: 0.1507 - val_acc: 0.9654
Epoch 12/12
55309/55309 [==============================] - 150s 3ms/step - loss: 0.2688 - acc: 0.9244 - val_loss: 0.1767 - val_acc: 0.9608
13828/13828 [==============================] - 12s 855us/step
正解率= 0.9608041654613827 loss= 0.1766713881873592
```

▲ カタカナ画像を CNN で分類したところ

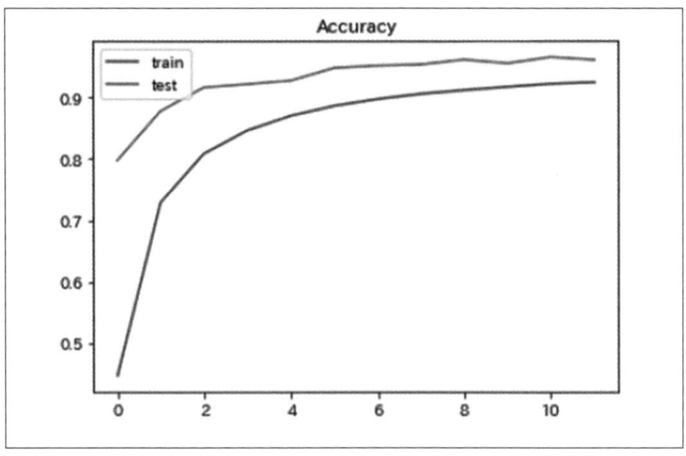

▲ カタカナ画像の学習の推移 - 正解率

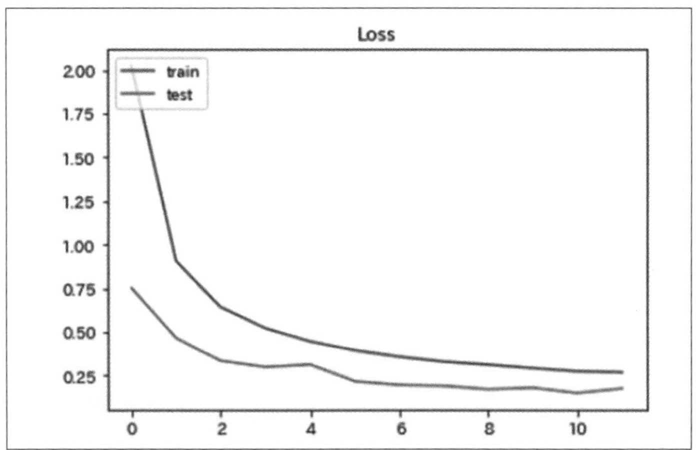

▲ カタカナ画像の学習の推移 - ロス

```
正解率= 0.9608041654613827 loss= 0.1766713881873592
```

CNNを使ったところ、正解率は0.96(96%)に向上しました。先ほどの0.9(90%)と比べると大幅な精度向上に成功しました。

続いてプログラムを確認してみましょう。プログラムの(※1)の部分でカタカナ画像データセットを読み込みます。

今回のポイントとなるのが、(※ 2) の部分です。ここでは、画像データを CNN のモデルで読み込めるように次元変換を行います。1 つ前のプログラムでは、1 つの画像を一次元配列に変換していましたが、ここでは (幅 , 高さ , 色空間数) となるように次元数を変換します。

なお、どのように次元数を変換したのかを確認するには、NumPy の配列オブジェクトの shape プロパティを確認します。たとえば、Jupyter Notebook で今回のプログラムを実行した後で、以下のように実行してみましょう。

```
x_train.shape
```

すると、(69137, 25, 25, 1) のように表示されることでしょう。つまり、(画像数 , 画像幅 , 画像高さ , 色数) の次元を持つ配列になっていることを表しています。CNN を実践する際には、このように次元が複雑になりがちなので、注意する必要があります。

プログラムの続く (※ 3) の部分では、CNN モデル構造を定義して、(※ 4) で学習を実行して、実行結果を表示します。また、(※ 5) の部分では、学習の様子をグラフにプロットして表示します。この辺りに関する説明は、5 章 4 節の「ディープラーニングで手書き数字」の判定を参考にしてください。

CNN の威力を実感

さて、ここでは畳み込みニューラルネットワーク (CNN) を利用した機械学習を実践しました。やはり、画像の判定を行うプログラムでは、CNN を使うと高い精度を出すことができます。今回も、簡単なニューラルネットワークでは精度が 0.9 程度でしたが、CNN を使うことで 0.96 の精度を出すことができました。

改良のヒント

以上、ETL の手書きカタカナ画像データセットを利用して、画像判定を実践してみました。今回は、カタカナ画像だけでしたが、ETL では、英数字や漢字など、いろいろな文字種類のデータを提供しています。それらを利用して、より自然な画像認識ができるように挑戦するのも良いでしょう。

また、今回は ETL が用意している 25 × 25 ピクセルの画像のみ利用しましたが、画像の水増しテクニックを使ったり、画像のノイズを除去してから機械学習を行うなど、データを工夫することで、さらなる精度向上が期待できるでしょう。なお、画像の水増しテクニックについては、P.377 で紹介していますので参考にしてください。

この節のまとめ

- ETL 文字データベースは日本語の手書きデータを数多く収録している
- カタカナのように文字種類が多くても、画像データの種類が多ければ高い精度で文字認識を行うことができる
- CNN を使うと学習に時間がかかるが判定精度は高い

第6章

機械学習で業務を効率化しよう

本章は応用編です。ここまで学んできたことを活用して、さまざまな事例に機械学習を活用してみましょう。ここでは、機械学習をWebアプリや業務システムに組み込む方法について紹介します。

6-1 業務システムへ機械学習を導入しよう

これまでの章では、機械学習やディープラーニングを行うプログラムを中心に学んできました。本章では、その機械学習やディープラーニングプログラムを業務システムのなかで利用する方法について学んでみましょう。本節では、その導入として、全体像と以降の節でどのように進めていくのかの概要を学びます。

利用する技術（キーワード）

- 業務システム
- 機械学習の導入

この技術をどんな場面で利用するのか

- 業務システムに機械学習を導入するとき

既存の業務システムについて

世のなかには、さまざまな業務システムが存在しており、利用されている技術や言語、サーバー構成などもさまざまです。本書では、以下のような構成の業務システムに対して、機械学習を導入する方法について見ていきたいと思います。

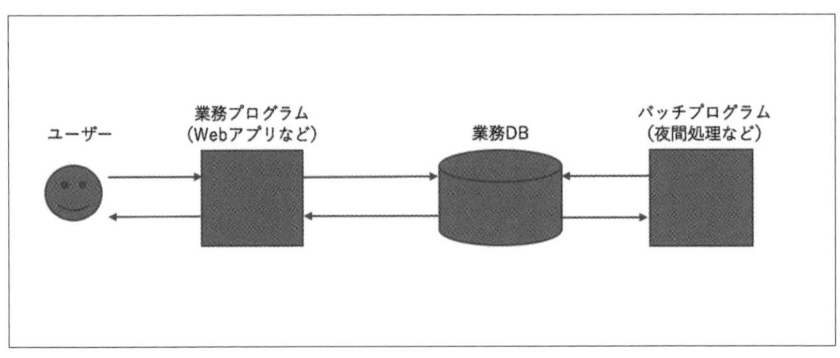

▲ 業務システム例

ユーザーは業務プログラムにアクセスし、業務プログラムは業務 DB にアクセスして必要な処理（データの追加 / 参照 / 更新 / 削除）を行い、ユーザーに返します。

それとは別に、夜間処理を行うバッチプログラムが存在し、ユーザーが利用しない時間帯に業務 DB に対する ETL（Extract/Transform/Load）処理を実施します。

業務システムへ機械学習を導入しよう

では、この業務システムに、機械学習を導入する場合、どのような構成にすれば良いのでしょうか。本書では、以下のような基本構成にする方法について解説したいと思います。

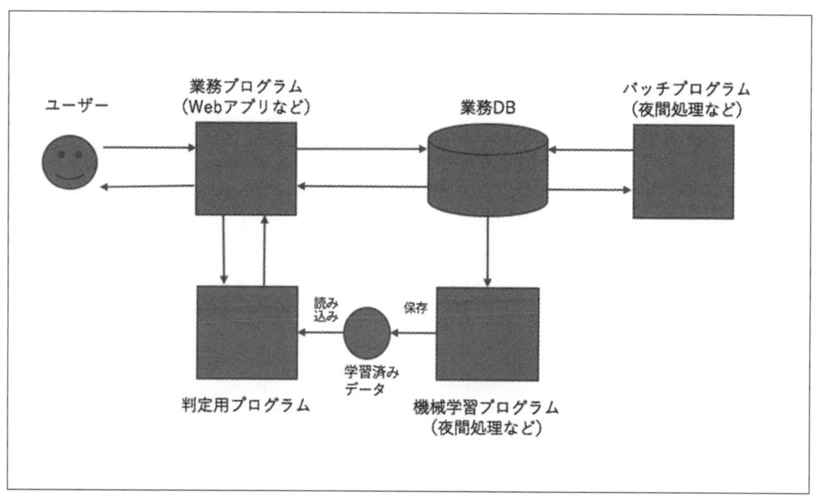

▲ 業務システムに組み込んだ例

まず、夜間処理などにより、機械学習プログラムが業務 DB のデータを使って機械学習を行い、学習済みデータ (機械学習した結果をエクスポートしたもの) を生成します。

次に、業務システムは判定用プログラムを呼び出して判定用プログラムが学習済みデータを読み込み、機械学習の判定結果を返すというものです。

これまでの章では、機械学習（fit）した後すぐに判定処理（predict) を実施しており、学習用データの保存や読み込みは行っていませんでした。また、判定用プログラムを Web アプリから利用することもありませんでした。さらに、利用するデータは CSV などのテキストデータが多く、データベース (RDBMS) も利用していませんでした。そこで本章では、以下の内容を各節で学んでみましょう。

- 学習済みデータの保存と読み込み方法（判定用プログラムと機械学習プログラムの分離も含む）
- 判定用プログラムをWebアプリから利用する方法
- 学習用データとして、データベース（RDBMS）を利用する方法

本章を学ぶことにより、業務システムに機械学習を導入するイメージがグッと膨らむことでしょう。

6-2 学習モデルの保存と読み込みについて

業務システムで機械学習を使う場合に、毎回データを学習させないといけないのでは、時間がかかり効率的ではありません。そこで、学習データの読み込みと保存の方法について学びます。

利用する技術（キーワード）

- アヤメの分類データ
- scikit-learn
- TensorFlowとKeras
- pickle

この技術をどんな場面で利用するのか

- 分類器と学習データの保存と読み込み

学習した分類器を保存して再利用する方法

これまでの章で取り上げてきた機械学習プログラムでは、1つのプログラムのなかで、機械学習（fit）し、その後すぐに判定処理（predict）を実施していました。

しかし、実際の業務システムで使う場合、毎回プログラムを起動するたびに、データの学習から始めていてはレスポンスに時間がかかってしまいます。たとえば、ディープラーニングを行う場合、学習に何時間もかかることが多いので、学習をしてから判定処理をし、その後レスポンスを返すというのでは時間がかかりすぎてしまいます。

そのため、機械学習を業務で使う場合、下図の四角の囲み部分のような構成にするのが一般的です。

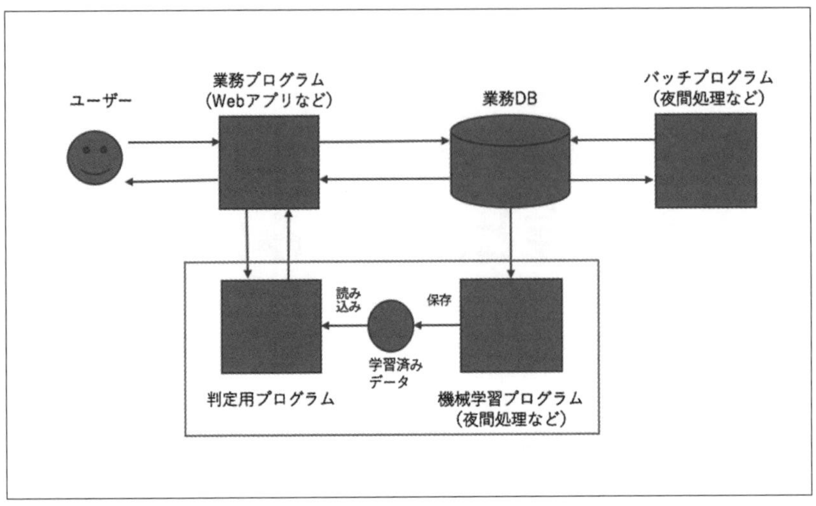

▲ 業務で使う一般的な機械学習の構成

具体的には、以下のような構成です。

- **機械学習用プログラムと判定用プログラムを分離する**
- **機械学習用プログラムは、夜間処理などで学習を行い、学習済みデータを保存する**
- **判定用プログラムは、プログラム起動時に学習済みデータを読み込み、判定を行う**

そこで本節では、ライブラリーごとに学習済みのデータを保存したり、読み込んだりする方法を紹介します。

scikit-learn で学習済みデータの保存と読み込み

保存と読み込みの方法を示すために、scikit-learn のサンプルデータを用いてみましょう。
まずは、保存する例です。

▼ sk_save.py

```
from sklearn import datasets, svm
import pickle

# アヤメのサンプルデータを読み込む
iris = datasets.load_iris()

# データを学習
clf = svm.SVC()
clf.fit(iris.data, iris.target)
```

```
# 学習済みデータを保存
with open('iris.pkl', 'wb') as fp:
    pickle.dump(clf, fp)
```

プログラムの末尾にある、pickle.dump() 関数に注目してみましょう。この関数を利用すると、分類器、パラメーター、学習済みデータをファイルに保存します。

続いて、保存した学習器を読み込んでテストしてみましょう。

▼ sk_load.py

```
from sklearn import datasets, svm
from sklearn.metrics import accuracy_score
import pickle

# 保存した学習済みデータと分類器を読み込む
with open('iris.pkl', 'rb') as fp:
    clf = pickle.load(fp)

# アヤメのサンプルデータを読み込み
iris = datasets.load_iris()
# 予測する
pre = clf.predict(iris.data)
# 正解率を調べる
print(accuracy_score(iris.target, pre))
```

まずは、プログラムを実行してみましょう。

```
In [4]: from sklearn import datasets, svm
        from sklearn.metrics import accuracy_score
        import pickle

        # 保存した学習済みデータと分類器を読み込む
        with open('iris.pkl', 'rb') as fp:
            clf = pickle.load(fp)

        # アヤメのサンプルデータを読み込み
        iris = datasets.load_iris()
        # 予測する
        pre = clf.predict(iris.data)
        # 正解率を調べる
        print(accuracy_score(iris.target, pre))

        0.9733333333333334
```

▲ scikit-learn で保存した分類器を読み込んでテスト

すると、0.9733... と表示され、正しくアヤメデータを分類できていることが確認できます。ポイントは、pickle.load 関数です。この関数により、保存した分類器を読み込んで復元できます。

TensorFlow と Keras で学習済みデータの保存と読み込み

次に、TensorFlow と Keras を使った場合の例を確認してみましょう。ここでも同じように、scikit-learn に付属しているアヤメのデータを使ってみます。

▼ keras_save.py

```
from sklearn import datasets
import keras
from keras.models import Sequential
from keras.layers import Dense, Dropout
from keras.utils import to_categorical

# アヤメのサンプルデータを読み込む
iris = datasets.load_iris()
in_size = 4
nb_classes=3
# ラベルデータを One-Hot ベクトルに直す
x = iris.data
y = to_categorical(iris.target, nb_classes)

# モデルを定義 --- (※1)
model = Sequential()
model.add(Dense(512, activation='relu', input_shape=(in_size,)))
model.add(Dense(512, activation='relu'))
model.add(Dropout(0.2))
model.add(Dense(nb_classes, activation='softmax'))
# モデルを構築 --- (※2)
model.compile(
    loss='categorical_crossentropy',
    optimizer='adam',
    metrics=['accuracy'])
# 学習を実行 --- (※3)
model.fit(x, y, batch_size=20, epochs=50)

# モデルを保存 --- (※4)
model.save('iris_model.h5')
# 学習済み重みデータを保存 --- (※5)
model.save_weights('iris_weight.h5')
```

Keras では、プログラム (※1) のようにモデルを定義して、(※2) で構築して、(※3) で学習するという流れです。

そして、学習モデルと学習済み重みデータを個別に保存する必要があります。(※4) のように model.save() メソッドでモデルを保存し、(※5) の model.save_weights() メソッドで学習済みの重みデータを保存します。

続いて、Keras でモデルと重みデータを読み込んでテストしてみましょう。

▼ keras_load.py

```
from sklearn import datasets
import keras
from keras.models import load_model
from keras.utils import to_categorical

# アヤメのサンプルデータを読み込む
iris = datasets.load_iris()
in_size = 4
nb_classes=3
# ラベルデータを One-Hot ベクトルに直す
x = iris.data
y = to_categorical(iris.target, nb_classes)

# モデルを読み込む --- (※1)
model = load_model('iris_model.h5')
# 重みデータを読み込む --- (※2)
model.load_weights('iris_weight.h5')

# モデルを評価 --- (※3)
score = model.evaluate(x, y, verbose=1)
print("正解率=", score[1])
```

まずは、実行してみましょう。正しくモデルと学習済みの重みデータを読み込んで、正しく判定できています。

```
# モデルを読込
model = load_model('iris_model.h5')
# 重みデータを読込
model.load_weights('iris_weight.h5')

# モデルを評価
score = model.evaluate(x, y, verbose=1)
print("正解率=", score[1])

150/150 [==============================] - 0s 1ms/step
正解率= 0.9733333333333334
```

▲ Keras でモデルと重みデータを読み込んでテストしているところ

それでは、プログラムを確認してみましょう。プログラムの(※1)の部分で、モデルを読み込みます。そのために、load_model() 関数を使います。ここで読み込んだモデルは、すでに構築された状態となっています。

モデルを読み込んだら、(※2)の部分のように、load_weights() メソッドを利用して、学習済みの重みデータを読み込みます。

モデルと重みデータが読み込めたら、predict() メソッドでデータを予想したり、プログラムの(※3)の部分のように、evaluate() メソッドでデータを評価できるようになります。

この節のまとめ

- 学習済みのデータを保存しておいて、業務システムから読み込んで使うと効率が良い
- scikit-learn では、pickle を利用して保存と読み込みを行う
- TensorFlow と Keras では、モデルに備わっているメソッドを使って行う

6-3 ニュース記事を自動でジャンル分けしよう

前節では、学習済みデータの保存と読み込み方法についてご紹介しました。本節では、それをもう少し複雑な例題のなかで利用してみましょう。具体的には、TF-IDFとディープラーニングを使って、ユーザーの投稿を自動でジャンル分けするプログラムを作ります。まず最初に、TF-IDFとscikit-learnを用いてジャンル分けのプログラムを作成し、その後scikit-learnで記述したプログラムを、学習済みデータの保存と読み込みを利用したディープラーニングのプログラムに書き換えてみましょう。

利用する技術（キーワード）

- 形態素解析(MeCab)
- TF-IDF
- ディープラーニング/MLP

この技術をどんな場面で利用するのか

- テキストを自動でジャンル分けしたいとき
- Webサイトの管理

ニュース記事を自動でジャンル分けしよう

インターネットでは、日々大量のメッセージがやりとりされています。それらのメッセージは多すぎて、なかなかすべてのトピックを追うことは難しくなっています。そこで、自動的に記事を分類し、興味のある分野を読むことができれば便利です。今回は、大量のニュース記事を自動で分類することに挑戦してみましょう。大量のニュース記事とそれがどのジャンルなのかの情報を教師データとして与え、機械学習を利用して未知の文章のジャンルを判定します。

TF-IDFについて

さて、4章では『BoW(Bag-of-Words)』の手法を使って文章をベクトルデータに変換しました。これは、文章にどの単語がどのくらいの頻度で利用されているかを調べるというものでした。『TF-IDF』も基本的にはBoWと同じで、文章を数値ベクトルに変換します。ただし、単語の出現頻度に加えて、文書全体における単語の重要度を考慮します。

TF-IDFでは、文書内における特徴的な単語を見つけることを重視します。その手法として、学習させるすべての文書で、その単語がどのくらいの頻度で使われているかを調べます。

たとえば、どの文章にも存在する、ありふれた単語「です」や「ます」の重要度を低くし、その他の文書では見られない希少な単語があれば、その単語を重要と見なして計算を行います。つまり、単語の出現回数を数えるだけでなく、出現頻度の高い単語のレートを下げ、特徴的な単語のレートを高く評価する方法で、単語をベクトル化します。

以下の計算式は、TF-IDFが、各単語ごとの値をどのように計算するかを表しています。以下の式で、tf(t,d)は文書内における単語の出現頻度であり、idf(t)は全文書における単語の出現頻度を表しています。

$$TF\_IDF(t) = tf(t,d) \times idf(t)$$

なお、全文書における単語の出現頻度である、idf(t)の計算式は以下のようになります。df(d, t)は単語tを含む文書数で、分子のDは文書の総数を表しています。

$$idf(t) = log\frac{|D|}{dt(d,t)}$$

公式にすると少し難しく思えるかもしれません。しかし、簡単に言うと、文書内の単語の出現頻度に、その単語の重要度（全文書における単語の出現頻度の対数）を掛け合わせるだけのものです。TF-IDFを使うことで、単に単語の出現頻度を数えるよりも、ベクトル化の精度向上が期待できます。

TF-IDFのモジュールを作ってみよう

それでは、テキストを学習させてみましょう。TF-IDFを実践する場合、scikit-learnの『TfidfVectorizer』も有名ですが、追加で日本語への対応処理が必要で今回は用いていません。

TF-IDFはそれほど難しいものではありません。もし、業務でTF-IDFを実践したい場合、そのデータが膨大であれば、データベースとの連携も視野に入れる必要があるでしょう。そこで、TF-IDFの実装例を示すために、自分でモジュールを作成してみましょう。以下が、TF-IDFのモジュールを実装したものです。

▼ tfidf.py

```
# TF-IDF でテキストをベクトル化するモジュール
import MeCab
import pickle
import numpy as np

# MeCab の初期化 ---- (※1)
tagger = MeCab.Tagger(
    "-d /var/lib/mecab/dic/mecab-ipadic-neologd")
# グローバル変数 --- (※2)
word_dic = {'_id': 0} # 単語辞書
dt_dic = {} # 文書全体での単語の出現回数
files = [] # 全文書を ID で保存

def tokenize(text):
    # MeCab で形態素解析を行う --- (※3)
    result = []
    word_s = tagger.parse(text)
    for n in word_s.split("\n"):
        if n == 'EOS' or n == '': continue
        p = n.split("\t")[1].split(",")
        h, h2, org = (p[0], p[1], p[6])
        if not (h in ['名詞', '動詞', '形容詞']): continue
        if h == '名詞' and h2 == '数': continue
        result.append(org)
    return result

def words_to_ids(words, auto_add = True):
    # 単語一覧を ID の一覧に変換する --- (※4)
    result = []
    for w in words:
        if w in word_dic:
            result.append(word_dic[w])
            continue
        elif auto_add:
            id = word_dic[w] = word_dic['_id']
            word_dic['_id'] += 1
            result.append(id)
    return result

def add_text(text):
    # テキストを ID リストに変換して追加 --- (※5)
    ids = words_to_ids(tokenize(text))
    files.append(ids)

def add_file(path):
    # テキストファイルを学習用に追加する --- (※6)
    with open(path, "r", encoding="utf-8") as f:
        s = f.read()
        add_text(s)

def calc_files():
    # 追加したファイルを計算 --- (※7)
```

```
    global dt_dic
    result = []
    doc_count = len(files)
    dt_dic = {}
    # 単語の出現頻度を数える --- (※8)
    for words in files:
        used_word = {}
        data = np.zeros(word_dic['_id'])
        for id in words:
            data[id] += 1
            used_word[id] = 1
        # 単語tが使われていればdt_dicを加算 --- (※9)
        for id in used_word:
            if not(id in dt_dic): dt_dic[id] = 0
            dt_dic[id] += 1
        # 出現回数を割合に直す --- (※10)
        data = data / len(words)
        result.append(data)
    # TF-IDFを計算 --- (※11)
    for i, doc in enumerate(result):
        for id, v in enumerate(doc):
            idf = np.log(doc_count / dt_dic[id]) + 1
            doc[id] = min([doc[id] * idf, 1.0])
        result[i] = doc
    return result

def save_dic(fname):
    # 辞書をファイルへ保存する --- (※12)
    pickle.dump(
        [word_dic, dt_dic, files],
        open(fname, "wb"))

def load_dic(fname):
    # 辞書をファイルから読み込む --- (※13)
    global word_dic, dt_dic, files
    n = pickle.load(open(fname, 'rb'))
    word_dic, dt_dic, files = n

def calc_text(text):
    # 辞書を更新せずにベクトル変換する --- (※14)
    data = np.zeros(word_dic['_id'])
    words = words_to_ids(tokenize(text), False)
    for w in words:
        data[w] += 1
    data = data / len(words)
    for id, v in enumerate(data):
        idf = np.log(len(files) / dt_dic[id]) + 1
        data[id] = min([data[id] * idf, 1.0])
    return data

# モジュールのテスト --- (※15)
if __name__ == '__main__':
    add_text('雨')
    add_text('今日は、雨が降った。')
```

```
    add_text('今日は暑い日だったけど雨が降った。')
    add_text('今日も雨だ。でも日曜だ。')
    print(calc_files())
    print(word_dic)
```

Python でモジュールを作るのは非常に簡単で、ファイル内で関数を定義するだけでモジュールとなります。ただし、Jupyter Notebook からモジュールを使う場合には、モジュールを作成した後、ノートを開き直すか、カーネルを再起動する必要があるので、注意しましょう。

また、モジュールとして取り込まれた場合には、変数 __name__ がモジュール名となり、メインファイルとして実行した場合には、この変数に「__main__」が代入されます。この性質を利用すると、モジュールのテストが簡単にできます。コマンドラインからモジュールをテストしてみましょう。以下のように表示されます。

```
$ python tfidf.py
[
  array([1., 0., 0., 0., 0., 0.]),
  array([0.33333333, 0.42922736, 0.56438239, 0.        , 0.        ,0.
]),
  array([0.2       , 0.25753641, 0.33862944, 0.47725887, 0.47725887, 0.
]),
  array([0.33333333, 0.42922736, 0.        , 0.        , 0.
,0.79543145])
]
{'_id': 6, '日曜': 5, '雨': 0, '今日': 1, '日': 4, '暑い': 3, '降る': 2}
```

各配列が 1 つずつの文章を表しており、その配列の要素が、各単語の出現頻度と重要度を掛け合わせた値となっています。また、末尾に単語辞書と単語 ID の一覧も出力しています。辞書は番号順にならないので読みにくいのですが、0 が「雨」、1 が「今日」、2 が「降る」、3 が「暑い」、4 が「日」……です。

ここで、4 番目の文章 (実行結果の最後の array(...)) に注目してみると、「0: 今日」や「1: 雨」は、他の文章でも使われているので値が低くなり、「5: 日曜」は他の文章に使われていない特徴的な単語なので値が高くなっているのがわかります。

それでは、プログラムを確認しましょう。プログラムの (※ 1) では、MeCab を初期化します。ここでは、4 章で紹介した辞書「mecab-ipadic-NEologd」を使うように指定しています。この辞書が必要なければ、引数を省略しても良いでしょう。

(※ 2) の部分では、グローバル変数を初期化します。このモジュールで重要な変数で、単語辞書 word_dic と単語の出現回数を記録する辞書 dt_dic、また、全文書を記録する files です。

(※ 3) の部分では、MeCab で形態素解析を行います。ここでは、4 章と同様の方法で、精度を高めるために、名詞・動詞・形容詞以外の情報を捨てます。

(※ 4) の部分では、単語を ID に変換します。

(※ 5) と (※ 6) の部分は、テキストを ID リストに変換して、変数 files に追加する手順をまとめたものです。モジュールを利用する場合、このメソッドを利用することになるでしょう。

そして、TF-IDF の計算を行うのが、(※ 7) 以降の calc_files() 関数です。手順としては、最初に (※ 8) 以降の部分で、単語の出現回数を数え、文書ごとに単語の頻度を計算します。そうすると、文書における単語の希少度合いがわかるので、単語ごとの重要度 IDF 値を計算して出現頻度と掛け合わせます。

(※ 9) では、全文書で何回単語が出現しているかを記録する変数 dt_dic を更新し、(※ 10) では、出現回数を割合に直します。

(※ 11) では、各文書の各単語について重要度を掛け合わせます。

プログラムの (※ 12)、(※ 13) の部分は辞書をファイルへ保存したり、読み込んだりする関数を定義しています。

(※ 14) では、辞書を更新せずに TF-IDF ベクトルに変換する関数を定義しています。

最後の (※ 15) の部分は、モジュールをテストするコードです。

ニュース記事の分類に挑戦しよう

それでは、TF-IDF を利用して、文章の分類問題を解いていきましょう。そのためには、ある程度しっかり分類された大量の文章が必要となります。4 章 5 節のコラムで紹介したオープンなテキストリソースの一覧が役立ちます。

ここでは、しっかりとジャンル分けされたニュース記事が揃っている、livedoor ニュースコーパスを利用してみます。4 章でも利用したデータですが、サイトからリンクされている「ldcc-20140209.tar.gz」をダウンロードしたら解凍します。そして、Jupyter Notebook の起動ディレクトリーに <text> というディレクトリーを作り、そこにテキストファイルが入っている各フォルダーをコピーしましょう。

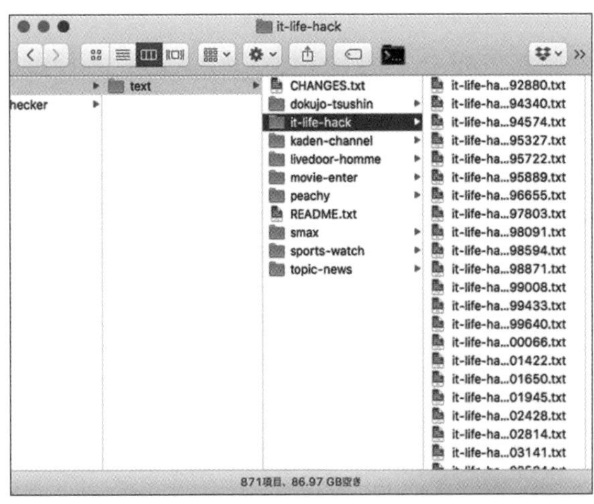

▲ livedoor ニュースコーパスを解凍して text フォルダーに配置

この livedoor ニュースコーパスには、ニュースごとに記事が分けられています。そのなかから、「スポーツ」「IT」「映画」「ライフ」と 4 つのカテゴリーに分類するようにしてみましょう。

ニュース媒体名	分類 (値)	フォルダー名
Sports Watch	スポーツ (0)	sports-watch
IT ライフハック	IT(1)	it-life-hack
MOVIE ENTER	映画 (2)	movie-enter
独女通信	ライフ (3)	dokujo-tsushin

livedoor ニュースコーパスでは、各ジャンルに 870 以上のファイル (1 つのファイルが 300 字から 12000 字ほど) があるので、なかなか本格的な機械学習が実践できます。

文章を TF-IDF のデータベースに変換しよう

それでは最初に、文書の TF-IDF を求め、データベースとして保存するプログラムを見てみましょう。プログラムを実行すると、text フォルダー以下に「genre.pickle」というデータファイルを出力します。

▼ makedb_tfid.py

```
import os, glob, pickle
import tfidf

# 変数の初期化
y = []
x = []

# ディレクトリー内のファイル一覧を処理 --- (※1)
def read_files(path, label):
    print("read_files=", path)
    files = glob.glob(path + "/*.txt")
    for f in files:
        if os.path.basename(f) == 'LICENSE.txt': continue
        tfidf.add_file(f)
        y.append(label)

# ファイル一覧を読む --- (※2)
read_files('text/sports-watch', 0)
read_files('text/it-life-hack', 1)
read_files('text/movie-enter', 2)
read_files('text/dokujo-tsushin', 3)

# TF-IDF ベクトルに変換 --- (※3)
x = tfidf.calc_files()

# 保存 --- (※4)
pickle.dump([y, x], open('text/genre.pickle', 'wb'))
tfidf.save_dic('text/genre-tdidf.dic')
print('ok')
```

プログラムを実行した後で、Jupyter Notebookでどのような値が生成されたか確認してみましょう。ここでは、xの値を表示してみましょう。

```
read_files= text/sports-watch
read_files= text/it-life-hack
read_files= text/movie-enter
read_files= text/dokujo-tsushin
ok

In [2]: x

Out[2]: [array([0.00578035, 0.00578035, 0.00578035, ..., 0.        , 0.        ,
         0.        ]),
 array([0.0052356, 0.0052356, 0.0052356, ..., 0.       , 0.       ,
        0.       ]),
 array([0.00735294, 0.00735294, 0.00735294, ..., 0.        , 0.        ,
        0.        ]),
 array([0.00632911, 0.00632911, 0.00632911, ..., 0.        , 0.        ,
        0.        ]),
 array([0.00909091, 0.00909091, 0.00909091, ..., 0.        , 0.        ,
        0.        ]),
 array([0.00719424, 0.00719424, 0.00719424, ..., 0.        , 0.        ,
        0.        ]),
 array([0.00606061, 0.00606061, 0.00606061, ..., 0.        , 0.        ,
        0.        ]),
 array([0.00549451, 0.00549451, 0.00549451, ..., 0.        , 0.        ,
        0.        ]),
 array([0.00512821, 0.00512821, 0.00512821, ..., 0.        , 0.        ,
        0.        ]),
 array([0.00414938, 0.00414938, 0.00414938, ..., 0.        , 0.        ,
        0.        ]),
```

▲ 生成したベクトルを確認しているところ

プログラムを詳しく確認してみましょう。プログラムの(※1)では、ディレクトリー内のファイル一覧をTF-IDFモジュールに追加する処理します。基本的には、globモジュールでファイル一覧を得て、tfidf.add_file()関数にパスを渡すだけです。ただし、各フォルダーには著作権情報を記した「LICENSE.txt」があるので、それだけは無視しています。

(※2)の部分では、どのフォルダーを読み込むかを指定します。

(※3)の部分で、実際に文章をTF-IDFベクトルに変換します。

最後に(※4)の部分で、genre.pickleというファイルへデータを保存します。

TF-IDFをNaiveBayesで学習しよう

ここまでの手順で、TF-IDFのデータベースが作成できたら、まずは、NaiveBayes（ナイーブベイズ）を利用して、データを学習してみましょう。

▼ train_db.py

```
import pickle
from sklearn.naive_bayes import GaussianNB
from sklearn.model_selection import train_test_split
import sklearn.metrics as metrics
import numpy as np

# TF-IDF のデータベースを読み込む --- (※1)
data = pickle.load(open("text/genre.pickle", "rb"))
y = data[0] # ラベル
x = data[1] # TF-IDF

# 学習用とテスト用に分ける --- (※2)
x_train, x_test, y_train, y_test = train_test_split(
        x, y, test_size=0.2)

# NaiveBayes で学習 --- (※3)
model = GaussianNB()
model.fit(x_train, y_train)

# 評価して結果を出力 --- (※4)
y_pred = model.predict(x_test)
acc = metrics.accuracy_score(y_test, y_pred)
rep = metrics.classification_report(y_test, y_pred)

print("正解率=", acc)
print(rep)
```

プログラムを実行すると、だいたい0.92ほどの精度が出ていることが確認できます。なかなかの精度が出ていますね。

```
正解率= 0.9202279202279202
             precision    recall  f1-score   support

          0       0.96      0.93      0.95       184
          1       0.97      0.96      0.96       178
          2       0.83      0.95      0.89       165
          3       0.93      0.85      0.89       175

avg / total       0.92      0.92      0.92       702
```

▲ TF-IDFとNaiveBayesで学習してみたところ

プログラムを確認してみましょう。(※1)の部分では、先ほど作成したTF-IDFのベクトルデータベースを読み込みます。

(※2)では、学習用とテスト用に分けます。

(※3)では、NaiveBayesで学習して、(※4)ではテストデータで評価し、正解率とレポートを出力します。

ディープラーニングで精度改善を目指そう

ちなみに、分類器のアルゴリズムをNaiveBayesからランダムフォレストに変更してみたところ、精度が少しだけ改善しました。アルゴリズムを変更すると、精度の改善が見込めそうです。ディープラーニングを利用して、精度改善を目指してみましょう。

scikit-learnからディープラーニングへの書き換え

scikit-learnの機械学習を、TensorFlow+Kerasの学習に置き換えるのはそれほど難しくありませんが、いくつかポイントがあります。

まず、ラベルデータをOne-Hot形式に直すこと、そして、入力と出力のベクトルサイズを調べて、しっかり指定することの2点です。それに、モデルを自分で定義する処理を加えたら、ディープラーニング対応が完了です。

以下は、ディープラーニングのMLPを使ったプログラムを作ったところです。上記のポイントを念頭に置いて見ていきましょう。

▼ train_mlp.py

```
import pickle
from sklearn.model_selection import train_test_split
import sklearn.metrics as metrics
import keras
from keras.models import Sequential
from keras.layers import Dense, Dropout
from keras.optimizers import RMSprop
import matplotlib.pyplot as plt

# 分類するラベルの数 --- (※1)
nb_classes = 4

# データベースの読み込み --- (※2)
data = pickle.load(open("text/genre.pickle", "rb"))
y = data[0] # ラベル
x = data[1] # TF-IDF
# ラベルデータをOne-Hotベクトルに直す --- (※3)
y = keras.utils.to_categorical(y, nb_classes)
in_size = x[0].shape[0]

# 学習用とテスト用を分ける --- (※4)
x_train, x_test, y_train, y_test = train_test_split(
        x, y, test_size=0.2)
```

```
# MLP モデル構造を定義 --- （※5）
model = Sequential()
model.add(Dense(512, activation='relu', input_shape=(in_size,)))
model.add(Dropout(0.2))
model.add(Dense(512, activation='relu'))
model.add(Dropout(0.2))
model.add(Dense(nb_classes, activation='softmax'))

# モデルを構築 --- （※6）
model.compile(
    loss='categorical_crossentropy',
    optimizer=RMSprop(),
    metrics=['accuracy'])

# 学習を実行 --- （※7）
hist = model.fit(x_train, y_train,
          batch_size=128,
          epochs=20,
          verbose=1,
          validation_data=(x_test, y_test))

# 評価する ---（※8）
score = model.evaluate(x_test, y_test, verbose=1)
print("正解率=", score[1], 'loss=', score[0])

# 重みデータを保存 --- （※9）
model.save_weights('./text/genre-model.hdf5')

# 学習の様子をグラフへ描画 --- （※10）
plt.plot(hist.history['accuracy'])
plt.plot(hist.history['val_accuracy'])
plt.title('Accuracy')
plt.legend(['train', 'test'], loc='upper left')
plt.show()
```

プログラムを実行してみましょう。すると、だいたい0.98程度、良いときには0.99という結果が出力されます。このように、ディープラーニングのMLPを使うことで大幅な精度向上が実現できました。ディープラーニングの威力が実感できる例題となりましたね。

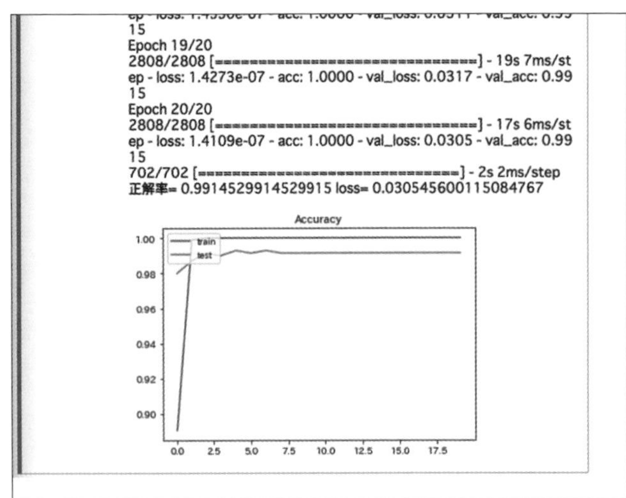

▲ ジャンルごとのテキストを学習したところ

プログラムを確認してみましょう。(※1) の部分では、分類ラベルの数を指定します。ここでは、スポーツ、IT、映画、ライフの4クラス分類です。

(※2) の部分では、データベースを読み込みます。

そして、(※3) ではラベルデータを、一次元のリストから One-Hot ベクトルに直します。

(※4) の部分では、データを学習用とテスト用に分割します。

(※5) の部分で MLP のモデルを定義して、(※6) でモデルを構築します。これで、学習のための準備ができたので、(※7) の部分で学習を実行します。

そして、(※8) の部分でテストデータを用いて評価して、正解率を表示します。

最後に、(※9) の部分で学習した重みデータをファイルへ保存し、(※10) で学習の様子をグラフ描画します。

自分で文章を指定して判定させよう

それでは、自分で作成した文章を判定させてここまでの成果を確かめてみましょう。

ここでは、次の3つの文章を判定させてみようと思います。正しいジャンルに判定できるでしょうか。

(1) 野球を観るのは楽しいものです。試合だけでなくインタビューも楽しみです。

(2) 常に iPhone と iPad を持っているので、二口のモバイルバッテリがあると便利。

(3) 幸せな結婚の秘訣は何でしょうか。夫には敬意を、妻には愛情を示すことが大切。

以下が、先ほど学習したディープラーニングの MLP の重みデータを利用して、テキストの判定を行うプログラムです。

▼ my_text.py

```
import pickle, tfidf
import numpy as np
import keras
from keras.models import Sequential
from keras.layers import Dense, Dropout
from keras.optimizers import RMSprop
from keras.models import model_from_json

# 独自のテキストを指定 --- (※1)
text1 = """
野球を観るのは楽しいものです。
試合だけでなくインタビューも楽しみです。
"""
text2 = """
常にiPhoneとiPadを持っているので、
二口あるモバイルバッテリがあると便利。
"""
text3 = """
幸せな結婚の秘訣は何でしょうか。
夫には敬意を、妻には愛情を示すことが大切。
"""

# TF-IDFの辞書を読み込む --- (※2)
tfidf.load_dic("text/genre-tdidf.dic")

# Kerasのモデルを定義して重みデータを読み込む --- (※3)
nb_classes = 4
model = Sequential()
model.add(Dense(512, activation='relu',
    input_shape=(len(tfidf.dt_dic),)))
model.add(Dropout(0.2))
model.add(Dense(512, activation='relu'))
model.add(Dropout(0.2))
model.add(Dense(nb_classes, activation='softmax'))
model.compile(
    loss='categorical_crossentropy',
    optimizer=RMSprop(),
    metrics=['accuracy'])
model.load_weights('./text/genre-model.hdf5')

# テキストを指定して判定 --- (※4)
def check_genre(text):
    # ラベルの定義
    LABELS = ["スポーツ", "IT", "映画", "ライフ"]
    # TF-IDFのベクトルに変換 -- (※5)
    data = tfidf.calc_text(text)
    # MLPで予測 --- (※6)
    pre = model.predict(np.array([data]))[0]
    n = pre.argmax()
    print(LABELS[n], "(", pre[n], ")")
    return LABELS[n], float(pre[n]), int(n)
```

```
if __name__ == '__main__':
    check_genre(text1)
    check_genre(text2)
    check_genre(text3)
```

プログラムを実行してみましょう。今回は、次のように、「スポーツ」「IT」「ライフ」と正しく判定させることができました。

```
    print(LABELS[n], "(", pre[n], ")")

check_genre(text1)
check_genre(text2)
check_genre(text3)

スポーツ ( 0.7213282 )
IT ( 1.0 )
ライフ ( 0.9999999 )
```

▲ 3 つのテキストを判定させてみたところ

プログラムを確認してみましょう。プログラムの (※ 1) では、今回判定させてみたかったテキストを 3 つ用意しました。

プログラムの (※ 2) の部分では、本節のプログラム「makedb_tfid.py」で作成した TF-IDF の辞書データを読み込みます。

(※ 3) の部分では、前回作成した Keras のモデルをそのまま定義して、学習済みの重みデータを読み込みます。

(※ 4) の部分でテキストを指定して判定します。(※ 5) の部分のように、tfidf モジュールの calc_text() を呼び出すと、文章を TF-IDF のベクトルデータに変換できます。(※ 6) の部分で、MLP のモデルでベクトルデータを与えて予測を行い、結果およびその確率を表示します。

改良のヒント

本節で作成した「my_text.py」ですが、実際に自分の好きな文章を書き込んで実行してみると、ときどき思い通りの結果が出ないこともあります。どうしてでしょうか。そもそも、TF-IDF のベクトルデータでは、学習済みの単語しかベクトル化できません。今回作成したモジュールでは、livedoor ニュースコーパスに出てこない、未知語を見つけると、単語をなかったことにする処理にしてあります。そのため、学習したことのない単語が多く出てくるほど、判定結果が微妙になります。そこで、業務では未知語が出てきたら覚えておいて、改めて学習をやり直すなど、工夫が必要になります。

この節のまとめ

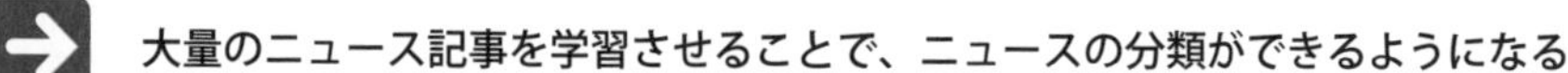

- 大量のニュース記事を学習させることで、ニュースの分類ができるようになる
- テキストデータのベクトル化に TF-IDF を使うことができる
- テキストの分類もディープラーニングを使うと大幅な精度の向上が期待できる

6-4 Webで使える文章ジャンル判定アプリを作ろう

前節で文章のジャンル判定ツールを作成しました。そこで、そのジャンル判定ツールをWebで使えるように、Webシステムに組み込んで使ってみましょう。ここでは、APIを使って連携する方法を紹介します。

利用する技術（キーワード）

- Webサーバー
- Web API
- Ajax
- Flask

この技術をどんな場面で利用するのか

- Webサービスに機械学習のシステムを組み込むとき

機械学習をWebアプリにする方法

機械学習のプログラムも、普通のPythonのプログラムです。そのため、必要に応じて起動し、学習を行えば良いでしょう。しかし、1回学習を実行するごとにプロセスを起動し直すのは効率がよくありません。と言うのも、TensorFlowのライブラリーを取り込むだけで、かなり起動に時間がかかってしまうからです。

そこで、機械学習を行うシステムを別途サーバー（プロセス）として起動しておいて、Webアプリ側から機械学習サーバーに問い合わせる形でプログラムを作ります。

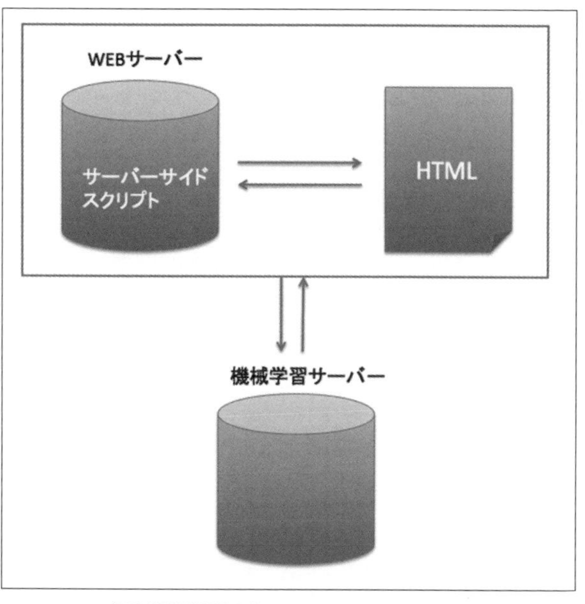

▲ Web アプリと機械学習のシステム

ジャンル分けモデルを Web アプリで使おう

先ほど紹介した図では、Web サーバーと機械学習サーバーは異なるサーバーで動かすことを前提としていました。しかし、ポート番号さえ変更すれば、どちらも同じマシン上に存在できます。

さらに言えば、大量のアクセスがないことがわかっている場合には、Web サーバーに機械学習のシステムを持たせてしまう方法もあります。今回は、読者の実行環境の利便性を考慮して、もっとも簡易な方法である、Web サーバーに機械学習のシステムを持たせる方法を紹介します。

ここでは、次のように Web サーバーと機械学習システムを同時に 1 つのプログラム上に実装してみます。プログラムを作る前に、アプリの仕組みを図で確認してみましょう。

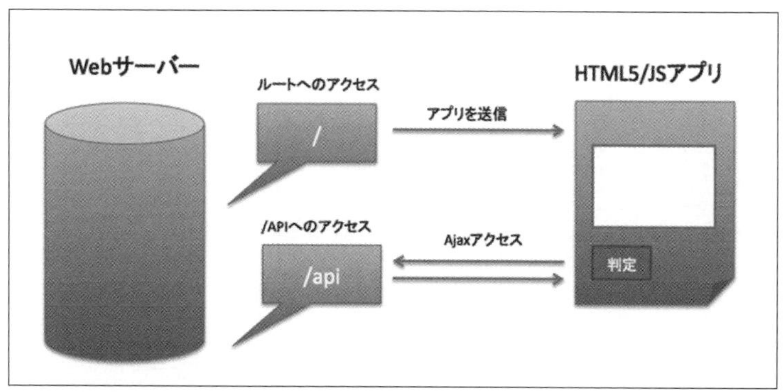

▲ 今回作るジャンル判定アプリの構造

この図にあるように、ユーザーがWebサーバーにアクセスすると、最初にHTML5/JavaScriptのアプリが送信されます。アプリが実行され、ユーザーがテキストボックスにテキストを記入して、「判定」ボタンをクリックすると、判定結果が表示されるというものを作ってみましょう。

機械学習の機能を持つWebサーバーの作成

それでは、ジャンル判定を行うAPIを含めた、Webサーバー側のプログラムをPythonで作ってみましょう。なお『API』というのは、アプリケーションプログラミングインターフェイス（Application Programming Interface）の略で、外部のアプリケーションなど、使いやすい形で機能を提供するWebサーバーのことです。

なお、以下のWebサーバーでは、前節で手順通りに作成した辞書データとMLPの重みデータ、そしてモジュール「tfidf.py」と「my_text.py」を利用しますので、<genre>ディレクトリーにあるプログラムとデータを同じディレクトリーに配置した上で実行してください。

▼ tm_server.py

```
import json
import flask
from flask import request
import my_text

# ポート番号 --- (※1)
TM_PORT_NO = 8888
# HTTPサーバーを起動
app = flask.Flask(__name__)
print("http://localhost:" + str(TM_PORT_NO))

# ルートへアクセスした場合 --- (※2)
@app.route('/', methods=['GET'])
def index():
    with open("index.html", "rb") as f:
        return f.read()

# /api へアクセスした場合
@app.route('/api', methods=['GET'])
def api():
    # URLパラメーターを取得 --- (※3)
    q = request.args.get('q', '')
    if q == '':
      return '{"label": "空です", "per":0}'
    print("q=", q)
    # テキストのジャンル判定を行う --- (※4)
    label, per, no = my_text.check_genre(q)
    # 結果をJSONで出力
    return json.dumps({
      "label": label,
      "per": per,
      "genre_no": no
```

```
    })

if __name__ == '__main__':
    # サーバーを起動
    app.run(debug=True, host='0.0.0.0', port=TM_PORT_NO)
```

プログラムを実行するのにあたって、Web サーバーを手軽に作成するフレームワーク「Flask」を利用します。以下のコマンドを実行して、Flask をインストールしましょう。

このプログラムは、サーバーとして動かしますので、Jupyter Notebook ではなく、コマンドラインを起動して、以下のコマンドを実行します。

```
$ python tm_server.py
```

それから、Web ブラウザーの URL 欄へ以下の書式でアクセスしましょう。

```
[書式]
http://localhost:8888/api?q=(判定したいテキスト)
```

たとえば、URL 欄に以下のように記述してみましょう。

● **http://localhost:8888/api?q= 野球を観るのは楽しいものです。試合だけでなくインタビューも楽しみです。**

すると、JSON 形式で以下のような結果が返ってきます。JSON なので日本語がエンコードされてしまっていますがデコードすると「スポーツ」となります。


```
{
  "genre_no": 0,
  "label": "\u30b9\u30dd\u30fc\u30c4",
  "per": 0.46637967228889465
}
```


それでは、プログラムを見てみましょう。基本的には、my_text.py の check_genre() 関数を Web サーバーで提供するようにしただけのものです。Web フレームワークの Flask を使っているので、最低限のコードで HTTP サーバーを実現できます。

プログラムの (※1) では、ポート 8888 を使って HTTP サーバーを起動するように指定します。もし、別のアプリ (たとえば Jupyter Notebook) が 8888 番を使っている場合には、別の番号に変更しましょう。

プログラムの (※2) の index() 関数では、ルートへのアクセスがあった場合に、「index.html」を返すように指定します。

次に、(※3) の部分の api() 関数は、「/api」へのアクセスがあった場合に呼び出されます。ここで、request.args.get() メソッドを呼び出すと、URL のパラメーターを取得できます。

(※4) の部分では、モジュール my_text の check_genre() 関数を呼び出し、その結果を JSON 形式で出力します。

つまり、このサーバープログラムでは、前節で作った機械学習のプログラムをモジュールとして利用する形です。モジュールを取り込んだ時点で、TensorFlow と Keras が起動され、学習済みの重みデータが読み込まれます。そして、/api にアクセスがあると、ジャンル判定を行います。

API を呼び出す Web アプリを作ろう

次に、Web アプリを作りましょう。ここでは、HTML5/JavaScript を利用します。先ほどの tm_server.py と同じディレクトリーに、以下の「index.html」を配置しましょう。

▼ index.html

```
<DOCTYPE html>
<html><meta charset="utf-8"><body>
<h1> テキストのジャンル判定 </h1>
<div>
  <textarea id="q" rows="10" cols="60"></textarea>
  <br><button id="qButton"> 判定 </button>
  <div id="result"></div>
</div>
<script>
const qs = (q) => document.querySelector(q)
window.onload = () => {
  const q = qs('#q')
  const qButton = qs('#qButton')
  const result = qs('#result')
   // 判定ボタンを押した時 --- (※1)
  qButton.onclick = () => {
    result.innerHTML = "..."
     // API サーバーに送信する URL を構築 --- (※2)
    const api = "/api?q=" +
      encodeURIComponent(q.value)
     // API にアクセス --- (※3)
    fetch(api).then((res) => {
      return res.json() // JSON で返す
    }).then((data) => {
       // 結果を画面に表示 --- (※4)
      result.innerHTML =
        data["label"] +
        "<span style='font-size:0.5em'>(" +
        data["per"] + ")</span>"
    })
  }
}
</script>
```

```
<style>
#result { padding: 10px; font-size: 2em; color: red; }
#q { background-color: #fffff0; }
</style>
</body></html>
```

Web ブラウザーで URL「http://localhost:8888/」あるいは「http://0.0.0.0:8888/」にアクセスし、適当な文章を書き込んで「判定」ボタンをクリックしてみましょう。HTML5 対応のモダンな Web ブラウザーであれば動かすことができます。

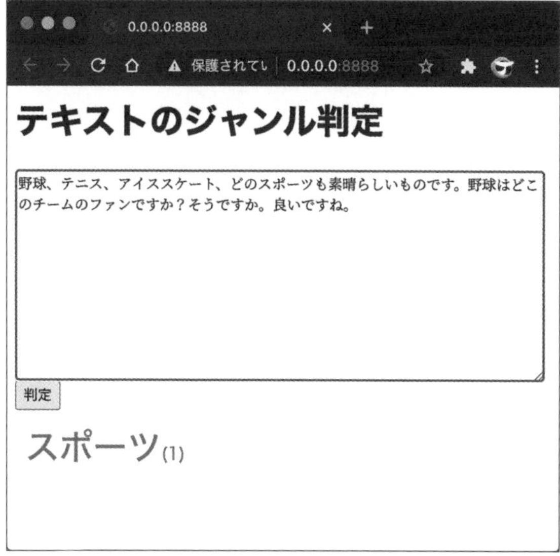

▲ 文章のジャンル判定アプリを実行したところ

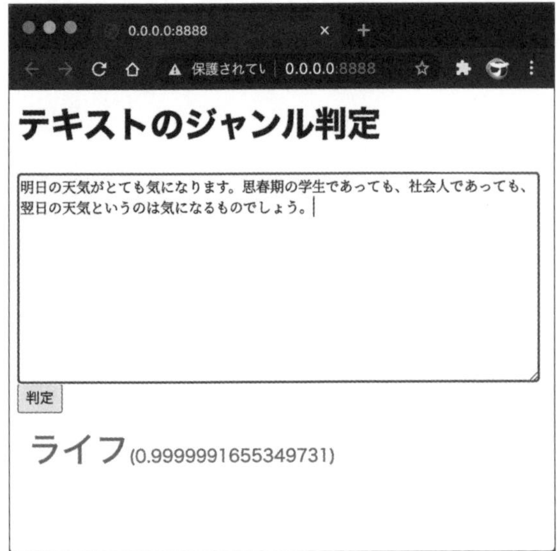

▲ いろいろな文章を書き込んで試してみよう

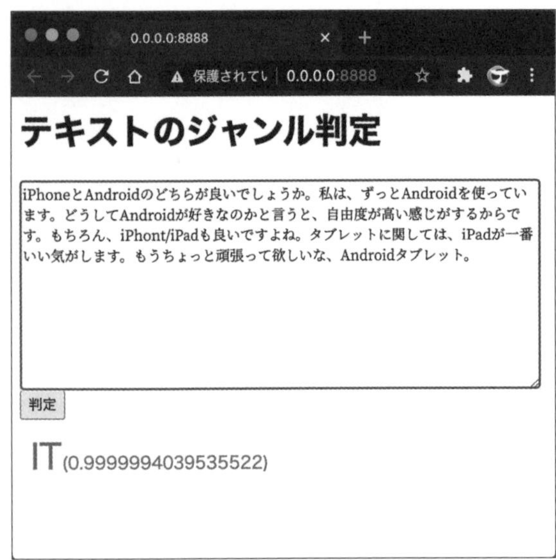

▲ 短くても長くても、だいたい正しくジャンル判定してくれる

短い文章では、正しいジャンルを判定できないこともありましたが、長めの文章であれば、だいたい正しいジャンルを得ることができました。

それでは、プログラムを確認してみましょう。ボタンが押されたら、テキストボックスに書かれているテキストをAPIサーバーに送信し、JSONで結果を得て、それをHTMLに表示するようにしてみましょう。

プログラムの(※1)では、判定ボタンをクリックしたときの動作を指定します。

(※ 2) の部分では、API サーバーに送信する URL を構築します。
(※ 3) の部分で fetch を利用して、サーバーにアクセスします。
結果を得たら、(※ 4) の部分で HTML として表示します。

改良のヒント

さて、本節ではプログラムの簡易性のために、Web サーバーと機械学習のシステムを 1 つのプログラムのなかに収めてしまいました。しかし、実務でシステムを利用することを考慮すると、Web サーバーと機械学習の応答を返す API を分離させると良いでしょう。プログラム的には、それほど違いはないことでしょう。

また、今回、学習済みのデータを読み込んで使う方法を紹介しましたが、実際に業務で利用する場合では、日々更新される業務データベースから、定期的に学習データを読み出して、学習データを更新することもできるでしょう。次のコラムが参考になります。

column

Web サービスにおける学習データの定期的なメンテナンス

Web サービスの運営において、機械学習を応用したシステムを組み込んでいる事例は、すでにたくさんあります。利用事例として、フリマアプリの「メルカリ」では、商品出品時の価格推定や、商品タグ、カテゴリーのサジェストを行っているそうです。また、料理レシピのコミュニティーサイトの「クックパッド」では、レシピの分類やスマートフォンに保存されている写真のなかから、料理の写真だけを抽出する機能などに利用しているそうです。

このように、多くの Web サービスで機械学習システムを導入していますが、そのシステムを活用する上で一番難しいところが「一度作って終わりではない」という点にあります。と言うのも、日々、新しい投稿が行われ、分類精度が低下してしまうからです。流行語や新製品など、正解データは常に変化していきます。そのため、定期的に教師データを新しくして、学習をやり直す必要があります。

次の図を見てみましょう。Web サービスでは多くの投稿が行われ、それがデータベースに保存されます。そのデータベースに蓄積されたデータを用いて、機械学習システムを構築します。それによって、機械学習システムが Web サービスでユーザーの投稿を支援します。そして、そのことにより、ユーザーがさらに多くの投稿をし、それらがデータベースに蓄積されていきます。そうした蓄積されたデータを機械学習に応用すると高い精度で投稿を支援できます。

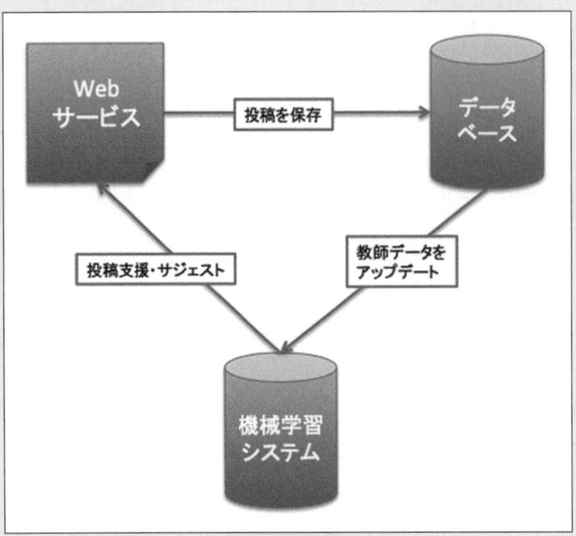

▲ Web サービスでは繰り返し学習を行う必要がある

●機械学習システム

多くの Web サービスでは、こうしたフローが自動で行われるようになっていますが、これから構築するサービスでも、なるべく人手をかけず、自動的にこのフローが回るようなシステムを構築するのが良いでしょう。ただし、何かしらのきっかけで急に判定精度が悪くなる可能性もあります。精度が落ちたら通知が来るようにするなど、自動化の落とし穴を避ける仕組みも組み込むと良いでしょう。

この節のまとめ

- 学習済みのデータを保存しておいて、業務システムから読み込んで使うと効率が良い
- Flask を利用して、Python を利用した機械学習システムを持つ Web サーバーを作成した
- 機械学習システムを Web アプリに組み込むのはそれほど難しくない
- 機械学習システムの入出力を Web API として利用できるように作っておくと便利

6-5 機械学習にデータベース(RDBMS)を利用しよう

実際の業務に機械学習を導入する場合、すでにあるデータベース（たいていはRDBMS）をデータソースとして機械学習を行う場合が多くあります。そこで本節は、身長体重のデータベースを作成し、そのデータベースを活用した機械学習システムを構築して体型診断システムを作ってみます。

利用する技術（キーワード）

- データベース
- SQLite
- TensorFlow/Keras

この技術をどんな場面で利用するのか

- データベースから定期的な機械学習を行うとき

データベースからデータを学習させる方法

これまでの章で取り上げてきた機械学習プログラムにおいて利用するデータは、CSVなどのテキストデータが多く、データベース（RDBMS）を利用していませんでした。

しかし実際は、すでに業務データが存在しており、その業務データはデータベースに入っていることが多いのではないでしょうか。

そのため、機械学習を業務で使う場合、下図の四角の囲み部分のように、機械学習プログラムが業務データベースのデータを取得し、そのデータを用いて学習、学習済みファイルの保存を行うケースが多いでしょう。

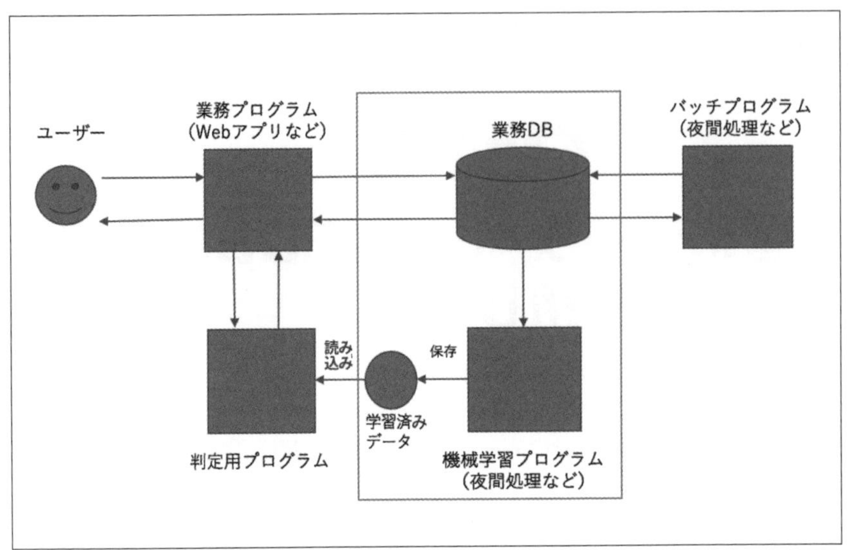

▲ 業務 DB のデータを使って機械学習する場合の構成

そこで本節では、まず業務データベースからデータを取得する方法についていくつか紹介します。その後、身長体重のデータベースを作成し、そのデータベースを活用した機械学習システムを構築して体型診断システムを作ってみましょう。

一度 CSV に出力して CSV を機械学習システムに与える

本書で扱った多くのデータは、カンマと改行で区切られただけのテキストである CSV 形式でした。CSV 形式であれば、手軽にデータを整形したり、読み込んで機械学習システムに与えることが可能です。しかも、たいていのデータベースや Excel などの表形式のデータ整形ツールは、CSV 形式での出力をサポートしています。

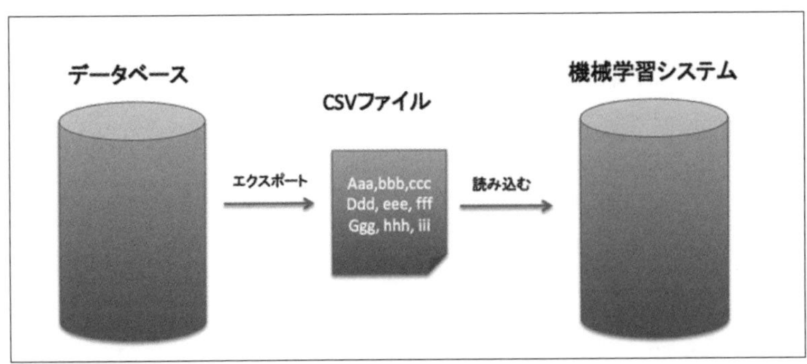

▲ データベースから CSV を出力して、機械学習に入力する

この場合、本書の２章で紹介しているように、Pandas などのライブラリーで CSV ファイルを読み込んで、機械学習のシステムに与えると良いでしょう。

よくある注意点としては、データベースから CSV を出力するときや読み込む時に、ダブルクォートや改行のエスケープに失敗して、データが壊れてしまわないように気をつけましょう。データの移行時に CSV を介するとデータが壊れる原因はこのあたりにあります。入出力の双方で、CSV の特殊文字をどのように解釈するのか確認しておく必要があります。加えて、Excel が出力する伝統的な CSV では、文字コードが Shift_JIS と決まっているため、文字エンコーディングの扱いにも注意が必要です。

つまり、データベースから CSV を出力し、機械学習システムに与えるメリットとしては、扱いが容易なことが挙げられますが、CSV への読み書き時にデータが壊れないように気をつける必要があります。

データベースから直接、機械学習システムに与える

Python は有名なデータベースの読み書きに対応しています。Python には豊富なライブラリーがあり、モジュールの追加も手軽にできる点は、大きなメリットです。そのため、データベースから直接機械学習システムにデータを与えることもできます。本節では、この方法について実際のサンプルを用いて紹介します。

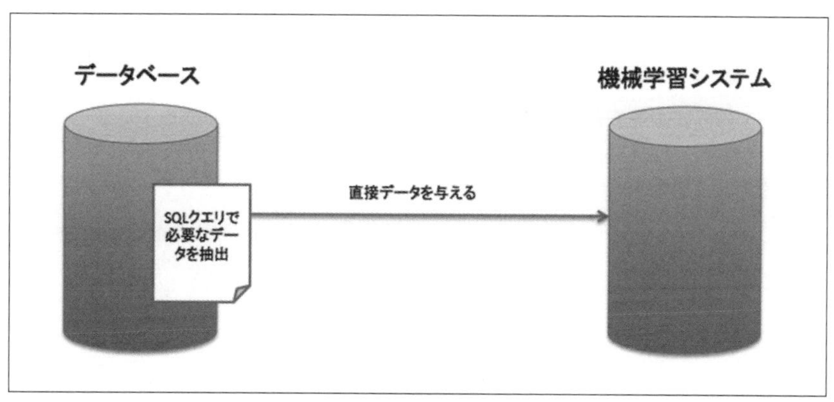

▲ データベースから直接機械学習にデータを学習させる

身長体重データベースを作成してみよう

今回、前提として、病院の健康診断データを元に、機械学習を用いた体型診断結果の出力を行うシステムを作成することを目標にします。身長と体重のデータは、日々、追加されることとし、このデータを利用して機械学習のモデルを構築し、新たな診断結果に役立てるものとします。

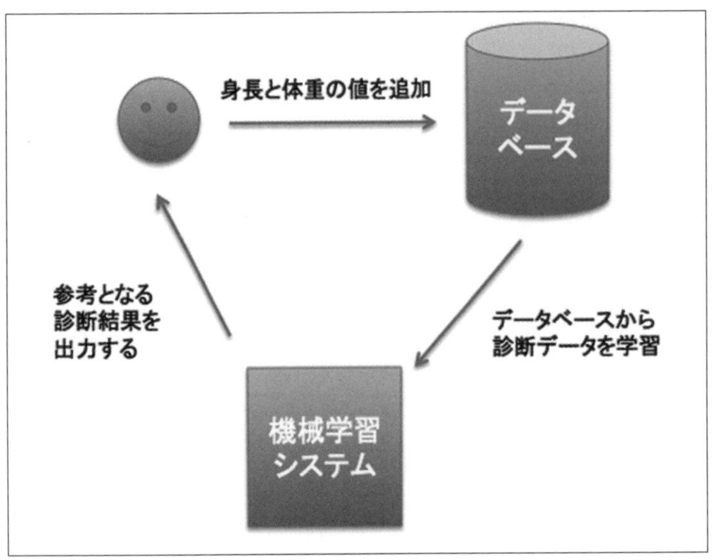

▲ 身長体重データベースを活用した診断システムの図

そのため、ここで作るプログラムは、以下のものです。

- **新規に身長と体重をデータベースに追加するプログラム**
- **データベースの値を機械学習システムに学習させるプログラム**
- **身長と体重を入力すると診断結果を表示するプログラム**

また、ここでは、簡易に利用できるデータベース (RDBMS) として、SQLite を利用してみます。SQLite であれば、Python の標準ライブラリーなので、とくにモジュールをインストールしたり、データベース・サーバーの設定を行う必要はありません。SQLite なら、手軽に SQL クエリーを利用して、データベースを操作できます。

SQLite で身長体重データベースを作成する

今回、作成する身長体重データベースでは、身長と体重、また体型の 3 つのフィールドを持つデータベースとします。

列	フィールド説明	DB フィールド名
0	顧客 ID(自動で追加する)	id
1	身長 (cm)	height
2	体重 (kg)	weight
3	体型 (0-5 の値)	typeNo

また、体型は日本肥満学会の判定基準に応じて、次のような6段階の値を持つこととします。体型は、管理しやすいように数値で表すことにしましょう。

値	体型
0	低体重(痩せ型)
1	普通体重
2	肥満(1度)
3	肥満(2度)
4	肥満(3度)
5	肥満(4度)

それでは、このデータベースを作成してみましょう。ここでは、データベースを作成し、そのなかにpersonという名前のテーブルを作成します。

▼ init_db.py

```
import sqlite3

dbpath = "./hw.sqlite3"
sql = '''
  CREATE TABLE IF NOT EXISTS person (
      id INTEGER PRIMARY KEY,
      height NUMBER,
      weight NUMBER,
      typeNo INTEGER
  )
'''
with sqlite3.connect(dbpath) as conn:
    conn.execute(sql)
```

プログラムを実行すると、「hw.sqlite3」というデータベースファイルが生成されます。RDBMSでは、SQLを用いてデータベースを操作します。「CREATE TABLE」を使うと、テーブルを作成します。

そして、Pythonでsqlite3.connect()と書くと、データベースに接続され、execute()メソッドを使ってSQL文を実行できます。

新規に身長と体重をデータベースに追加

次に、新規に身長と体重と体型を100件追加するプログラムを作ってみましょう。以下のプログラムを実行すると、100件の身長・体重・体型のデータをデータベースに挿入します。

▼ insert_db.py

```
import sqlite3
import random

dbpath = "./hw.sqlite3"

def insert_db(conn):
    # ダミーで身長と体重と体型データを作る --- (※1)
    height = random.randint(130, 180)
    weight = random.randint(30, 100)
    # 体型データはBMIに基づいて自動生成 --- (※2)
    type_no = 1
    bmi = weight / (height / 100) ** 2
    if bmi < 18.5:
        type_no = 0
    elif bmi < 25:
        type_no = 1
    elif bmi < 30:
        type_no = 2
    elif bmi < 35:
        type_no = 3
    elif bmi < 40:
        type_no = 4
    else:
        type_no = 5
    # SQLと値を指定してDBに値を挿入 --- (※3)
    sql = '''
      INSERT INTO person (height, weight, typeNo)
      VALUES (?,?,?)
    '''
    values = (height,weight, type_no)
    print(values)
    conn.executemany(sql,[values])

# DBに接続して100件のデータを挿入
with sqlite3.connect(dbpath) as conn:
    # データを100件挿入 --- (※4)
    for i in range(100):
        insert_db(conn)
    # トータルで挿入した行数を調べる --- (※5)
    c = conn.execute('SELECT count(*) FROM person')
    cnt = c.fetchone()
    print(cnt[0])
```

実行してみましょう。SQLのINSERT文が生成され、100件のデータがデータベースに追加されます。

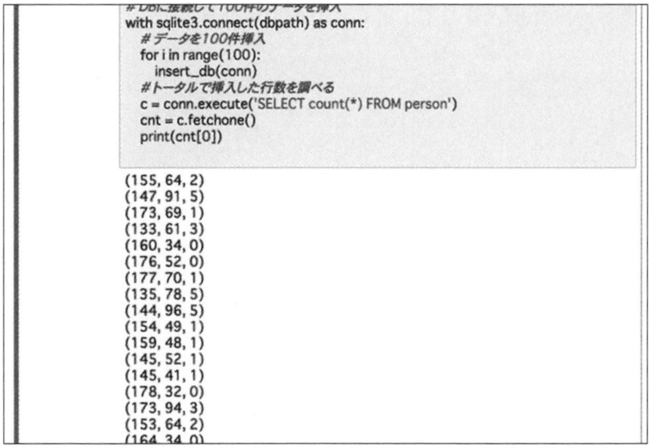

```
# DBに接続して100件のデータを挿入
with sqlite3.connect(dbpath) as conn:
    # データを100件挿入
    for i in range(100):
        insert_db(conn)
    # トータルで挿入した行数を調べる
    c = conn.execute('SELECT count(*) FROM person')
    cnt = c.fetchone()
    print(cnt[0])

(155, 64, 2)
(147, 91, 5)
(173, 69, 1)
(133, 61, 3)
(160, 34, 0)
(176, 52, 0)
(177, 70, 1)
(135, 78, 5)
(144, 96, 5)
(154, 49, 1)
(159, 48, 1)
(145, 52, 1)
(145, 41, 1)
(178, 32, 0)
(173, 94, 3)
(153, 64, 2)
(164, 34, 0)
```

▲ 身長・体重・体型のデータを 100 件挿入したところ

それでは、プログラムの内容を詳しく見ていきましょう。プログラムの (※ 1) の部分では、ランダムに身長と体重を決定します。

(※ 2) の部分では、身長と体重データを元にして、体型データを算出します。ここでは、肥満度判定によく使われる BMI の公式を使って、体型データを生成します。BMI の公式は以下のようなもので、BMI が 22 近辺であれば、標準体型であることを指しています。

$$\mathrm{BMI} = \frac{\text{体重 (kg)}}{(\text{身長 (cm)} \div 100)^2}$$

BMI の値が 18.5 未満であれば「0: 低体重 (痩せ型)」、25 未満であれば「1: 普通体型」、30 未満であれば「2: 肥満 (1 度)」、35 未満であれば「3: 肥満 (2 度)」、40 未満であれば「4: 肥満 (3 度)」、それ以上であれば「5: 肥満 (4 度)」と判定するようにします。

プログラムの (※ 3) の部分では、INSERT 文を実行して、作成した身長・体重・体型データをデータベースに挿入します。

プログラムの (※ 4) の部分では、100 件データを作成してデータベースに挿入するように指示し、(※ 5) の部分では、データベースのトータル行数を表示します。

本当に追加したかを確認するため、挿入したデータの一覧を試しに表示してみましょう。以下のプログラムで確かめることができます。

▼ select_db.py

```
import sqlite3

dbpath = "./hw.sqlite3"
select_sql = "SELECT * FROM person"

with sqlite3.connect(dbpath) as conn:
    for row in conn.execute(select_sql):
        print(row)
```

実行すると、確かに100件の身長体重データが挿入されていることが確認できました。

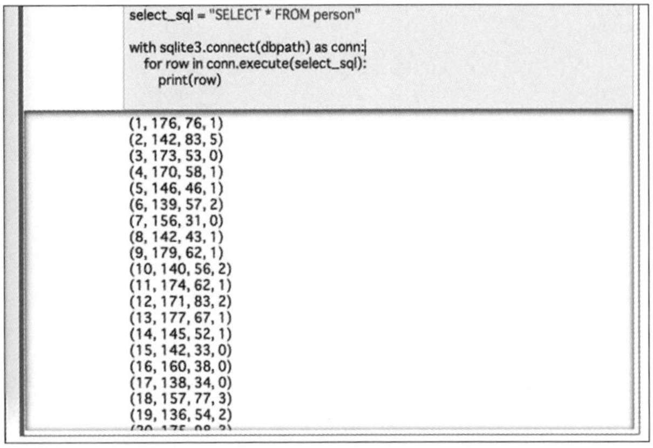

```
select_sql = "SELECT * FROM person"

with sqlite3.connect(dbpath) as conn:
    for row in conn.execute(select_sql):
        print(row)
```

```
(1, 176, 76, 1)
(2, 142, 83, 5)
(3, 173, 53, 0)
(4, 170, 58, 1)
(5, 146, 46, 1)
(6, 139, 57, 2)
(7, 156, 31, 0)
(8, 142, 43, 1)
(9, 179, 62, 1)
(10, 140, 56, 2)
(11, 174, 62, 1)
(12, 171, 83, 2)
(13, 177, 67, 1)
(14, 145, 52, 1)
(15, 142, 33, 0)
(16, 160, 38, 0)
(17, 138, 34, 0)
(18, 157, 77, 3)
(19, 136, 54, 2)
```

▲ 100件の身長体重データが挿入されたところ

身長・体重・体型を学習してみよう

それでは、身長・体重・体型のデータを学習してみましょう。それに先だって、ここではディープラーニングのモデルを定義し、構築してファイルに保存してみます。

▼ make_model.py

```
import keras
from keras.models import Sequential
from keras.layers import Dense, Dropout
from keras.optimizers import RMSprop

in_size = 2 # 身長と体重の二次元
nb_classes = 6 # 体型を6段階に分ける

# MLPモデル構造を定義
model = Sequential()
model.add(Dense(512, activation='relu', input_shape=(in_size,)))
model.add(Dropout(0.5))
model.add(Dense(nb_classes, activation='softmax'))

# モデルを構築
model.compile(
    loss='categorical_crossentropy',
    optimizer=RMSprop(),
    metrics=['accuracy'])

model.save('hw_model.h5')
print("saved")
```

実行すると、学習済みの重みファイル「hw_model.h5」が作成されます。このモデルを使って、身長体重データを学習させてみましょう。このプログラムは、非常に単純な MLP モデルを定義したものです。

そして以下のプログラムは、最新の 100 件のデータをデータベースから取り出して、学習するプログラムです。

▼ mlearn.py

```
import keras
from keras.models import load_model
from keras.utils import to_categorical
import numpy as np
import sqlite3
import os

# データベースから最新の 100 件を読み出す --- (※ 1)
dbpath = "./hw.sqlite3"
select_sql = "SELECT * FROM person ORDER BY id DESC LIMIT 100"
# 読み出したデータを元にラベル (y) とデータ (x) のリストに追加 --- (※ 2)
x = []
y = []
with sqlite3.connect(dbpath) as conn:
    for row in conn.execute(select_sql):
        id, height, weight, type_no = row
        # データを正規化する (0-1 の間にする ) --- (※ 3)
        height = height / 200
        weight = weight / 150
        y.append(type_no)
        x.append(np.array([height, weight]))

# モデルを読み込む --- (※ 4)
model = load_model('hw_model.h5')

# すでに学習データがあれば読み込む --- (※ 5)
if os.path.exists('hw_weights.h5'):
    model.load_weights('hw_weights.h5')

nb_classes = 6 # 体型を 6 段階に分ける
y = to_categorical(y, nb_classes) # One-Hot ベクトルに直す

# 学習を行う --- (※ 6)
model.fit(np.array(x), y,
    batch_size=50,
    epochs=100)

# 結果を保存する --- (※ 7)
model.save_weights('hw_weights.h5')
```

実行すると、学習済みの重みファイル「hw_weights.h5」が作成されます。

プログラムを確認してみましょう。プログラムの(※1)の部分では、SQLiteのデータベースから最新の100件を取り出すSELECT文を記述しています。

(※2)の部分で実際にデータベースから取り出します。execute()文を実行し、その結果をfor構文にかけると、データベースから順に値を取り出すことができます。

プログラムの(※3)の部分では、学習用のデータを指定する際に、身長と体重が0から1の範囲に収まるように、適当な値で割って正規化してからリストに追加します。

(※4)の部分では、学習したモデルを読み込みます。

(※5)の部分では、すでに学習済みの重みデータがあれば読み込みます。

(※6)の部分では、データを学習して、(※7)の部分で学習結果をファイルに保存します。

Kerasのfit()メソッドは新たなデータで再学習できる

なお、Kerasのmodel.fit()メソッドを呼び出すとデータを学習しますが、すでに学習済みのデータがある場合に、さらにmodel.fit()メソッドを呼び出すと、前回の学習結果に加えて新しいデータで学習できます。前回の学習がリセットされるわけではなく、新たなデータに対応するように、データのパラメーターを修正するような仕組みとなっています。

精度を確認してみよう

それでは、学習状況を確認してみましょう。以下のプログラムを実行することにより、任意の身長・体重に対する結果を出力できます。これは、学習モデルと学習済み重みデータを読み込んで、任意の値をテストするプログラムです。

▼ my_checker.py

```
from keras.models import load_model
import numpy as np

# 学習モデルを読み込む --- (※1)
model = load_model('hw_model.h5')
# 学習済みデータを読み込む --- (※2)
model.load_weights('hw_weights.h5')
# ラベルをつける
LABELS = [
    '低体重(痩せ型)', '普通体重', '肥満(1度)',
    '肥満(2度)', '肥満(3度)', '肥満(4度)'
]

# テストデータを指定 --- (※3)
height = 160
weight = 50
# 0-1の範囲に収まるようにデータを正規化 --- (※4)
test_x = [height / 200, weight / 150]
# 予測する --- (※5)
```

```
pre = model.predict(np.array([test_x]))
idx = pre[0].argmax()
print(LABELS[idx], '/可能性', pre[0][idx])
```

上記のプログラムを実行してみましょう。すると、身長160cm、体重50kgは「標準体重」であるのが正しいのですが、残念ながら「低体重(痩せ型)」とまちがった値を出力しました。そもそも、100件しかデータを入力していないのですから、当然と言えば当然の結果です。

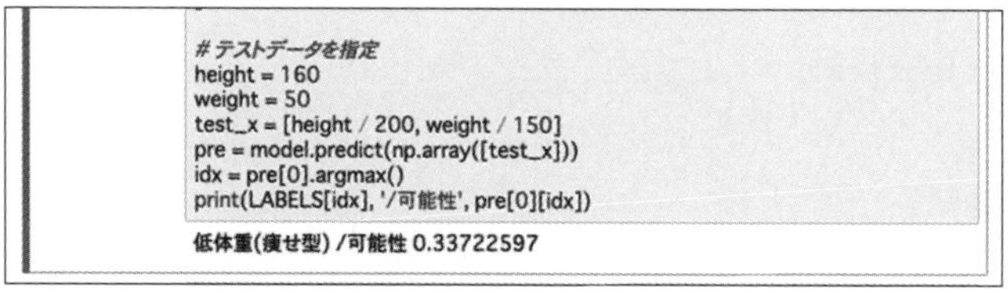

```
# テストデータを指定
height = 160
weight = 50
test_x = [height / 200, weight / 150]
pre = model.predict(np.array([test_x]))
idx = pre[0].argmax()
print(LABELS[idx], '/可能性', pre[0][idx])
低体重(痩せ型) /可能性 0.33722597
```

▲ 100件程度のデータでは残念ながらまちがった値が表示される

それでは、引き続き、体重データをデータベースに挿入するプログラム「insert_db.py」と、データを学習するプログラム「mlearn.py」を交互に繰り返し実行してみましょう。そして、さらに5000件ほどデータを学習させてみましょう。

このとき、何度も実行するのが面倒に感じたら、挿入する値を一気に5000件にして実行させ、学習する値も5000件にして実行すれば、何度も実行する手間が省けます。もちろん、学習するデータが多ければ多いほど、正解率は向上します。

その上で、改めて「my_checkr.py」を実行してみましょう。すると、正しく診断結果が表示できました。

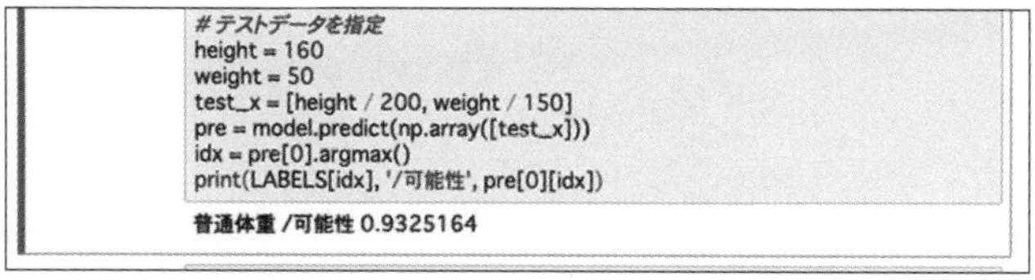

```
# テストデータを指定
height = 160
weight = 50
test_x = [height / 200, weight / 150]
pre = model.predict(np.array([test_x]))
idx = pre[0].argmax()
print(LABELS[idx], '/可能性', pre[0][idx])
普通体重 /可能性 0.9325164
```

▲ 5000件の学習の後に再度実行すると正しく判定できた

プログラムを確認してみましょう。プログラムの(※1)の部分で学習モデルを読み込み、(※2)の部分で学習済み重みデータを読み込みます。

(※3)の部分ではテストデータを指定します。

そして、プログラムの(※4)では0から1の範囲に収まるようにデータを正規化して、(※5)の部分のように、predict()メソッドを呼び出すと、与えたデータから診断結果を予測して、結果を表示します。

分類精度を確認してみる

1 万件のデータを学習させた後、学習結果がどれほど正しいのか、BMI の公式を元に作成したデータで分類精度のテストをしてみましょう。以下のプログラムを実行すると、分類精度を確認できます。

▼ check_test.py

```
from keras.models import load_model
import numpy as np
import random
from keras.utils import to_categorical

# 学習モデルを読み込む --- (※1)
model = load_model('hw_model.h5')
# 学習済みデータを読み込む --- (※2)
model.load_weights('hw_weights.h5')

# 正解データを 1000 件作る --- (※3)
x = []
y = []
for i in range(1000):
    h = random.randint(130, 180)
    w = random.randint(30, 100)
    bmi = w / ((h / 100) ** 2)
    type_no = 1
    if bmi < 18.5:
        type_no = 0
    elif bmi < 25:
        type_no = 1
    elif bmi < 30:
        type_no = 2
    elif bmi < 35:
        type_no = 3
    elif bmi < 40:
        type_no = 4
    else:
        type_no = 5
    x.append(np.array([h / 200, w / 150]))
    y.append(type_no)

# 形式を変換 --- (※4)
x = np.array(x)
y = to_categorical(y, 6)
# 正解率を調べる --- (※5)
score = model.evaluate(x, y, verbose=1)
print("正解率=", score[1], "ロス=", score[0])
```

以下がプログラムを実行したところです。1 万件のデータの分類精度は、以下のように、0.963(約 96%) となりました。なかなかの精度です。なお、3 万件のデータを学習させると、0.975(約 98%) 程度まで精度を向上させることができました。

```
print("正解率=", score[1], "ロス=", score[0])

1000/1000 [==============================] - 1s 863us/step
正解率= 0.963 ロス= 0.10957845616340638
```

▲ 1 万件のデータを学習したときの分類精度

ここまでのプログラムとほとんど同じですが、プログラムを確認します。(※ 1)(※ 2) の部分で、モデルと学習済みデータを読み込みます。

(※ 3) では正解データを 1000 件作成します。

(※ 4) の部分で Keras が受け付ける形式に変換し、(※ 5) の evaluate() メソッドで正解率を調べます。

改良のヒント - 日々のデータ更新について

このプログラムでは、データベースから最近の 100 件のデータを取り出して、再学習を行うようにしていました。実際にデータ更新処理を行う場合は、前回最後に学習したデータベースの ID を覚えておいて、その ID 以降のデータを学習するようにするなどの工夫が必要でしょう。

応用のヒント

今回は、BMI の公式を元にして肥満度判定を行い、その値をデータベースに記録することで、体型診断を行うプログラムを作ってみました。日々、業務データが蓄積されていく環境であれば、機械学習のシステムをうまく組み込むことで、判定精度を向上させていくことができるでしょう。

この節のまとめ

- データベースから定期的にデータを読み出して機械学習の分類器に学習させることができる
- 学習するデータは、CSV 形式でも、RDBMS のデータベースから取り出したものでも、正しいデータであれば十分使える
- 定期的にデータが追加される学習器であれば、日々データが増えることで判定精度も向上していく

6-6 料理の写真からカロリーを調べるツールを作ろう

画像分析を利用して、料理の写真からカロリーを計算するプログラムを作ってみましょう。そのために、写真共有サイトの Flickr から数種類の料理写真をダウンロードし、その料理写真を学習させて料理の判定を行います。

利用する技術（キーワード）

- 料理画像の判定
- Flickr API
- 画像の水増しテクニック

この技術をどんな場面で利用するのか

- 画像分析
- 画像データセットの収集
- 画像認識

料理写真の判定方法について

ここでは、料理の写真からカロリーを計算するプログラムを作ります。その判定方法は、次の通りです。

(1) 写真に何の料理が映っているのか判定する
(2) 判定した料理のカロリーを表示する

もちろん、ページ数に限りがあるので、あらゆる料理を網羅することはできません。ここでは「寿司」「サラダ」「麻婆豆腐」と 3 種類の写真を学習させて、カロリーを表示するプログラムを作ってみましょう。

機械学習でもっともたいへんなのはデータ集め

今回作成するプログラムでは、ただ 3 種類の料理の写真を判定させるだけです。たった 3 種類とは言え、それでもたくさんの写真を集めなければなりません。各料理につき、最低 100 枚以上の写真が必要です。それほど膨大な写真をどのようにして集めることができるでしょうか。

ある程度の利益が見込めるのであれば、人海戦術でアルバイトを雇って写真を撮影してきてもらうこともできるでしょう。また、今ではクラウドソーシングなどを活用することで、比較的安い金額でデータの収集が可能です。

さらに、インターネット上にあるデータをうまく活用できれば、手軽にデータを収集できます。写真データで言えば、写真の共有サイトがいくつもあり、そのうちいくつかは写真検索用の API を提供しています。それらを活用することで、膨大な写真を手軽に集めることができます。

今回は、写真共有サイト『Flickr』が提供する写真検索 API を利用して、料理の写真を大量に集めることにしましょう。

▲ 写真共有サイト『Flickr』の Web サイト

Flickr
[URL] https://www.flickr.com/

Flickr API を使って写真を集めよう

さて、これから Flickr API を使って写真を大量に集めましょう。API を使うためには、Flickr のサイトにログインして、API キーを取得する必要があります。

API を使うためのキーを取得しよう

キーの取得は簡単です。Yahoo.com(日本の Yahoo! のアカウントとは別物なので注意) のアカウントを作成した上で、以下の Flickr API のページにアクセスします。

Flickr API のページ
[URL] https://www.flickr.com/services/api/

ログインに成功すると、以下のような画面が表示されます。

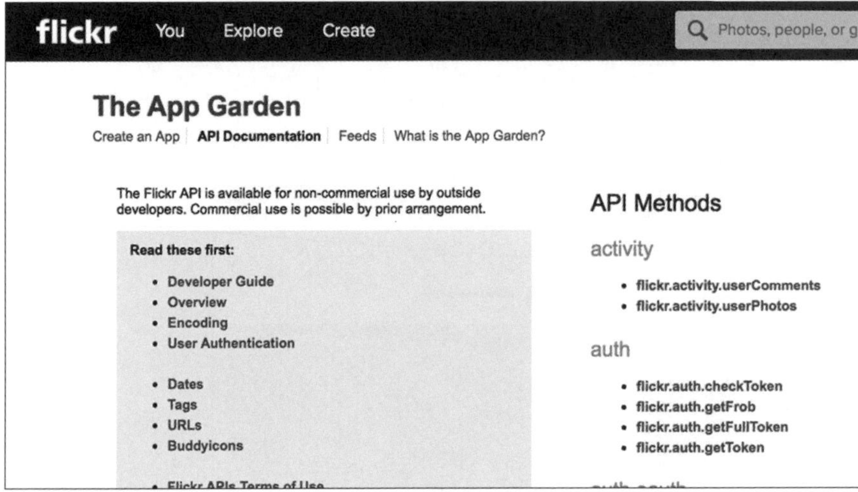

▲ Flickr の開発者向けページ

そこで、画面上部にある [Create an App] のリンクをクリックします。すると、[APPLY FOR A NON-COMMERCIAL KEY(非商用利用)] か [APPLY FOR A COMMERCIAL KEY(商用利用)] かを選ぶ画面が出ます。目的に応じたキーを取得しましょう。

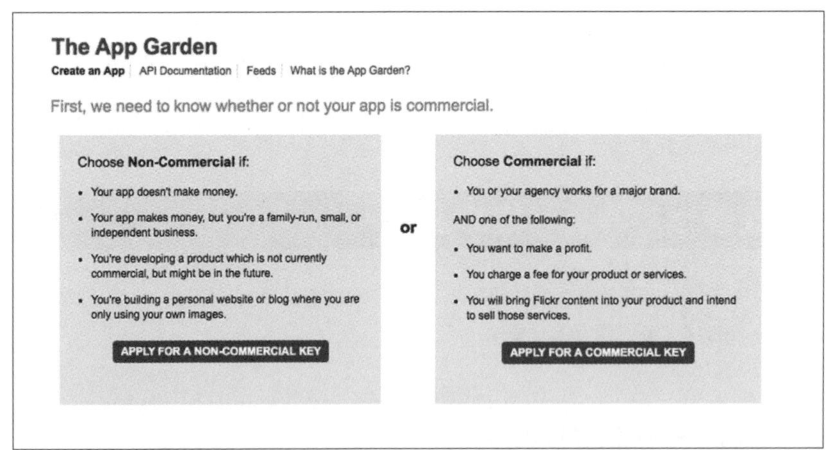

▲ 利用目的を選ぶ

続けて、作成するアプリの名前と何を作るのかを入力する画面が出ます。適当に入力して、利用規約に同意するチェックを入れて [SUBMIT(送信)] ボタンをクリックしましょう。

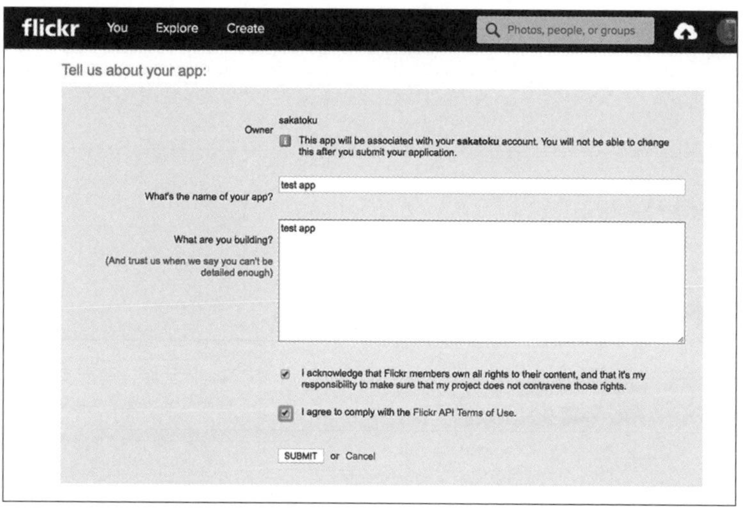

▲ アプリの名前と何を作るのかを入力

すると、Flickr より「Key」と「Secret」という 2 つの文字列が得られます。この 2 つの文字列をコピーして控えておきましょう。

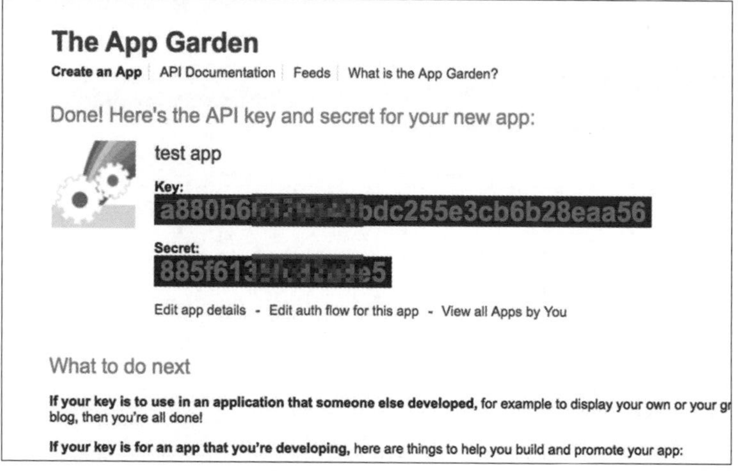

▲ Flickr より Key と Secret が発行されたところ

Flickr API を使うためのモジュール

Python から Flickr API を使うために必要なモジュールをインストールします。コマンドラインで、以下のコマンドを実行しましょう。

```
# モジュールのダウンロード
pip3 install flickrapi
```

以上で、Flickr API を使う準備が整いました。

画像をダウンロードしよう

それでは、キーワードを指定して画像をダウンロードしましょう。以下のプログラムを実行すると、Flickr から 75 × 75 ピクセルの正方形の写真を、300 枚ずつダウンロードします。

▼ download.py

```
# Flickr で写真を検索して、ダウンロードする
from flickrapi import FlickrAPI
from urllib.request import urlretrieve
from pprint import pprint
import os, time, sys

# API キーとシークレットの指定（★以下書き換えてください★）---（※1）
key = "a880b66929d40bdc255e3cb6b28eaa56"
secret = "885f6135fc82a8e5"
wait_time = 1 # 待機秒数（1 以上を推奨）

# キーワードとディレクトリー名を指定してダウンロード ---（※2）
def main():
    go_download('マグロ 寿司', 'sushi')
    go_download('サラダ', 'salad')
    go_download('麻婆豆腐', 'tofu')

# Flickr API で写真を検索 ---（※3）
def go_download(keyword, dir):
    # 画像の保存パスを決定
    savedir = "./image/" + dir
    if not os.path.exists(savedir):
        os.mkdir(savedir)
    # API を使ってダウンロード ---（※4）
    flickr = FlickrAPI(key, secret, format='parsed-json')
    res = flickr.photos.search(
      text = keyword,     # 検索語
      per_page = 300,     # 取得件数
      media = 'photos',   # 写真を検索
      sort = "relevance", # 検索語の関連順に並べる
      safe_search = 1,    # セーフサーチ
```

```
      extras = 'url_q, license')
    # 検索結果を確認
    photos = res['photos']
    pprint(photos)
    try:
      # １枚ずつ画像をダウンロード --- (※5)
      for i, photo in enumerate(photos['photo']):
        url_q = photo['url_q']
        filepath = savedir + '/' + photo['id'] + '.jpg'
        if os.path.exists(filepath): continue
        print(str(i + 1) + ":download=", url_q)
        urlretrieve(url_q, filepath)
        time.sleep(wait_time)
    except:
      import traceback
      traceback.print_exc()

if __name__ == '__main__':
    main()
```

最初に画像を保存するディレクトリー image を作成してから、プログラムを実行してみましょう。実行すると、image ディレクトリー以下に料理名のディレクトリーが作成され、300 枚ずつの画像がダウンロードされます。

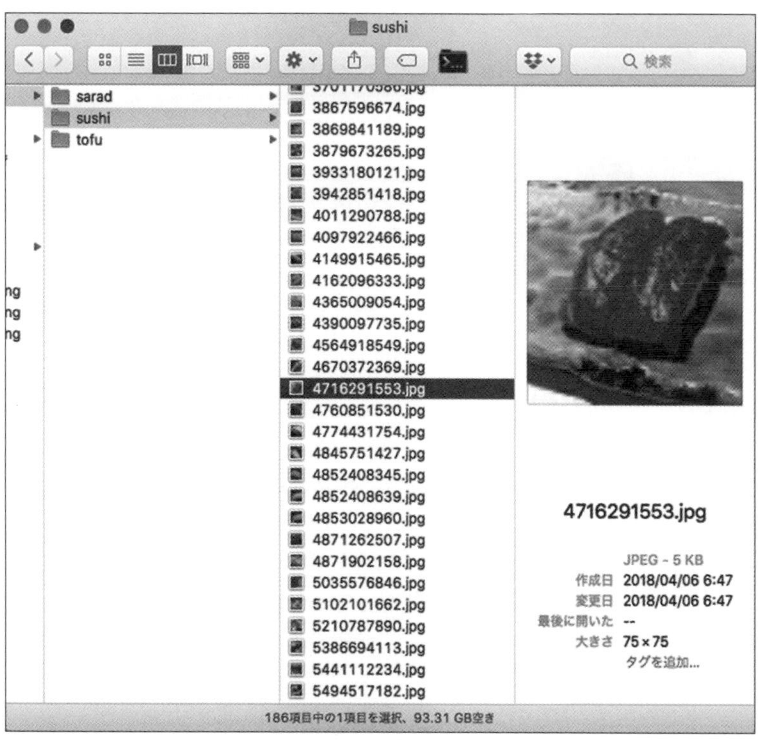

▲ マグロ寿司画像をダウンロードしたところ

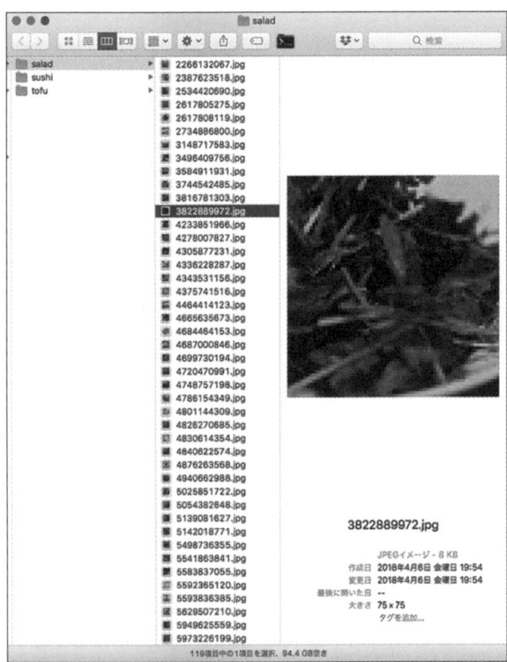

▲ サラダ画像をダウンロードしたところ

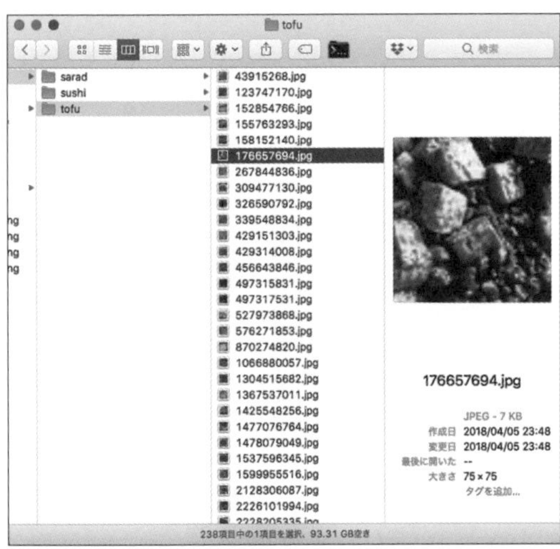

▲ 麻婆豆腐画像をダウンロードしたところ

プログラムを確認してみましょう。プログラムの(※1)では、Flickrの開発者サイトで取得したAPIのキーとシークレットを指定します。実際に利用する際は、この値を書き換えてから実行してください。また、一度に大量の画像をダウンロードしようとすると、Flickrのサーバーに負荷をかけてしまうので、写真を1枚ダウンロードするごとに1秒のウェイトを置くように配慮します。

プログラムの(※2)の部分では、検索語句（キーワード）と保存するディレクトリー名を指定して、ダウンロードを実行するよう指示します。この部分を変更することで、別の写真をダウンロードできます。

そして、(※3)以下の部分、関数go_download()では、Flickr APIで写真を検索しダウンロードします。

(※4)の部分で、キーワードを指定して検索し、APIの結果を得ます。どんな結果が返されるのかは、コマンドラインに表示されます。この検索APIでは、最大300件の画像URLの一覧を得ることができます。

(※5)の部分で画像を1枚ずつ、繰り返しダウンロードします。

クリーニング - 関係ない写真を削除しよう

ダウンロードが完了すると、料理名の各ディレクトリーに300件ずつ画像ファイルがあるのを確認できるでしょう。それらを一度確認してみましょう。そのうちのかなり多くの画像は、まったく関係のない画像です。そこで、ダウンロードした画像のうち、関係のないものを削除しましょう。つまり、以下のディレクトリーを確認して関係ないものを削除します。

ディレクトリー名	あるべき写真
image/sushi	マグロ寿司の写真
image/salad	サラダの写真
image/tofu	麻婆豆腐の写真

なぜ関係のない写真がダウンロードされるのかと言うと、写真をアップロードしたユーザーが関係ないタイトルやタグをつけてアップロードすることがあるからです。また、関連するお店の写真や、材料や調理方法を示した写真である場合もあります。そこで正しい画像だけを残して、関係ない画像を削除しましょう。

このクリーニングの作業が重要で、この作業の手を抜くと、あまり判定精度が上がりません。頑張ってデータセットのクリーニングを行いましょう。ここでは、300件の画像がありますが、厳選して100件ずつまで削ってください。このとき、対象が大きく映っており、関係のない物体が映り込んでいないこと、色が鮮明なものを中心に選ぶと良いでしょう。また、白黒画像やセピア調の画像など、本来の色合いからかけ離れているものも削除しましょう。

ディレクトリー以下の画像をNumPy形式にまとめよう

次に、料理の写真が入った各ディレクトリーを、データセットとして使えるよう、NumPy形式に変換して、ファイルに保存しておきましょう。ダウンロードする料理画像は、カラー画像なので、RGBの各値は整数ですが、機械学習で使いやすいように、0から1までの実数に変換します。

▼ read_image.py

```
# 画像ファイルを読んで NumPy 形式に変換
import numpy as np
from PIL import Image
import os, glob, random

outfile = "image/photos.npz" # 保存ファイル名
max_photo = 100 # 利用する写真の枚数
photo_size = 32 # 画像サイズ
x = [] # 画像データ
y = [] # ラベルデータ

def main():
    # 各画像のフォルダーを読む --- (※1)
    glob_files("./image/sushi", 0)
    glob_files("./image/salad", 1)
    glob_files("./image/tofu", 2)
    # ファイルへ保存 --- (※2)
    np.savez(outfile, x=x, y=y)
    print("保存しました:" + outfile, len(x))

# path 以下の画像を読み込む --- (※3)
def glob_files(path, label):
    files = glob.glob(path + "/*.jpg")
    random.shuffle(files)
    # 各ファイルを処理
    num = 0
    for f in files:
        if num >= max_photo: break
        num += 1
        # 画像ファイルを読む
        img = Image.open(f)
        img = img.convert("RGB") # 色空間を RGB に
        img = img.resize((photo_size, photo_size)) # サイズ変更
        img = np.asarray(img)
        x.append(img)
        y.append(label)

if __name__ == '__main__':
    main()
```

プログラムを実行すると、images ディレクトリーに「photos.npz」という NumPy 形式のファイルが出力されます。

プログラムを確認してみましょう。(※ 1) の部分では、ディレクトリーとラベル番号を指定して、リストにデータを追記していきます。ここでは、ラベルに次のような意味を持たせています。

ラベル	料理
0	寿司
1	サラダ
2	麻婆豆腐

プログラムの (※ 2) の部分では、NumPy 形式でファイルへデータを保存します。

(※ 3) の部分では、実際にディレクトリーのなかの JPEG ファイルを読み込んで、リストに追加する処理を記述しています。ここでは、PIL モジュールを利用して画像を読み込み、32 ピクセルにリサイズしています。

それでは、保存した画像が正しく NumPy 形式になっているか、Jupyter Notebook で確認してみましょう。以下のプログラムを実行して、画像の一覧を確認してみてください。

```
import matplotlib.pyplot as plt
# 写真データを読み込み
photos = np.load('image/photos.npz')
x = photos['x']
y = photos['y']
# 開始インデックス --- ( ※ 1)
idx = 0
# pyplot で出力
plt.figure(figsize=(10, 10))
for i in range(25):
    plt.subplot(5, 5, i+1)
    plt.title(y[i + idx])
    plt.imshow(x[i + idx])
plt.show()
```

実行すると、以下のように表示されます。

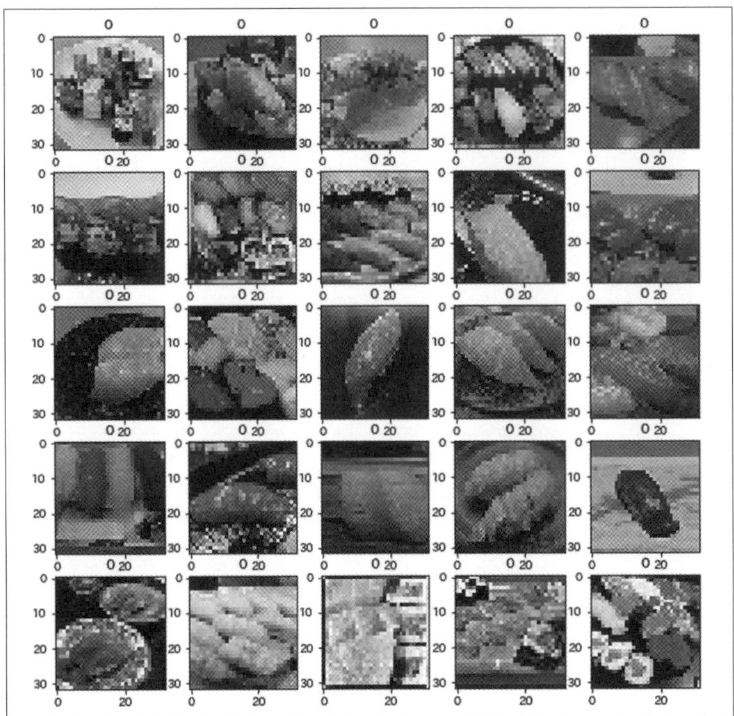

▲ 保存した NumPy データから寿司のデータを読み出したところ

上記プログラムの(※1)の部分を、100 や 200 に変えると、サラダや寿司の画像を出力します。一覧を目視してみて、違う画像があればクリーニングの手順からやり直してください。

CNN で学習してみよう

それでは、これらの画像を学習させてみましょう。今回は、最初から結果が良いとわかっている CNN を利用してみましょう。

今回は、以下のようなモデルを構築して利用することにします。先にモデルだけ定義してしまいましょう。以下のプログラムを、cnn_model.py という名前で保存しましょう。これをモジュールとして利用します。

▼ cnn_model.py

```
import keras
from keras.models import Sequential
from keras.layers import Dense, Dropout, Flatten
from keras.layers import Conv2D, MaxPooling2D
from keras.optimizers import RMSprop

# CNN のモデルを定義する
def def_model(in_shape, nb_classes):
    model = Sequential()
    model.add(Conv2D(32,
              kernel_size=(3, 3),
              activation='relu',
              input_shape=in_shape))
    model.add(Conv2D(32, (3, 3), activation='relu'))
    model.add(MaxPooling2D(pool_size=(2, 2)))
    model.add(Dropout(0.25))

    model.add(Conv2D(64, (3, 3), activation='relu'))
    model.add(Conv2D(64, (3, 3), activation='relu'))
    model.add(MaxPooling2D(pool_size=(2, 2)))
    model.add(Dropout(0.25))

    model.add(Flatten())
    model.add(Dense(512, activation='relu'))
    model.add(Dropout(0.5))
    model.add(Dense(nb_classes, activation='softmax'))
    return model

# 構築済みの CNN のモデルを返す
def get_model(in_shape, nb_classes):
    model = def_model(in_shape, nb_classes)
    model.compile(
        loss='categorical_crossentropy',
        optimizer=RMSprop(),
        metrics=['accuracy'])
    return model
```

このモデルを利用して、学習を行うプログラムは以下のようになります。ただし、プログラムを実行する前に、Jupyter Notebook のメニューから [Kernel > Restart] をクリックして、カーネルをリスタートする必要があります。

▼ cnn.py

```
import cnn_model
import keras
import matplotlib.pyplot as plt
import numpy as np
from sklearn.model_selection import train_test_split

# 入力と出力を指定 --- (※1)
im_rows = 32 # 画像の縦ピクセルサイズ
im_cols = 32 # 画像の横ピクセルサイズ
im_color = 3 # 画像の色空間
in_shape = (im_rows, im_cols, im_color)
nb_classes = 3

# 写真データを読み込み --- (※2)
photos = np.load('image/photos.npz')
x = photos['x']
y = photos['y']

# 読み込んだデータをの三次元配列に変換 --- (※3)
x = x.reshape(-1, im_rows, im_cols, im_color)
x = x.astype('float32') / 255
# ラベルデータをOne-Hotベクトルに直す --- (※4)
y = keras.utils.to_categorical(y.astype('int32'), nb_classes)

# 学習用とテスト用に分ける --- (※5)
x_train, x_test, y_train, y_test = train_test_split(
    x, y, train_size=0.8)

# CNNモデルを取得 --- (※6)
model = cnn_model.get_model(in_shape, nb_classes)

# 学習を実行 --- (※7)
hist = model.fit(x_train, y_train,
          batch_size=32,
          epochs=20,
          verbose=1,
          validation_data=(x_test, y_test))

# モデルを評価 --- (※8)
score = model.evaluate(x_test, y_test, verbose=1)
print('正解率=', score[1], 'loss=', score[0])

# 学習の様子をグラフへ描画 --- (※9)
# 正解率の推移をプロット
plt.plot(hist.history['accuracy'])
plt.plot(hist.history['val_accuracy'])
plt.title('Accuracy')
plt.legend(['train', 'test'], loc='upper left')
plt.show()
```

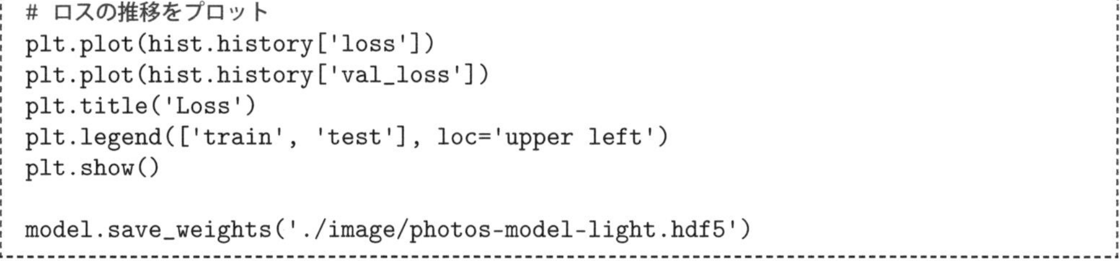

```
# ロスの推移をプロット
plt.plot(hist.history['loss'])
plt.plot(hist.history['val_loss'])
plt.title('Loss')
plt.legend(['train', 'test'], loc='upper left')
plt.show()

model.save_weights('./image/photos-model-light.hdf5')
```

プログラムを実行すると、以下のような結果が出力されます。

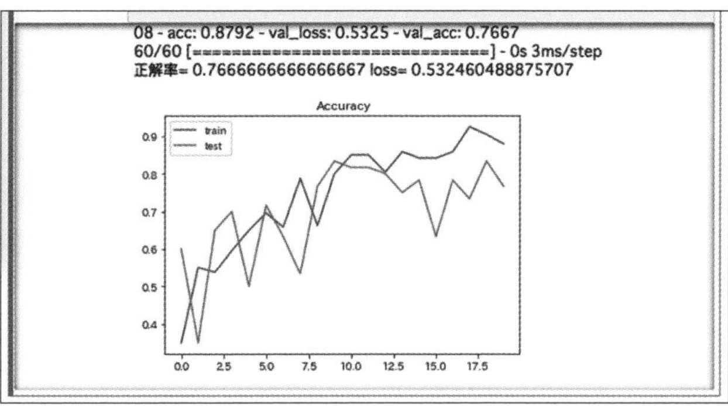

▲ CNN で学習してみたところ

プログラムの実行結果は、0.766...(約 77%) でした。もちろん、画像のクリーニングの結果により、大きく値が変わってきますので、結果がずいぶん悪かったという方は、クリーニングからやり直してみましょう。学習精度の大きな差は、たいていデータの質にかかっています。

プログラムを確認してみましょう。と言っても、すでに CNN のプログラムは何度も紹介しているので、詳しくは 5 章を参考にしてみてください。簡単に解説すると、プログラムの (※ 1) の部分で、入力と出力を指定します。

(※ 2) で写真データを読み込み、(※ 3) でデータを三次元の配列に変換して、0-1 の範囲になるように正規化します。

(※ 4) では、ラベル (0-2) の値を One-Hot ベクトルの形式に変換します。

(※ 5) の部分では、学習用とテスト用に画像を分割し、(※ 6) で CNN モデルを取得したら (※ 7) の部分で学習を実行します。

(※ 8) の部分で、モデルを評価したら、(※ 9) で学習の様子をグラフへ描画します。

学習データを水増ししてみよう

それでも、判定精度が0.77では、それほど良い値とは言えません。もう少し精度の向上を目指してみましょう。よくあるテクニックとして、データの水増しがあります。写真を回転させたり、反転させたりするのです。人間の目には同じ写真に見えますが、コンピューターには回転した写真はまったく異なる写真です。そこで、画像を回転させることで、データを水増しできるのです。

画像の回転には、OpenCVを利用してみましょう。以下は、プログラムの動作をわかりやすくするために、寿司画像を利用して180度回転させてみましょう。

```
import matplotlib.pyplot as plt
import cv2 # OpenCVを利用する

# 写真データを読み込み
photos = np.load('image/photos.npz')
x = photos['x']
img = x[12] # わかりやすい写真を選択

plt.figure(figsize=(10, 10))
for i in range(36):
    plt.subplot(6, 6, i+1)
    # 回転を実行
    center = (16, 16) # 回転の中心点
    angle = i * 5 # 角度を変えて出力
    scale = 1.0 # 拡大率
    mtx = cv2.getRotationMatrix2D(center, angle, scale)
    img2 = cv2.warpAffine(img, mtx, (32, 32))
    # 回転した画像を表示
    plt.imshow(img2)
plt.show()
```

実行すると、以下のようになります。このようにして、画像を大量に生成して、学習データとして与えるのです。

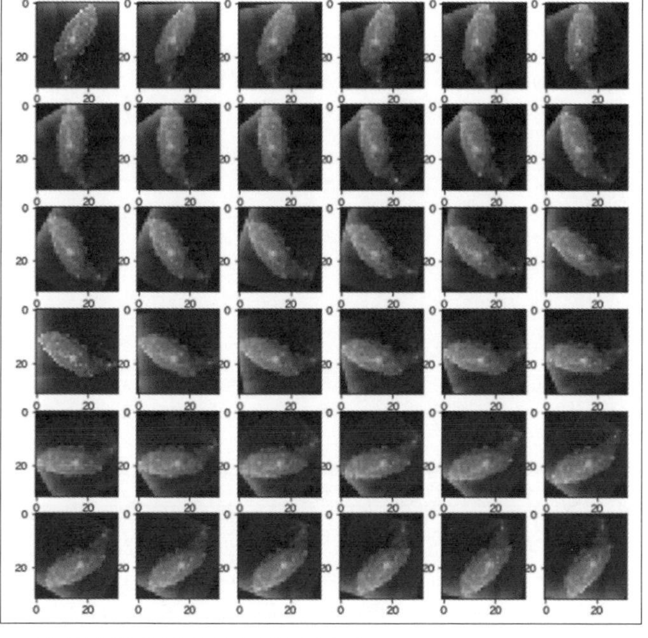

▲ 寿司の角度を変えて表示してみたところ

水増ししつつデータを学習しよう

それでは、水増しを行った後、データを学習させるようにプログラムしてみましょう。以下は、水増ししつつ CNN で学習を行うプログラム「cnn2.py」からの抜粋です。プログラムの大半は、前回の「cnn.py」と同じなので、追加したところだけ抜粋してみます。

▼ file: src/ch6/photo_calorie/cnn2.py より抜粋

```
import cv2

... 省略 ...

# 学習用とテスト用に分ける
x_train, x_test, y_train, y_test = train_test_split(
    x, y, train_size=0.8)

# 学習用データを水増しする --- (※1)
x_new = []
y_new = []
for i, xi in enumerate(x_train):
    yi = y_train[i]
    for ang in range(-30, 30, 5):
        # 回転させる --- (※2)
        center = (16, 16) # 回転の中心点
        mtx = cv2.getRotationMatrix2D(center, ang, 1.0)
```

```
        xi2 = cv2.warpAffine(xi, mtx, (32, 32))
        x_new.append(xi2)
        y_new.append(yi)
        # さらに左右反転させる --- (※3)
        xi3 = cv2.flip(xi2, 1)
        x_new.append(xi3)
        y_new.append(yi)

# 水増しした画像を学習用に置き換える
print('水増し前=', len(y_train))
x_train = np.array(x_new)
y_train = np.array(y_new)
print('水増し後=', len(y_train))

... 省略 ...

# CNN モデルを取得
model = cnn_model.get_model(in_shape, nb_classes)
```

プログラムを実行してみましょう。もともと300個のうち学習用に取り分けた8割の写真は、240枚だけでしたが、回転と反転を行って水増しして、5760枚にすることができました。ただしその分、学習にかかる時間は何倍もかかります。その代わり、判定精度が改善され、0.849(約85%)になりました。

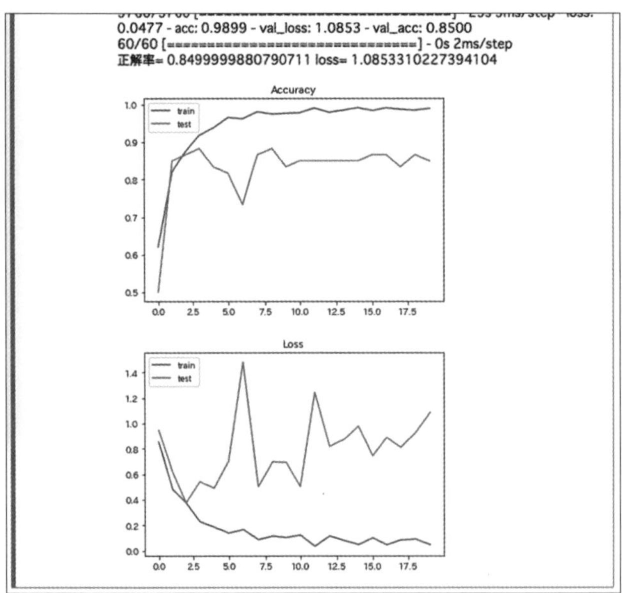

▲ 画像の水増しテクニックで精度が改善された

それでは、プログラムを確認してみましょう。プログラムの(※1)以降の部分で、学習用に取り分けたデータを-30度から30度まで5度ずつ回転させて水増しデータとして追加します。

(※2)では、OpenCVを使って回転させます。(※3)では左右反転させます。

オリジナル写真で試してみよう

それでは、プログラムを完成させましょう。画像を指定して実行すると、写真を判定して、カロリーを表示するようにしてみましょう。なお、ここでは以下のカロリーを表示することにしましょう。

料理	カロリー
寿司	588kcal
サラダ	118kcal
麻婆豆腐	648kcal

ここでは、以下のテスト写真を使って判定に挑戦してみましょう。

▲ 今回テストに使う寿司の写真

▲ 今回テストに使うサラダの写真

以下のプログラムを用いて判定を行います。

▼ my_photo.py

```
import cnn_model
import keras
import matplotlib.pyplot as plt
import numpy as np
from PIL import Image
import matplotlib.pyplot as plt

target_image = "test-sushi.jpg"

im_rows = 32 # 画像の縦ピクセルサイズ
im_cols = 32 # 画像の横ピクセルサイズ
im_color = 3 # 画像の色空間
in_shape = (im_rows, im_cols, im_color)
nb_classes = 3

LABELS = ["寿司", "サラダ", "麻婆豆腐"]
CALORIES = [588, 118, 648]

# 保存したCNNモデルを読み込む
model = cnn_model.get_model(in_shape, nb_classes)
model.load_weights('./image/photos-model.hdf5')

def check_photo(path):
    # 画像を読み込む
    img = Image.open(path)
    img = img.convert("RGB") # 色空間をRGBに
```

```
    img = img.resize((im_cols, im_rows)) # サイズ変更
    plt.imshow(img)
    plt.show()
    # データに変換
    x = np.asarray(img)
    x = x.reshape(-1, im_rows, im_cols, im_color)
    x = x / 255

    # 予測
    pre = model.predict([x])[0]
    idx = pre.argmax()
    per = int(pre[idx] * 100)
    return (idx, per)

def check_photo_str(path):
    idx, per = check_photo(path)
    # 答えを表示
    print("この写真は、", LABELS[idx], "で、カロリーは", CALORIES[idx],"kcal")
    print("可能性は、", per, "%")

if __name__ == '__main__':
    check_photo_str('test-sushi.jpg')
    check_photo_str('test-salad.jpg')
```

さて、うまく判定できるでしょうか。以下のプログラムを実行してみましょう。

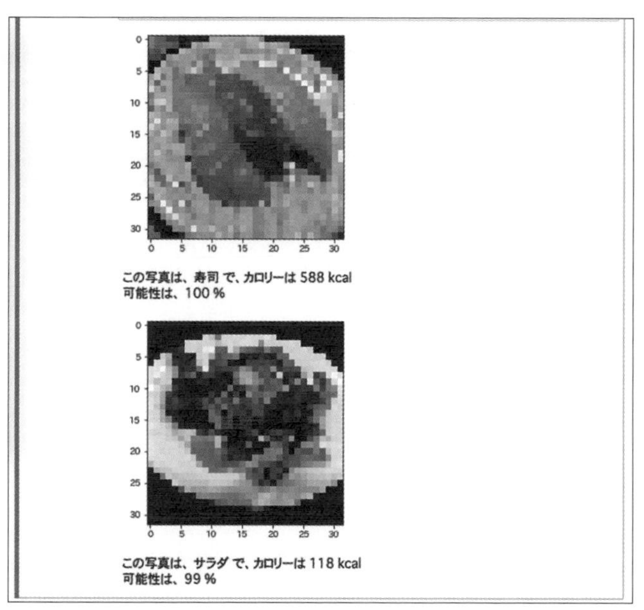

▲ 写真を判定しカロリーを表示したところ

やりました！ 正しく寿司とサラダを判定し、カロリーを表示できました。

改良のヒント

さて、本節のプログラムでは、CNNを利用して、寿司とサラダと麻婆豆腐の3つの写真を判定するというものでした。もっとたくさんのメニューを学習させることで、もう少し汎用的に使えるプログラムに仕上げることができるでしょう。ただしその場合、たくさんの料理の写真を集める必要があります。

実際に本稿の通りに写真をダウンロードしても、なかなか思った通りの結果が出なかったという読者の方もいるかもしれません。その大きな理由は学習に利用した写真データであることでしょう。そうです。機械学習で一番難しい作業は、データセットの作成なのです。もし、今回のようにゼロから写真を集めるのではなく、すでに業務データがあるときも同様で、それをどのように学習させて、どのように業務を支援するのかという点が問題となります。

この節のまとめ

- Flickr APIを使うことで大量の写真をダウンロードできる
- 画像判定を行う場合、正しい画像データセットを作るのが重要
- 画像判定の精度が上がらないと思ったら、データセットを改善しよう
- 画像の水増しテクニックを使うと、少ない画像でも比較的精度を改善できる

6-7 リアルタイムにマスクをしていない人を見つけよう

業務で機械学習を利用する場合、動画やリアルタイムにWebカメラに映っている人を対象に判定処理したい場面も多くあります。ここでは、顔認識の応用でマスクをしている人、していない人をリアルタイムに判定するシステムを作ってみましょう。

利用する技術（キーワード）

- Webカメラ
- Dlib
- OpenCV

この技術をどんな場面で利用するのか

- リアルタイムで画像処理を行うとき

マスクをしているかどうかを判別するシステム

新型コロナウィルスが世界的に大流行した中、外出時はマスクをする機会が増えています。人が密集する場所を避け、ウィルスの飛沫（ひまつ）感染を防止するためマスクをつけることがマナーとなっています。そこで、本節ではWebカメラに映る人がマスクをつけているかどうかをリアルタイムに判定するシステムを作成してみます。

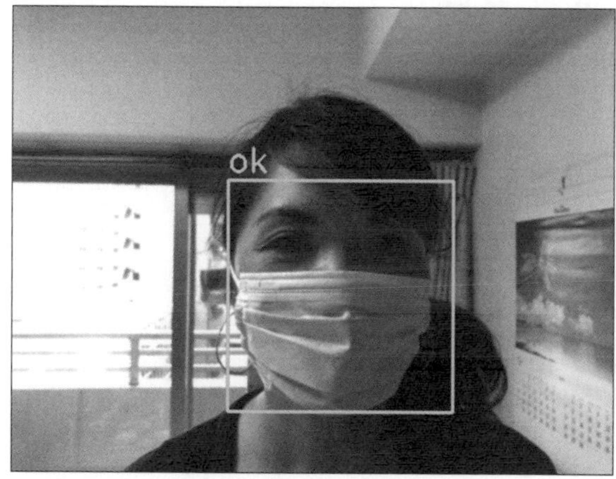

▲ マスクをしている画像を判定したところ

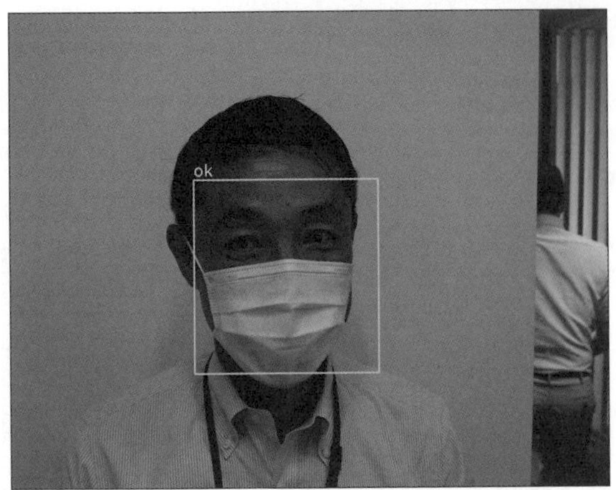

▲ マスクをしている画像を判定したところ

▲ マスクをしていない顔を検出したところ

▲ マスクをしていない顔を検出したところ

また、以下はWebサイトの画像を判定したところですが、複数の顔を同時に判定できるようにしてみましょう。

▲ マスクをしていない顔を検出したところ

学習画像を集めよう

こうしたシステムを作る上で一番重要なのは、適切な画像データを集めることです。マスクをつけた人と、つけていない人の顔の画像データを大量に集める必要があります。

実際に、誰かに依頼して顔データを集めるのは、なかなか難しいものです。しかし、前節でも利用したFlickrなどの画像共有サイトや検索エンジンを利用することで、ランダムに顔データを集めることが可能です。とは言え、マスクをしているかどうかを判定するのは、やはり実際に人間の目で見て判定する必要があります。

どのように顔画像を集めるのか

マスクをしていない人の顔データを集める場合、「集合写真」をキーワードにして検索すると、たくさんの人の顔のデータを集めることができます。もし、日本人だけにこだわらないのならば、中国語や韓国語などで集合写真を表す単語を指定すると、より多くの写真を集めることができます。

また、マスクなしの顔の画像であれば、多くの顔画像データセットが公開されています。いくつか代表的なデータセットを紹介します。

VGGFace2
[URL] https://www.robots.ox.ac.uk/~vgg/data/vgg_face2/

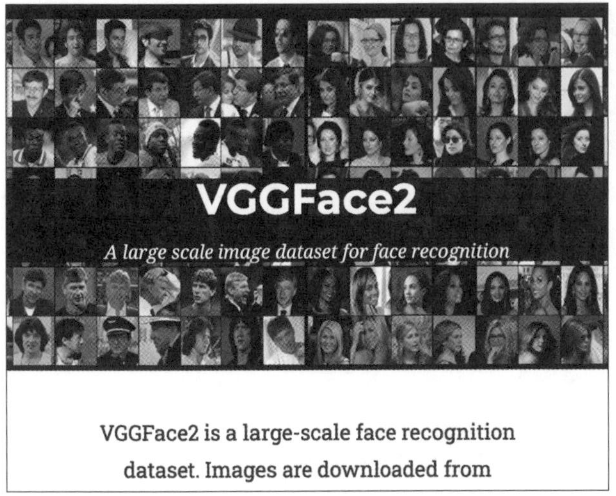

▲ VGGFace2 の画像セット

9000 人以上、331 万枚の画像があります。性別、髪の色、眼鏡の有無などの属性情報が用意されています。

AS-PEAL (中国人顔データセット)
[URL] http://www.jdl.ac.cn/peal/

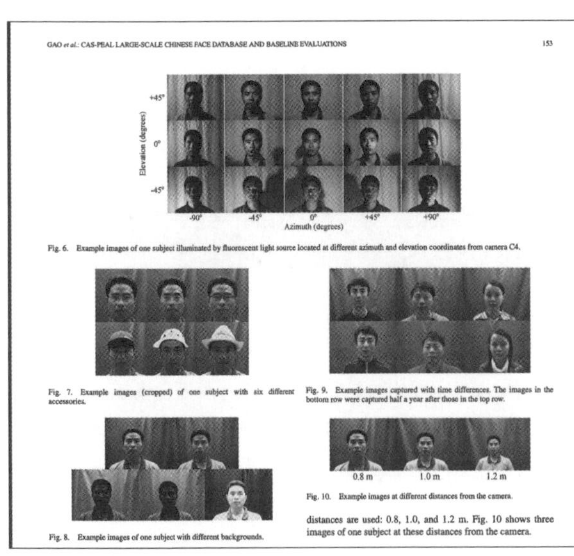

GAO *et al.*: CAS-PEAL LARGE-SCALE CHINESE FACE DATABASE AND BASELINE EVALUATIONS 153

Fig. 6. Example images of one subject illuminated by fluorescent light source located at different azimuth and elevation coordinates from camera C4.

Fig. 7. Example images (cropped) of one subject with six different accessories.

Fig. 8. Example images of one subject with different backgrounds.

Fig. 9. Example images captured with time differences. The images in the bottom row were captured half a year after those in the top row.

Fig. 10. Example images at different distances from the camera.

distances are used: 0.8, 1.0, and 1.2 m. Fig. 10 shows three images of one subject at these distances from the camera.

▲ CAS-PEAL の画像セット

1000人以上、約10万枚の画像があります。さまざまな角度から撮影された画像が用意されています。

PubFig
[URL] https://www.cs.columbia.edu/CAVE/databases/pubfig/

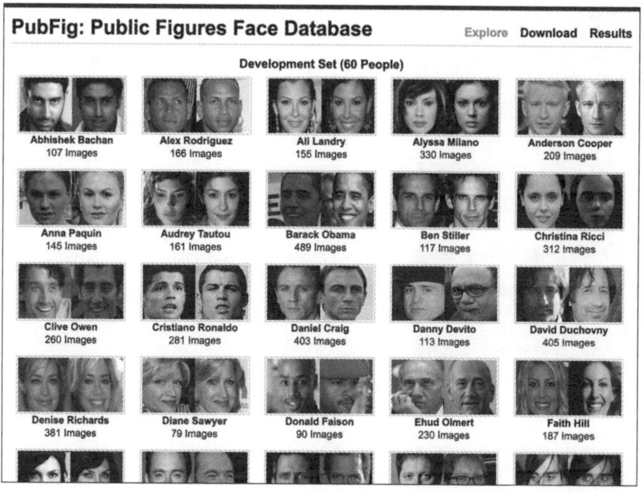

▲ PubFigの画像セット

200人、約6万枚の画像があります。インターネットから取得された200人の有名人にラベル付けした顔画像のデータベースです。日本人もいますが大半は欧米人です。

マスク画像をダウンロードしよう

さて、マスクなしの画像については、上記のようにFlickrや顔画像のデータセットから容易にダウンロードできます。しかし、本書執筆時点ではマスクをした人の画像データセットは公開されていませんでした。そこで今回は、FlickrやGoogleなどの画像検索機能を用いてマスクをした人を含む画像を探し出し、Dlibという顔検出に優れたツールで自動的に切り出すというアプローチで顔画像を集めることにしました。

やり方としては、Google画像検索で「マスク」を検索し、連続で画面をキャプチャします。そして、顔検出で顔画像を取り出します。そして、取り出した顔画像を手動で、マスクありとマスクなしに振り分けます。

マスクありの画像を「mask_on」というフォルダに、マスクなしの画像を「mask_off」というフォルダに振り分けましょう。ここでは、それぞれ300枚程度の画像を集めました。

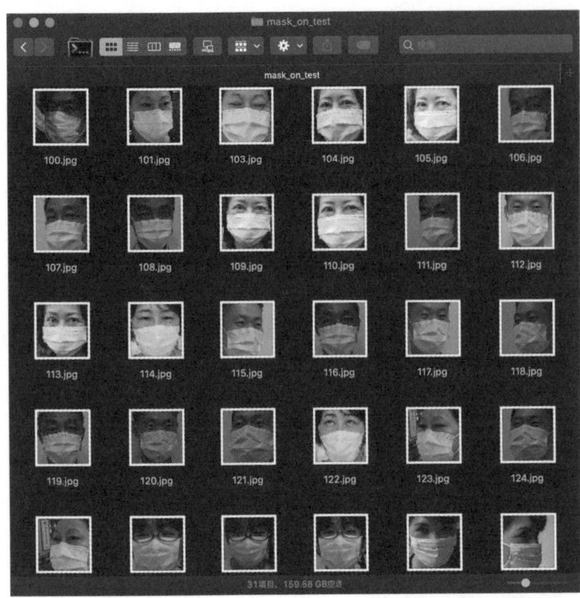

▲ マスクありの画像セット

▲ マスクなしの画像セット

なお、画像から人間の顔を検出して顔画像を保存するプログラムは以下の通りです。入力と出力ディレクトリーを指定して実行してみてください。顔検出には、Dlib を利用します。なお、Dlib とは、C++ 言語で書かれた汎用目的のクロスプラットフォームのライブラリーです。機械学習、画像処理、データマイニングなど幅広い分野の処理が可能です。今回、Dlibの顔検出の機能を利用しますが、3章で紹介したOpenCVを用いた顔検出よりも、誤検出が少ないのが特徴です。

▼ facecut.py

```
import cv2, dlib, sys, glob, pprint

# 入力ディレクトリーの指定 --- (※1)
indir = "./capture"
# 出力ディレクトリーの指定 --- (※2)
outdir = "./face"
# 暫定的な画像のID
fid = 1000
# 入力画像をリサイズするかどうか
flag_resize = False

# Dlibをはじめる --- (※3)
detector = dlib.get_frontal_face_detector()

# 顔画像を取得して保存する --- (※4)
def get_face(fname):
    global fid
    img = cv2.imread(fname)
    # デジタルカメラなどの画像であれば
    # サイズが大きいのでリサイズ
    if flag_resize:
        img = cv2.resize(img, None,
            fx = 0.2, fy = 0.2)
    # 顔検出 --- (※5)
    dets = detector(img, 1)
    for k, d in enumerate(dets):
        pprint.pprint(d)
        x1 = int(d.left())
        y1 = int(d.top())
        x2 = int(d.right())
        y2 = int(d.bottom())
        im = img[y1:y2, x1:x2]
        # 50×50にリサイズ --- (※6)
        try:
            im = cv2.resize(im, (50, 50))
        except:
            continue
        # 保存 --- (※7)
        out = outdir + "/" + str(fid) + ".jpg"
        cv2.imwrite(out, im)
        fid += 1

# ファイルを列挙して繰り返し顔検出を行う --- (※8)
files = glob.glob(indir+"/*")
for f in files:
    print(f)
    get_face(f)
print("ok")
```

プログラムを実行すると、capture ディレクトリーに配置した画像を次々と確認し、画像内にある顔を検出して、face ディレクトリーに顔部分を保存します。

▲ **画像から顔部分だけを切り取る**

それでは、プログラムを確認してみましょう。(※1) の部分では入力ディレクトリーを指定し、(※2) では出力ディレクトリーを指定します。入力ディレクトリーに顔が映り込んだ画像を指定します。プログラムを実行すると出力ディレクトリーに、顔部分が切り取られ、50 × 50 ピクセルにリサイズされた画像が保存されます。

(※3) の部分で Dlib の顔検出のための関数を取得します。

(※4) の get_face 関数では、画像を読み込んで顔検出を行い、顔の部分を切り出す処理を記述します。(※5) の detector 関数で顔検出を行い、顔の部分を切り出して、(※6) で 50 × 50 のサイズにリサイズします。そして、(※7) で出力ディレクトリーに「(ID 番号).jpg」のファイル名で画像を保存します。

(※8) の部分では、入力ディレクトリーにあるファイル一覧を取得し、get_face 関数にファイル名を与えて切り取り処理を実行します。

このプログラムで紹介した通り、Dlib で顔検出を行うのはとても簡単です。以下は、Dlib で顔検出を行うプログラムです。

```
import dlib, cv2, pprint
# Dlibの関数
detector = dlib.get_frontal_face_detector()
# 画像を読み込む
img = cv2.imread(fname)
# 顔検出
dets = detector(img, 1)
for k, d in enumerate(dets):
    pprint.pprint(d) # 検出した座標を表示
```

そのうち、50枚ずつをテスト用に振り分けます。一度テスト用に振り分けたら、それらのデータが学習用データに混ざらないよう注意しましょう。

顔画像をディレクトリーに配置しよう

ここまでで準備した画像セットのディレクトリーは次のようになります。

```
+- imageset
    +- mask_on        ... 250枚
    +- mask_on_test. ... 50枚
    +- mask_off       ... 250枚
    +- mask_off_test ... 50枚
```

なお、本書執筆時点での検索ワードを紹介したもので、画像検索の検索結果などは、その時々により変化します。「マスク　入社式」や「マスク　東京」など、検索ワードを工夫して画像を集めると良いでしょう。

マスクの有無を学習しよう

それでは、上記の画像セットを利用して学習を行いましょう。見た感じマスクのありなしは、それほど難しくないと思い、軽いMLPなどのニューラルネットワークのモデルを試してみたのですが、うまく学習させることができませんでした。

そこで、CNNのモデルを利用して学習させてみました。いろいろ試行錯誤してみて、epochs=100でも、ある程度の精度が出ることがわかりました。学習の様子をグラフで確認してみると、もう少しepochsを増やしても良さそうな雰囲気があります。

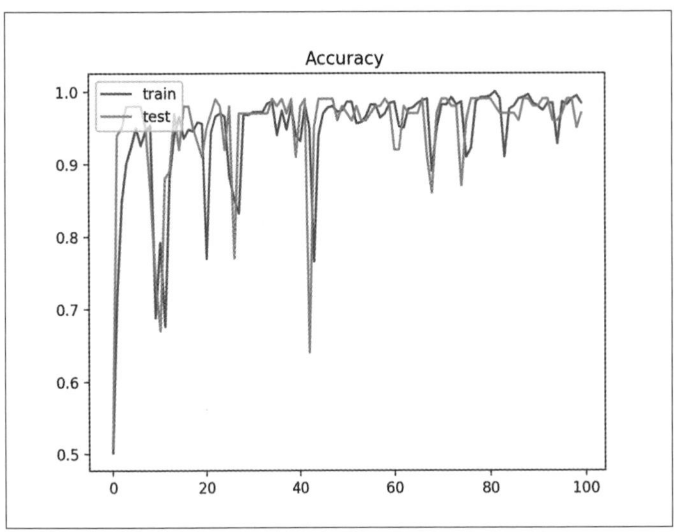

▲ CNN での学習の様子

実際に学習を行うプログラムが以下です。上記のディレクトリー構造に顔検出済みの JPEG ファイルを保存した上で実行してみてください。

▼ make_model.py

```
import keras
from keras.models import Sequential
from keras.layers import Dense, Dropout, Flatten
from keras.layers import Conv2D, MaxPooling2D
from keras.optimizers import RMSprop
import matplotlib.pyplot as plt
import cv2, glob
import numpy as np

# 画像形式の指定 --- (※1)
in_shape = (50, 50, 3)
nb_classes = 2

# CNN モデル構造を定義 --- (※2)
model = Sequential()
model = Sequential()
model.add(Conv2D(32,
          kernel_size=(3, 3),
          activation='relu',
          input_shape=in_shape))
model.add(Conv2D(32, (3, 3), activation='relu'))
model.add(MaxPooling2D(pool_size=(2, 2)))
model.add(Dropout(0.25))
model.add(Conv2D(64, (3, 3), activation='relu'))
model.add(Conv2D(64, (3, 3), activation='relu'))
model.add(MaxPooling2D(pool_size=(2, 2)))
```

```
model.add(Dropout(0.25))
model.add(Flatten())
model.add(Dense(512, activation='relu'))
model.add(Dropout(0.5))
model.add(Dense(nb_classes, activation='softmax'))

# モデルを構築 --- (※3)
model.compile(
    loss='categorical_crossentropy',
    optimizer=RMSprop(),
    metrics=['accuracy'])

# 画像データを NumPy 形式に変換 --- (※4)
x = []
y = []
def read_files(target_files, y_val):
    files = glob.glob(target_files)
    for fname in files:
        print(fname)
        # 画像を読み出し
        img = cv2.imread(fname)
        # 画像サイズを 50 × 50 に変換
        img = cv2.resize(img, (50, 50))
        print(img)
        x.append(img)
        y.append(np.array(y_val))

# ディレクトリー内の画像を集める --- (※5)
read_files("imageset/mask_off/*.jpg", [1,0])
read_files("imageset/mask_on/*.jpg", [0,1])
x_train, y_train = (np.array(x), np.array(y))
# テスト用の画像を NumPy 形式で得る
x, y = [[], []]
read_files("imageset/mask_off_test/*.jpg", [1,0])
read_files("imageset/mask_on_test/*.jpg", [0,1])
x_test, y_test = (np.array(x), np.array(y))
# データを学習 --- (※6)
hist = model.fit(x_train, y_train,
    batch_size=100,
    epochs=100,
    validation_data=(x_test, y_test))
# データを評価
score = model.evaluate(x_test, y_test, verbose=1)
print("正解率=", score[1], 'loss=', score[0])
# モデルを保存 --- (※7)
model.save('mask_model.h5')
# 学習の様子を描画 --- (※8)
plt.plot(hist.history['accuracy'])
plt.plot(hist.history['val_accuracy'])
plt.title('Accuracy')
plt.legend(['train', 'test'], loc='upper left')
plt.show()
```

プログラムを確認してみましょう。(※1)の部分では画像形式を指定します。ここでは、入力データと出力データの形式を宣言します。入力は、50×50ピクセル、RGBの3色のデータです。出力は、マスクのありなしの2つです。

(※2)の部分ではKeras(TensorFlow)でCNNモデルを定義し、(※3)の部分でモデルを構築します。

そして、(※4)の部分では、画像データをNumPy形式で取得します。ここでは画像ファイル一覧を取得して、画像データxと、判定ラベルデータyに追加します。

(※5)の部分では、ディレクトリ内の画像を集めます。

(※6)の部分ではデータを学習し、評価を行います。筆者が集めたデータで実行してみたところ、精度は「正解率 = 0.98 loss= 0.19」のように表示されました。かなり正確に判定できていることがわかるでしょう。もし、ここで精度が出ないときは、集めた画像データが正しく分類されているか確認してみましょう。また、マスクの柄が複雑だと正しく判定されない可能性があるので、できるだけわかりやすい画像を選ぶと良いでしょう。

最後に、(※7)の部分で学習済みのモデルを保存します。(※8)の部分では学習の様子がわかるようにグラフを表示します。Jupyter Notebookなどで実行した場合にグラフを描画します。

ライブ判定してみよう

学習モデルが作成できたので、実際にPCに付属しているWebカメラを利用してライブ判定を行ってみましょう。Webカメラに映った人物の顔検出ができると、マスクをしているかどうかを判定します。マスクをしていると「ok」、マスクをしていないと「NO MASK!!」と赤字で表示します。

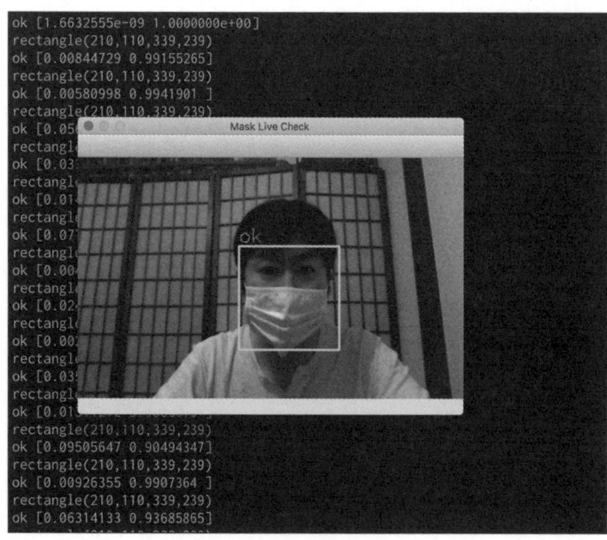

▲ マスクをしている画像を判定したところ

```
ok [0.00836516 0.99163485]
rectangle(210,125,339,254)
ok [6.446793e-04 9.993554e-01]
rectangle(211,128,318,235)
NO MASK!
rectangle
NO MASK!
rectangle
NO MASK!
rectangle
NO MASK!
rectangle
NO MASK!
rectangle
NO MASK!
rectangle
NO MASK!
rectangle
NO MASK!
rectangle
NO MASK!
rectangle(211,128,318,235)
NO MASK!! [9.9999928e-01 7.1032724e-07]
rectangle(211,128,318,235)
NO MASK!! [9.9999833e-01 1.6321462e-06]
```

▲ マスクをしていない顔を検出したところ

以下が Web カメラを利用してマスクの有無を確認するプログラムです。Web カメラのある PC で実行する必要があります。

もし、カメラがない環境なら、以下 (※ 3) の cv2.VideoCapture(0) の引数の 0 を動画ファイル名に変えることで動画で実行することもできます。

▼ live_check.py

```
import keras
import cv2, dlib, pprint, os
import numpy as np
from keras.models import load_model

# 結果ラベル
res_labels = ['NO MASK!!', 'ok']
save_dir = "./live"

# 保存した学習データを読む --- (※1)
model = load_model('mask_model.h5')

# Dlib をはじめる --- (※2)
detector = dlib.get_frontal_face_detector()

# Web カメラから入力を開始 --- (※3)
red = (0,0,255)
green = (0, 255, 0)
fid = 1
cap = cv2.VideoCapture(0)
while True:
    # カメラの画像を読み込む --- (※4)
    ok, frame = cap.read()
    if not ok: break
    # 画像を縮小表示する --- (※5)
```

```
    frame = cv2.resize(frame, (500,300))
    # 顔検出 --- (※6)
    dets = detector(frame, 1)
    for k, d in enumerate(dets):
        pprint.pprint(d)
        x1 = int(d.left())
        y1 = int(d.top())
        x2 = int(d.right())
        y2 = int(d.bottom())
        # 顔部分を切り取る --- (※7)
        im = frame[y1:y2, x1:x2]
        im = cv2.resize(im, (50, 50))
        im = im.reshape(-1, 50, 50, 3)
        # 予測 --- (※8)
        res = model.predict([im])[0]
        v = res.argmax()
        print(res_labels[v], res)
        # 枠を描画 --- (※9)
        color = green if v == 1 else red
        border = 2 if v == 1 else 5
        cv2.rectangle(frame,
          (x1, y1), (x2, y2), color,
          thickness=border)
        # テキストを描画
        cv2.putText(frame,
            res_labels[v], (x1, y1-5),
            cv2.FONT_HERSHEY_SIMPLEX,
            0.8, color, thickness=1)
    if len(dets) > 0: # 結果を保存
        if os.path.exists(save_dir):
            jpgfile = save_dir + "/" + str(fid) + ".jpg"
            cv2.imwrite(jpgfile, frame)
            fid += 1
    # ウィンドウに画像を出力 --- (※10)
    cv2.imshow('Mask Live Check', frame)
    # ESCかEnterキーが押されたらループを抜ける
    k = cv2.waitKey(1) # 1msec確認
    if k == 27 or k == 13: break

cap.release() # カメラを解放
cv2.destroyAllWindows() # ウィンドウを破棄
```

プログラムを確認してみましょう。(※1) では「make_model.py」で作成した学習済みモデルを読み込みます。

(※2) では Dlib の関数オブジェクトを得ます。

(※3) 以降の部分では Web カメラから入力を開始します。(※4) ではカメラから画像データを読みます。次いで、(※5) でリサイズします。

そして、(※6) の部分で Dlib で顔検出を行います。そして、検出できた顔を一つずつ (※7) で切り取って、3色 50 × 50 ピクセルにリサイズします。

(※8) の部分で予測を行い、(※9) で結果を画面に描画します。

(※10) ではウィンドウに画像を出力します。なお、live というディレクトリーを作ると、そこに判定結果を保存します。

マスクをしていない人を見つけるシステムの改良点

今回のシステムでは、Dlib の顔検出をそのまま利用しているため、マスクをしている顔をなかなか検出しません。とは言え、マスクをしていない人を見つけるという目的は達成できているので、これで完成とします。

改良点としては、読者の皆さんで学習モデルを工夫したり、Dlib でマスクをしていない顔検出もできるように調整したりできるでしょう。それができたら、より実用的なシステムになることでしょう。また、マスクをしていない人を見つけたら、警告音を鳴らしたり、メールで通知したりすることも可能です。

この節のまとめ

- マスクをしていない人を見つけるシステムを作った
- Dlib の顔認識は精度が高い
- Web カメラからの入力画像に対してリアルタイムに機械学習を適用できる

Appendix

本書のための環境を整える

Python と機械学習の環境を整えよう

本書を読み進める上で、最低限必要となるのは、以下のソフトウェアです。

- **Anaconda(Python 実行環境)**
- **OpenCV(画像・動画処理のライブラリー)**
- **MeCab(日本語形態素解析のライブラリー)**
- **gensim(自然言語処理のライブラリー)**
- **TensorFlow/Keras(ディープラーニングのライブラリー)**
- **Dlib(機械学習・画像処理のライブラリー)**

これらのソフトウェアは、いずれもマルチプラットフォームに対応しており、本書のプログラムも基本的には、Windows、macOS、Linux のいずれでも動作します。ただし、インストールの容易さから、Ubuntu/Linux を中心にした開発環境の構築手順を紹介します。

なお、ソフトウェアの性質上、バージョンアップによりインストール方法が変更になったり、動かなくなったりする可能性があることをご了承ください。

うまく動作しない場合は、パフォーマンスが落ちるものの VirtulBox で仮想環境を構築し、安定動作するバージョンを利用して、プログラムの動きを確認すると良いでしょう。

もし、インストールの方法に大きな変更が発生した場合には、下記の本書サポートサイトにてご報告します。

```
[URL]
https://www.socym.co.jp/book/1164
```

また、本書のサンプルプログラムは、GitHub で公開されています。以下の URL よりダウンロードできます。

```
[URL]
https://github.com/kujirahand/book-mlearn-gyomu
```

本書のサンプルが動く VirtualBox の仮想マシンイメージ

なお、本書で利用している全ライブラリをインストールした、VirtualBox の仮想マシンイメージを以下よりダウンロードできるようにしています。本書執筆時点で最新のライブラリを利用しています。しかし、ライブラリのバージョンアップにより、正しくライブラリがインストールできなかったり、プログラムが正しく動かなくなってしまう場合があります。その際、以下のマシンイメージを利用すると、プログラムを動かすことができます。

本書のサンプルが動く VirtualBox の仮想マシンイメージ

なお、本書で利用している全ライブラリをインストールした、VirtualBox の仮想マシンイメージを以下よりダウンロードできるようにしています。本書執筆時点で最新のライブラリを利用しています。しかし、ライブラリのバージョンアップにより、正しくライブラリがインストールできなかったり、プログラムが正しく動かなくなってしまう場合があります。その際、以下のマシンイメージを利用すると、プログラムを動かすことができます。

[URL]
https://github.com/kujirahand/book-mlearn-gyomu/blob/master/VirtualBox.md

Windows に環境構築する

最初に、Windows に環境構築を行う方法を紹介します。

Anaconda のインストール

Python 本体に加え、機械学習に便利なさまざまなライブラリーをプリインストールできるオールインワンパッケージが「Anaconda」です。

Anaconda は、以下の Web サイトから入手できます。

Anaconda installer archive
[URL] https://repo.anaconda.com/archive/

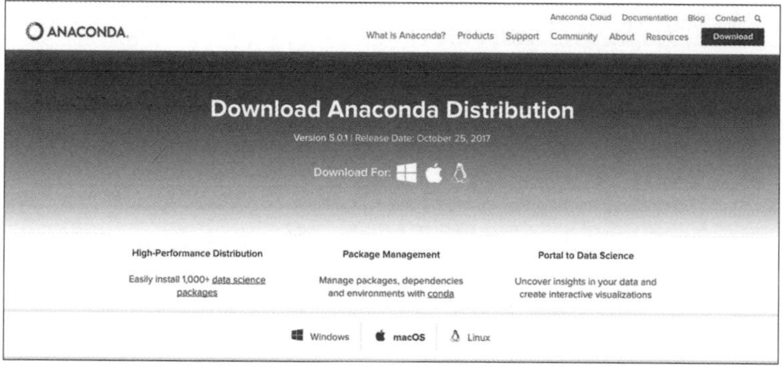

▲ Anaconda の Web サイト

Anacoda は、それぞれの OS 向けパッケージが用意されています。本書では「Anaconda3-2019.10」を利用して動作確認を行っております。

Anaconda (Windows の場合) Anaconda3-2019.10-Windows-x86_64. exe
[URL] https://repo.anaconda.com/archive/Anaconda3-2019.10-Windows-x86_64.exe

を選んでダウンロードしましょう。

インストーラーがダウンロードできたら、ダブルクリックしてインストールを行ってください。

基本的には、インストーラーの指示に沿って、[Next] ボタンをクリックしていけばインストールが完了するのですが、ºPATH の設定に関する質問に答える必要があります。それは、以下の画面です。基本的には指示通り、2 つのチェック項目を外した状態で [Install] ボタンを押して問題ありません。

ただし、Windows のコマンドプロンプトや PowerShell から Python を利用したいという場合には、2 つのチェックボックスをチェックした状態で [Install] ボタンを押してください。この場合、Windows メニューより [Anaconda > Anaconda Prompt] を起動し、このプロンプト上でプログラムを実行する必要があります。

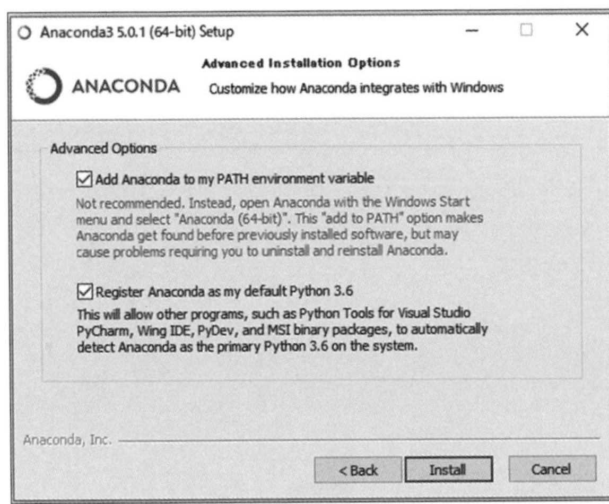

▲ PATH の設定に関するダイアログ

ちなみに、Anaconda に含まれる scikit-learn はバージョンアップのたびに、パラメーターの使い方などが変更になります。Windows メニューのすべてのプログラムから「Anaconda3 > Anaconda Prompt」を起動します。そして、黒い画面のウィンドウ「Anaconda Prompt」が表示されたら、そこに以下のコマンドを入力して、最後に [Enter] キーを押します。これにより、本書執筆時点で最新の scikit-learn のバージョンがインストールされます。

Anaconda を使う場合、以下のコマンドを実行する必要はありません。

```
> pip install --upgrade scikit-learn==0.22.2.post1
```

OpenCV のインストール

次に、画像や動画のための強力なライブラリー OpenCV をインストールしましょう。本書では、3 章を中心として、画像処理ライブラリーの OpenCV を積極的に活用しています。そのために、以下の手順でインストールを行います。

Windows メニューのすべてのプログラムから「Anaconda3 > Anaconda Prompt」を起動します。そこに以下のコマンドを入力して、最後に [Enter] キーを押します。

```
> pip install opencv-python==4.1.2.30
```

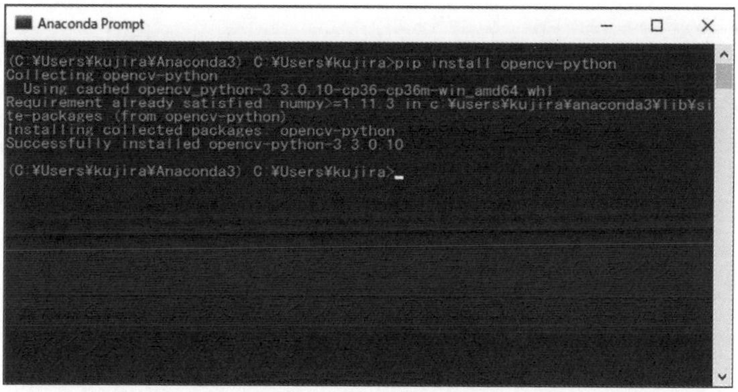

```
Anaconda Prompt
(C:¥Users¥kujira¥Anaconda3) C:¥Users¥kujira>pip install opencv-python
Collecting opencv-python
  Using cached opencv_python-3.3.0.10-cp36-cp36m-win_amd64.whl
Requirement already satisfied: numpy>=1.11.3 in c:¥users¥kujira¥anaconda3¥lib¥si
te-packages (from opencv-python)
Installing collected packages: opencv-python
Successfully installed opencv-python-3.3.0.10

(C:¥Users¥kujira¥Anaconda3) C:¥Users¥kujira>_
```

▲ Anaconda Prompt にコマンドを入力して OpenCV をインストール

第1章 第2章 第3章 第4章 第5章 第6章 Appendix

TensorFlow と Keras のインストール

さらに、TensorFlow をインストールしましょう。Keras は TensorFlow にも同梱（どうこん）されていますが、利便性向上のため、個別のパッケージとしてインストールします。

OpenCV をインストールした時と同じように、Anaconda Prompt を起動しましょう。そして、以下のコマンドを実行してインストールします。

```
> pip install --upgrade tensorflow-cpu==2.2.0
> pip install --upgrade keras==2.4.3
```

ただし、原稿執筆時点で、Windows 版の TensorFlow を動作させるには、64bit 版の Windows が必要となります。

なお、4 章のプログラムを実行するには、MeCab などが必要になりますが、Windows 上だとセットアップがたいへんなため仮想環境を利用することをお勧めします。

macOS に開発環境を構築する

macOS で環境を構築するには、macOS 用のパッケージマネージャーの「Homebrew」を利用して、各種パッケージをインストールします。そのため、最初に Homebrew をインストールしましょう。

Homebrew の導入

macOS の画面右上にある虫眼鏡のアイコンをクリックして Spotlight を起動したら「ターミナル.app」と入力して、ターミナルを起動しましょう。

ターミナルの画面で「$」と表示されたら、それは入力可能な状態であることを表しています。「$」に続いて以下のコマンドを入力しましょう。なお、このコマンドは、Homebrew の Web サイト (https://brew.sh/) を訪問するとコピーすることができます。

```
$ /bin/bash -c "$(curl -fsSL https://raw.githubusercontent.com/Homebrew/
install/master/install.sh)"
```

コマンドを打ち込んだら、[Enter] キーを押しましょう。コマンドが実際に実行されます。

```
kujira — ruby -e #!/System/Library/Frameworks/Ruby.framework/Versions/Current/usr/bin/ru...
Last login: Fri Dec  8 20:39:10 on ttys006
[kujira ~]$ /usr/bin/ruby -e "$(curl -fsSL https://raw.githubusercontent.com/Hom
ebrew/install/master/install)"
/System/Library/Frameworks/Ruby.framework/Versions/2.3/usr/lib/ruby/2.3.0/univer
sal-darwin17/rbconfig.rb:214: warning: Insecure world writable dir /Users/kujira
/Dropbox in PATH, mode 040777
==> This script will install:
/usr/local/bin/brew
/usr/local/share/doc/homebrew
/usr/local/share/man/man1/brew.1
/usr/local/share/zsh/site-functions/_brew
/usr/local/etc/bash_completion.d/brew
/usr/local/Homebrew

Press RETURN to continue or any other key to abort
```

▲ ターミナルで Homebrew をインストールしているところ

また、Homebrew を利用する際に、XCode の Command Line Tools が必要となります。Homebrew のインストール時、表示される手順に従っていけば、自動的にインストールできるはずです。もし、うまくインストールできなかった場合、以下のコマンドを実行して Command Line Tools をインストールしましょう。

```
$ xcode-select --install
```

Python のインストールには、pyenv を使おう

Python の実行環境を手軽に入れ替えるツールが、pyenv です。pyenv を導入しておくと、環境構築が便利なので、Homebrew で pyenv をインストールしておきましょう。ターミナルに以下のコマンドを打ち込むと、pyenv のインストールが行われます。

```
# Homebrew で pyenv をインストール
$ brew update
$ brew install pyenv
$ brew install pyenv-virtualenv
```

続いて、pyenv をシステムに登録します。以下は、標準シェルが bash の場合の設定です。macOS Catalina 以降、標準シェルが zsh になっています。その場合「~/.bash_profile」の部分を「~/.zshrc」と変更してください。

```
# pyenv をシステムに登録
$ echo 'eval "$(pyenv init -)"' >> ~/.bash_profile
$ source ~/.bash_profile
```

pyenvのインストールが終わったら、pyenvからインストール可能なPythonの一覧を確認しましょう。

```
$ pyenv install --list
```

たくさんのPythonパッケージが表示されます。今回は、さまざまなライブラリーがセットになっているオールインワン型パッケージの「Anaconda」をインストールしましょう。ここでは、anaconda3-2019.10を選んでインストールしてみましょう。

```
$ pyenv install anaconda3-2019.10
```

その後、インストールしたPythonをシステムで有効にするため、以下のコマンドを実行します。

```
$ pyenv global anaconda3-2019.10
```

ここまでの手順で、Python 3.7を中心とした各種ライブラリーが利用可能になります。

OpenCVのインストール

次いで、OpenCVをインストールしましょう。以下のコマンドを実行します。

```
$ pip install opencv-python==4.1.2.30
```

MeCabのインストール

日本語処理で役立つMeCabをインストールしましょう。以下のコマンドを実行します。MeCab本体と辞書をインストールします。

```
$ brew install mecab
$ brew install mecab-ipadic
```

さらに、Python3 用の MeCab モジュールをインストールします。

```
$ pip install mecab-python3==1.0.1
$ pip install unidic-lite
```

TensorFlow と Keras のインストール

最後に、TensorFlow と Keras をインストールしましょう。こちらも以下のコマンドを実行していきます。Keras は TensorFlow にも同梱(どうこん)されていますが、利便性向上のため個別のパッケージとしてインストールします。

```
$ pip install --upgrade tensorflow-cpu==2.2.0
$ pip install --upgrade keras==2.4.3
```

仮想マシン (VirtualBox) に開発環境を構築する方法

VirtualBox を利用すると、OS を気にせずに手軽に開発環境を構築できます。本書では、VirtualBox 上に Ubuntu を構築し、Ubuntu 上に Anaconda やさまざまなライブラリーをインストールします。

VirtualBox のインストールこそ必要ですが、その後は簡単なコマンドをいくつか打つだけで良いので手軽です。

なお、VirtualBox の設定方法がソフトウェアのバージョンアップにより変わってしまった場合、以下の URL で更新された手順を紹介します。うまくインストールができない場合、参考にしてください。

[URL]
https://kujirahand.com/blog/go.php?748

VirtualBox 本体のインストール

VirtualBox には、親切なインストーラーが用意されているので、インストーラーの手順に沿って、インストールすることで VirtualBox をセットアップできます。以下のページより、インストーラーをダウンロードしてインストールを行いましょう。

VirtualBox
[URL] https://www.virtualbox.org/

Vagrant で環境を自動セットアップ

Vagrant というソフトウェアを使うと、VirtualBox のセットアップを自動化してくれます。VirtulBox と同じようにインストーラーをダウンロードして、インストールしましょう。

Vagrant
[URL] https://www.vagrantup.com/

Appendix の冒頭で、本書のサンプルプログラムのダウンロードについて紹介しました。Git リポジトリーを clone するか、ZIP ファイルでダウンロードすると、プログラムの中に、Vagrant の設定ファイルがあります。

```
$ cd （解凍したディレクトリー）/src/vagrant
```

そして、Windows では PowerShell、macOS ではターミナルを起動し、以下のコマンドを実行してください。このコマンドは、VirtualBox に Ubuntu をインストールし、基本的な環境設定を行います。

```
$ vagrant up
```

上記コマンドが成功したら、VirtualBox 上の Ubuntu にログインしましょう。

```
$ vagrant ssh
```

VirtualBox の Ubuntu からログアウトするには、コマンドラインで「exit」と入力します。その後、完全に Ubuntu を終了するには「vagrant halt」と入力します。あるいは、VirtualBox(アプリ) を起動して、UI 上で [閉じる > シャットダウン] をクリックするのと同じです。

VirtualBox にライブラリーをインストール

なお、上記 Vagrant の設定ファイルでは、Ubuntu にログインした状態で、サンプルプログラムが /vagrant_data にマウントされる設定になっています。

```
# サンプルプログラムが配置されている
$ cd /vagrant_data
```

サンプルプログラムの vagrant ディレクトリーに、必要なライブラリーの一覧をシェルスクリプトで用意してあります。以下のコマンドを実行してライブラリーをインストールします。

```
# ライブラリーのインストール
$ cd src/vagrant
$ bash ./ubuntu-install.sh
```

VirtualBox 内の Jupyter Notebook を実行する

本書では、Jupyter Notebook を利用してプログラムを実行していきます。上記、Vagrant を利用した場合には、すでにポート 8888 番がホスト PC 上でも使えます。しかし、Jupyter Notebook はデフォルト設定で外部からの接続を拒否するようになっています。そのため、VirtualBox で Jupyter Notebook を起動する場合には、以下のコマンドを実行しましょう。

```
$ jupyter notebook --no-browser --ip=0.0.0.0 --allow-root
```

コマンドを実行すると、仮想マシン内で Jupyter Notebook が実行され、アクセス用の URL が表示されます。そこで、ホスト OS(Docker を起動した OS) の Web ブラウザーでその URL にアクセスします。

あるいは、Jupyter Notebook の設定ファイル「~/.jupyter/jupyter_notebook_config.py」を作成し、以下のように設定します。

```
# ~/.jupyter/jupyter_notebook_config.py
c = get_config()

c.NotebookApp.ip = '*'
c.NotebookApp.open_browser = False
c.NotebookApp.port = 8888
```

言語処理ライブラリー

MeCabとgensimのインストールについて

4章では、自然言語処理に形態素解析器のMeCabと自然言語処理のライブラリーのgensimを利用します。ここでは、MeCabとgensimをインストールし、mecab-ipadic-NEologdを設定する方法を紹介します。

なお、mecab-ipadic-NEologdを本書指定のパスにインストールしたことを前提に作られているプログラムがあります。それらのプログラムでは、MeCabがインストールされていないとのエラーメッセージが出てしまうことがあるので注意が必要です。

Windowsの場合

Windowsでも、MeCabを利用することができますが、原稿執筆時点では、PythonからMeCabを使う場合、インストールがうまくいかない事例が多く見受けられます。そこで、MeCabを使う際には、WindowsにDockerをインストールして利用するか、Webブラウザーから使えるColaboratoryを利用する方法を推奨します。

macOSの場合

macOSにMeCabをインストールするには、Homebrewを利用して、必要となるライブラリーをインストールします。最初に、MeCabと辞書、必要なツールをインストールします。

```
brew install mecab mecab-ipadic git curl xz
```

続けて、最新の単語辞書であるmecab-ipadic-NEologdをインストールしましょう。

```
git clone --depth 1 https://github.com/neologd/mecab-ipadic-neologd.git
cd mecab-ipadic-neologd
./bin/install-mecab-ipadic-neologd -n -p /var/lib/mecab/dic/mecab-ipadic-
neologd
```

ここで、インストールして良いか尋ねられるので「yes」とタイプして[Enter]キーを押します。さらに、パスワードを尋ねられるので、macOSのユーザーアカウントのパスワードを入力すると、インストールが完了します。

それから、gensimをインストールするには、以下のコマンドを実行します。

```
pip3 install gensim
```

Colaboratoryの場合

Colaboratoryでは、Linuxのコマンドが実行できます。以下のコードを記述して実行すると、MeCabをColaboratoryにインストールできます。

```
!apt-get install mecab libmecab-dev mecab-ipadic-utf8
```

ただし、本文中で利用している、mecab-ipadic-NEologdのインストールはできません。Pythonのプログラムで MeCabのカスタム辞書を指定する「-d」オプションは省略して利用してください。

VirtualBoxの場合

VirtualBoxで本書のサンプルプログラムのvagrantディレクトリーに含まれるスクリプトを利用してインストールできます。以下のように実行してください。すると、インストールして良いか尋ねられるので「yes」とタイプしてEnterキーを押します。

```
# 4章で使うMeCabのNEologd辞書をインストール
$ bash neologd-install.sh
```

動作を確認する

インストールが完了したら、正しくインストールが行われているかを確認しましょう。次のようにします。

```
$ echo "メイが恋ダンスを踊った" | mecab -d  /var/lib/mecab/dic/mecab-ipadic-
neologd
```

正しくインストールできていると、固有名詞の「恋ダンス」を正しく認識します。

```
メイ	名詞,固有名詞,人名,一般,*,*,M.A.Y,メイ,メイ
が	助詞,格助詞,一般,*,*,*,が,ガ,ガ
恋ダンス	名詞,固有名詞,一般,*,*,*,恋ダンス,コイダンス,コイダンス
を	助詞,格助詞,一般,*,*,*,を,ヲ,ヲ
踊っ	動詞,自立,*,*,五段・ラ行,連用タ接続,踊る,オドッ,オドッ
た	助動詞,*,*,*,特殊・タ,基本形,た,タ,タ
EOS
```

mecab-ipadic-NEologd のインストール時に表示されるメッセージですが、この辞書を使うと、以下のように正しく固有名詞を認識するようになります。

```
[test-mecab-ipadic-NEologd] : Please check difference between default system dictionary and mecab-ipadic-NEologd

default system dictionary        |     mecab-ipadic-NEologd
シティー ハンター                |     シティーハンター
ときめき アイドル                |     ときめきアイドル
センセイ 君主                    |     センセイ君主
福島 みずほ                      |     福島みずほ
ランク 王国                      |     ランク王国
槇 村 香                         |     槇村香
星野 仙 一                       |     星野仙一
サイ ファー 餅                   |     サイファー 餅
小関 麗奈                        |     小関麗奈
小池 晃                          |     小池晃
おそ 松 さん                     |     おそ松さん
和田 政 宗                       |     和田政宗
八代 英輝                        |     八代英輝
さくら 学院                      |     さくら学院
N スタ                           |     Nスタ

[test-mecab-ipadic-NEologd] : Finish..
```

▲ mecab-ipadic-NEologd を使った時の例

Windows の Anaconda インストールの注意

Windows へ Anaconda をインストールする際、すべてのユーザーを選んでインストールすると、pip コマンドを実行したとき、管理者権限がないという旨のエラーが表示され、正しくモジュールがインストールできない問題が発生します。その場合、インストール先のフォルダに読み書き権限を与えるか、個別ユーザーのフォルダへインストールするようにするなど注意が必要です。

［著者略歴］

クジラ飛行机（くじらひこうづくえ）

Python、PHP、JavaScript などのプログラミング言語、機械学習やアルゴリズムなど書籍を多く執筆している。フリーソフトも多数公開しており、代表作は、日本語プログラミング言語「なでしこ」、テキスト音楽「サクラ」など。2001 年オンラインソフト大賞入賞。2005 年 IPA のスーパークリエイター認定。2010 年 IPA OSS 貢献者賞受賞。(Web サイト → https://kujirahand.com)

杉山陽一（すぎやまよういち）

株式会社ジェイテックジャパン　グローバルエンジニア。ユーザー企業の業務改善に奔走しタイと日本を往復する。

遠藤俊輔（えんどうしゅんすけ）

株式会社ジェイテックジャパン　マネージャー兼セールスエンジニア。新しい技術に目がなく家庭内の IoT に勤しんでいる。

株式会社ジェイテックジャパン

企業向けや一般向けのカスタムアプリケーションを、世界各地で開発する IT 企業。米国ニューヨークを本拠に日本をはじめ、世界各地にいる開発者によってモバイルアプリや Web サイトなど、テクノロジーを身近なものとする IT サービスを提供している。
https://www.jtechs.com/japan/

カバー・本文デザイン：坂本真一郎（クオルデザイン）
編集　　：佐藤玲子（オフィスつるりん）
編集協力：佐藤真帆、五十嵐貴之
DTP：G2 UNi

写真協力
ぱくたそ（https://www.pakutaso.com/）
モデル：まめちさん
https://www.pakutaso.com/20191105315post-24146.html
モデル：塩田みうさん
https://www.pakutaso.com/20190744193post-22102.html

すぐに使える!業務で実践できる!
Pythonによる
AI・機械学習・深層学習アプリのつくり方 TensorFlow2対応

2020 年 11 月 13 日　初版第 1 刷発行
2023 年　3 月 10 日　初版第 6 刷発行

著　者　クジラ飛行机、杉山陽一、遠藤俊輔
発行人　片柳 秀夫
編集人　三浦 聡
発行所　ソシム株式会社
https://www.socym.co.jp/
〒 101-0064 東京都千代田区神田猿楽町 1-5-15
猿楽町 SS ビル
TEL　03-5217-2400（代表）
FAX　03-5217-2420
印刷・製本 株式会社暁印刷

定価はカバーに表示してあります。
落丁・乱丁は弊社販売部までお送りください。送料弊社負担にてお取り替えいたします。
ISBN978-4-8026-1279-1
Printed in Japan